苏俄驱逐舰全史
1898-1946

The Complete History of Soviet / Russian Destroyers

陆乐 著

中国长安出版社

图书在版编目（CIP）数据

苏俄驱逐舰全史 / 陆乐著 . -- 北京：中国长安出
版社 , 2014.5
　　ISBN 978-7-5107-0729-2

Ⅰ . ①苏… Ⅱ . ①陆… Ⅲ . ①驱逐舰－军事史－苏联
②驱逐舰－军事史－俄罗斯 Ⅳ . ① E925.64-095.12

中国版本图书馆 CIP 数据核字 (2014) 第 115370 号

苏俄驱逐舰全史 1898－1946

陆乐　著

策划制作：指文图书®

出版：中国长安出版社

社址：北京市东城区北池子大街 14 号（100006）

网址：http://www.ccapress.com

邮箱：capress@163.com

发行：中国长安出版社

电话：（010）85099947　85099948

印刷：重庆大正印务有限公司

开本：787mm×1092mm　16 开

印张：22.75

字数：250 千字

版本：2017 年 3 月第 1 版　2017 年 3 月第 1 次印刷

书号：ISBN 978-7-5107-0729-2

定价：99.80 元

再版说明

三年前，我曾受当时志成文化所邀为其旗下的"集结"系列军事丛书编著了一套《苏俄海军驱逐舰全史图鉴》，这三本书一经推出之后便受到了众多军事爱好者的欢迎，同时也收到了不少读者对于此套图书的中肯意见和建议；由于读者群反响尚可，故此应指文图书的再版之约，我遂对这部作品进行了二次修改和内容补充。

此次再版的这套《苏俄驱逐舰全史》（两卷）依旧整体保留了原三册中的精华，但对其内容又进行了必要的取舍：沙俄时期的驱逐舰（艇）对于多数读者来说仍比较陌生，故此较之图片数量，我将介绍性文字的比例略有提高，同时还选择性地替换了一些更具代表性的图片。不过整体来说，本书对于这段前期历史仍作抛砖引玉之举，以给读者一个系统宽泛的了解；至于卫国战争前后及冷战初期所建造的这批驱逐舰，书中的侧重点仍旨在捋清苏联早期驱逐舰的发展脉络和演变历程，并对原作中涉及到的一些冷门内容进行了适当补充，比如由英国援助苏联的老式驱逐舰在苏服役经历以及沙俄时期部分所建驱逐舰的改进历史等；而对于下册的多数舰艇来说，各位读者应已是如数家珍，再去泛泛而谈已实无必要，故深挖舰艇建造背景和舰载装备情况并辅以一定细节布局图片，给读者一个更为翔实的认识。

首版在上市之后，曾有很多热心读者为我指出了书中所出现的一些问题，在新版中我均已一一加以修补，另外由于首版付梓时间匆忙，故此在排版过程中曾出现了诸多纰误，我也逐一予以订正。需要提醒诸位读者的一点是，本书中的全部外文注解均采用原文标注而非英文音译，而由于编著之时主要参考俄方资料，故此书中出现的一切舰艇、武器和设备均沿用俄文官方命名，考虑到不少读者已先入为主地接纳北约对于俄方武备的系统命名，书中遂逐一作出对应注释。

突感赘言甚多，读者恐已有倦怠之色；至此书归正文，烦请诸位读者朋友听某徐徐道来，细细感受苏俄海军驱逐舰那曲折多舛的发展历程……

作 者

2014 年 6 月

序一

苏俄海军驱逐舰的发展历程其实可以先从一个侧面略窥端倪，那就是新中国成立之后的人民海军队伍：从解放之初苏联人转让给我国的"四大金刚"，到冷战时期借鉴苏联 56 型火炮鱼雷驱逐舰所自主设计的 051 型驱逐舰，再到上世纪 90 年代重金引进的 956 型导弹驱逐舰⋯⋯，我国海军的驱逐舰在长达半个多世纪的发展过程中，无处不烙下了苏俄舰艇设计的印迹。

由此想来十余年前，我曾在《舰船知识》杂志上陆续发表了数篇介绍苏联海军驱逐舰的专题连载，篇幅虽然不大，但却有限地拓展了一批国内舰船爱好者的视野，因此在当时也引发一大批读者的兴趣。但使人心生遗憾的是，苏俄海军曲折晦涩的发展过程让国内在此之后便鲜有更为深入的系统介绍与相关著作；究其原因，其实也不难理解：相比西方舰船颇为丰富的英、日文资料，难以消化利用的俄文资料和数量有限的英文介绍无形中就成了横亘在许多作者前面的一座大山。

但让我深感欣慰的是，陆乐先生的这套《苏俄驱逐舰全史》却首次向我们展示了整个苏俄海军驱逐舰的发展全貌。此书不再将起始点放在卫国战争或是冷战初期，而是沿着世界驱逐舰诞生而始的时间轴，将这段历史足足前溯了半个世纪：从日俄战争前的敷衍了事，到 1907 年为建造"诺维克"号而制定的新型驱逐舰技术要素，再到苏联第二个五年计划中所推出驱逐领舰⋯⋯，我们会惊讶地发现，早在我们更为熟知的 7 型驱逐舰之前，俄国人的驱逐舰发展工作从一开始就已经充满了创新探索和失败教训，而这些不为我们所熟知的发展历史其实对于后来的设计工作都起到了潜移默化的作用。

此书的另一大亮点就在于其清晰的的线图与历史照片。作者在写作之初就为每型驱逐舰配上线图或是立体图，让读者对于每型战舰的构造和布局都有一个直观、细致的了解；而对于改进翻新、舷号变更甚是频繁的苏俄舰船来说，书中呈现的详细背景介绍与完整数据无疑也是极其宝贵的资料。

由于有限的参考资料，我在当年写作之中曾出现过一些纰误，比如我曾将 41 型驱逐舰"不惧"号（Неустрашимый / Neustrashimyy）误译为"坚持"号，时至今日仍颇感惭愧；而此书借鉴的原始参考资料颇多，不仅全部保留了第一手的精华部分，而且对于资料中出现的一些矛盾细节也进行了详细的考证。故此应陆乐先生邀我捉刀作序之际，也特借其新书代我斧正舛讹，而这何尝又不是对我之前拙作的更正和沿承呢？

2014 年 5 月 14 日，于上海

胡其道，国内知名军事作家，中国航空学会、中国造船工程学会及中国航空史研究会会员，中国航空博物馆特聘航空工艺美术师。作为影响国内一代军事爱好者的老手宿儒，其本人已在国内数家军事刊物上发表航空、舰船题材文章逾百篇，主要著作有《飞机故事画册》、《国外军服图例》、《世界航母大全》、《现代飞机 200 种》与《碧海争霸：军舰与海战史话》等。

序二

在 19 世纪后半叶,大英帝国海军统治着波涛。当时英国海军奉行的是所谓"两强标准",作为英国海军建设规划。也就是说,英国海军的实力必须要强于世界第二位以及第三位的法、俄海军之总和。而随着鱼雷兵器的出现,使得小型舰艇获得了击毁大舰的可能,于是,在法国出现了所谓的"少壮学派",力图采用大量的雷击舰艇以攻击英国的装甲舰优势。在这种思潮的推动下,法国放弃了发展主力舰艇的路线,将海军发展重点放在了鱼雷舰艇上,在这个路线下,其鱼雷艇不但数量上剧增,而且其规模也日趋大型化。于是英国为了打破这一战术,在 1894 年研制了更为大型的被称为"鱼雷艇歼击舰"(torpedo boat destroyer)的新型舰艇。以后这个称呼也被简化为destroyer,当时日本人将其翻译为"驱逐舰",于是这也成了我们对于这个舰种的习惯称呼。

俄国海军也对英国的这种新型舰艇开始购买乃至仿制,拉开了俄国驱逐舰发展的历史。在日俄战争中,俄国海军的主力舰艇损失惨重,而重建俄国海军的过程中,最值得一提的便是驱逐舰的建造。1913 年完工的"诺维克"号驱逐舰是世界上最早采用全燃油汽轮机的大型驱逐舰,在试航中航速达到了罕见的 36.92 节,而受风航行之际更是突破了 37 节大关,这个成绩在当时已是首屈一指。"诺维克"号对当时世界驱逐舰的发展起到了推波助澜的作用。而在第一次世界大战之际,这艘驱逐舰也功勋彪炳,成了俄国波罗的海舰队中的一颗璀璨的明星。

但是这些经历,对于国内的读者却是那样地陌生,但是这种陌生现在已被陆乐先生所打破。他曾于 2012 年奉志成文化出版所约连作三册,将俄国历史上第一艘真正意义上的驱逐舰至目前为止的苏俄驱逐舰百年历史做了一个甚为翔实的介绍,可以说是填补了国内海军史出版物的一项空白。这套图书一经出版便深受好评,故此指文图书决定将其修订再版;而在再版过程中,作者又对原作进一步锦上添花:此次这套新版《苏俄驱逐舰全史》不仅校对了书中出现的一些问题,更是在之前精华内容的基础上进一步深入,对于每型的建造背景都详细加以说明,用整页的大线图和详细的改进历程加以叙述,补充介绍了一些我们不大熟知的改进型号,使我们读者对整个苏俄驱逐舰的来龙去脉和发展轮廓有了一个极为明晰的印象。

给本人印象更深的,便是由于苏联时代对于驱逐舰的各种详细资料未能完全公开,我们反而对于北约对其的表述方式更为熟悉,但这种称呼并不是一一对应那样简单,而是处于一种彼此掺杂、犬牙交错令人头疼不已的境地,更加麻烦的是,苏联对于某一装备系统的各个部分都有不同的番号体系。而陆先生则花了大量精力对于这些称呼都详细加以考证,他所下的工夫也让我钦佩不已。

本书对于百年以来俄国驱逐舰发展的历程做了非常详尽却有条理的介绍,对于其中的各型舰艇介绍也图文并茂,令人一目了然。而且非常难能可贵的是,作者对于原文中的译文都详加考察,本书尽力做到对于相应的文种进行标注。这次承蒙陆乐先生厚爱,让我为这部难得的著作二度写序,本人也感到由衷的荣幸。籍作序之际,请让我表达对于编著者以及策划者的敬意,并预祝本书圆满成功,也期待指文图书能够给人们提供更加出色的作品。

2014 年 5 月 8 日,于双塔楼

章骞,字德淳,国内知名海军史专家,网名"寶劍橡葉騎士",先后在《国际展望》、《军事历史》、《现代舰船》及《战争史研究》等刊发文数十篇,编著出版了《无畏之海》、《艨艟夜谭》与《世界海军史探奇》(合著)等多本海军题材著作,在国内海军史研究领域亦有极高声誉。

Посвящается Валентине

目录 CODEPЖAHИE

第一章
日俄战争：铩羽折戟 1898 ~ 1905
Сокрушительный Фиаско: Русско-Японская Война

日俄战争中的"警惕"号。

▲ 约翰·阿巴斯诺特·费舍尔爵士（1841～1920），英国海军最为出色的改革者与将领。在担任朴次茅斯海军造船厂总监期间创造了新型的鱼雷艇歼击舰，也就是驱逐舰的前身。随后担任海务大臣之间曾推行一整套改革计划。由于和丘吉尔关系不合加之英军在达达尼尔海峡战役中的失利，费舍尔最终选择从海军退役。

俄语中的"驱逐舰"一词"эсминец"如果是要追溯其构词组合的话，恐怕就得先从 19 世纪 60 年代鱼雷的发明说起：当这种可以自行移动来攻击目标的海军武器被介绍到沙俄海军时，俄国人将其称为 самодвижущаяся мина，直译为"自行推进式水雷"。在之后的实际海战中，各国纷纷将这种威力巨大的武器安装在一些吨位较小的作战舰只上专门攻击对方的大型舰艇，以求达成"蚍蜉撼树蛇吞象"的绝佳战果，而这类小型舰船被俄国人称为 миноносец，直译过来意为"鱼雷搭载舰"，也就是我们通常所说的"鱼雷艇"的前身。此后英国人率先针对"鱼雷搭载舰"设计出了被称为 torpedo boat destroyer（鱼雷艇歼击舰）的舰船，除猎杀攻击鱼雷艇之外，亦可执行炮击、巡逻、护航、布雷等多种任务；最终这类舰船就被英国人简称为 destroyer（驱逐舰）。而俄国人就把这种具备一定远海作战能力的新型舰种称为 эскадренный миноносец，字面意为"舰队雷击舰"并缩写为 эсминец。

1893 年 10 月 28 日，当英国亚罗造船公司（Yarrow Company）为皇家海军建造的新型"哈沃克"号（HMS Havock）和"霍内特"号（HMS Hornet）鱼雷艇歼击舰相继下水服役之日起，世界上第一艘真正意义上的驱逐舰就此露出其雏形；英国第三海务大臣约翰·费舍尔爵士（John Fisher）对于驱逐舰的眼光可谓长远，虽然"哈沃克"号在试航中仍存有一定弊病，但他还是敏锐地嗅出了这种舰船所蕴藏的巨大军事用途；他很快找到亚罗公司的阿尔弗雷德·亚罗（Alfred Yarrow）和索尼克罗夫特造船公司（Thorneycroft Company）的约翰·索尼克罗夫特（John Thorneycroft）两位工程师为皇家海军建造了四艘驱逐舰。然而一年后费舍尔近乎独断专行的自作主张却让亚罗深感不满：1894 年 9 月皇家海军进一步扩大需求，他们希望能够有 40 艘驱逐舰进入海军服役，但由于亚罗公司无法在短时间内建造出相当数量的驱逐舰数量，费舍尔于是决定将亚罗公司的设计方案提供给英国国内的 14 家船厂共同完成，这样一来亚罗公司只有区区三艘的订单。

▶ 皇家海军"哈沃克"号鱼雷艇歼击舰，世界意义上第一艘驱逐舰。

▼ 英国"哈沃克"号驱逐舰线图。"猎鹰"级实际上借鉴了该舰的很多技术数据。

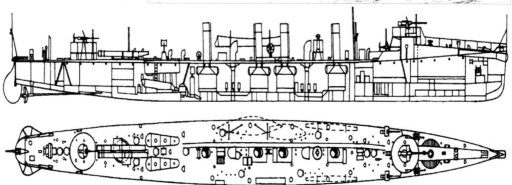

▲ 停泊于旅顺港口内的"鲸鱼"级和"鳟鱼"级驱逐舰，摄于日俄战争开始前不久。由于缺少必要的日常维护、加之作战人员的整体水平较差让这支驻扎在远东的俄国舰队显得外强中干。

▲ 保尔·彼得洛维奇·蒂尔托夫中将（1838～1903），曾先后担任"龙卷风"号（Смерч）炮舰、"波扎尔斯基公爵"号（Князь Пожарский）护卫舰和"弗拉基米尔·莫诺马赫"号（Владимир Мономах）三帆快速舰的舰长。1891年担任太平洋支队司令；1896年成为海军技术委员会主管并于同年掌管整个海军部。

由于国内的需求量已经近乎饱和，亚罗不得不在海外寻求买家；而他很快就想到了尚未大量装备驱逐舰的俄国人。俄国人起初似乎对这种舰船并没表现出太大的兴趣，但随着驱逐舰良好机动性和适航性等突出优点的体现，俄国人也开始缓慢地进行了驱逐舰的发展工作。1894年1月起俄海军部和负责建造"哈沃克"号的英国亚罗造船公司开始有所接触，经过五个多月拉锯式的谈判之后双方终于签字画押，由后者建造一艘排水量在220吨左右、航速不低于29节的驱逐舰。然而俄国国内此时从上至下依旧对坚甲炮利的防护巡洋舰和战列舰念念不忘；尼古拉二世虽然是一个海军扩大发展的坚定支持者，却多浮于表面文章，而海军内部的多数人对于驱逐舰更多地是抱着一种保守的观望态度；在他们看来驱逐舰这种新玩意无非就是把尺寸加长加宽的大型鱼雷艇。至1895年，俄国海军拥有多达20艘战列舰、22艘海防舰和33艘各型巡洋舰，其规模数量仅次于当时的海上霸主英国和法国位列第三；但形成强烈对比的是，俄国海军的中小型战舰数量却只有区区90余艘，而其中驱逐舰的数量仅仅只有5艘。

形势在1984～1895年间发生了急剧转变：在遥远的东亚，日本联合舰队成功地偷袭了清政府管辖下的威海卫港，并逼迫清政府签订了《马关条约》，满清不仅将两亿多两白银赔付给日本，更是将自己领土上的辽东半岛拱手相让——这样一来俄国人就此失去了一块军事地理位置极佳的入海区域。尝到甜头的日本人并不打算偃旗息鼓，相反却加紧制定了一整套针对俄海军的扩张计划。火烧火燎的远东局势让俄国人终于如梦初醒，海军部开始重新讨论战舰的建造方案。1895年5月，海军部着手草拟了一份名为《为远东利益而筹备》（Для Нужд Дальнего Востока）的

▼ 1903年12月拍摄下的旅顺港。俄国人虽然对日本人存有戒心，但其所采取的行动却不及日本人这么积极。

▲ 叶夫盖尼·伊万诺维奇·阿列克谢耶夫（1843～1909）俄国海军上将，亚历山大二世的私生子。1899年8月起任关东省总督兼驻军司令和太平洋海军司令。1900年6月参加镇压义和团起义。1903年7月30日任沙皇驻远东督办，后由于在日俄战争中指挥不利于1904年10月从远东被召回。

▲ 济诺维·彼得洛维奇·罗日捷斯特文斯基（1848～1909），俄国海军中将，第二太平洋舰队的总指挥，此人并无多少实战经验却深受沙皇赏识。对马海战中受伤被俘，回国后又接受军事审判，三年后都郁寡欢的他死于肺病。

作战舰船建造方案，并在计划中明确指出俄国必须要在1895～1904年这十年时间里建造出30艘战舰，使其牢牢掌握远东的制海权，以备外敌之患。而要在短时间内通过建造大型作战舰只以加强俄国人在太平洋上的海军实力显得不切实际，这个时候俄国人终于再次想到了驱逐舰。

考虑到俄国国内造船厂的建造能力参差不齐，海军部希望这些舰船由外籍船厂负责完成，但由于制造经费问题，船舶工业部起初并没有同意这项要求，不过几经协商他们最终做出让步，允许外国船厂负责完成部分舰船的建造工作。于是1898年尼古拉二世批准了这套名为《驱逐舰建造计划》（Эскадренные Миноносцы Программы 1898 Года）的方案。海军技术委员会（Морской Технический Комитет）随后就委托船舶后勤总务处（Главное Управление Кораблестроения И Снабжений）提供了设计这些驱逐舰的基本参数要求。根据他们的要求，这些驱逐舰的排水量应该在300～350吨左右，最大航速不得低于27节，搭载50～70名海军乘员；在武器配备上面，这些驱逐舰必须至少装备1门75毫米和3～5门47毫米火炮，同时布置2～3具鱼雷发射管。

如此庞大的建造计划自然引来了不少国内外造船厂的兴趣：法国的地中海锻造船厂（Les Forges et Chantiers de la Méditerranée）和勒阿弗尔诺曼船厂（A. Normand au Havre）、德国的希肖船厂（Schichau-Werke）和霍瓦特船厂（Howaldtswerke）、英国的莱尔德兄弟造船公司（Laird Brothers'），以及圣彼得堡涅瓦船厂（Невский Завод）等均提供了他们的设计方案。1898年6月，经过汇总后的设计方案由海军技术委员会呈交海军部蒂尔托夫中将（П. П. Тыртов）进行批示。尽管霍瓦特船厂半途退出了这项油水颇肥的建造工程，但或许是早些年前有为俄国人建造舰船的经验心得，同样来自德国的希肖船厂所提供的设计方案似乎很对俄国海军高层的胃口，除了对机械动力布置略感瑕疵之外，德国人设计的舰船让俄国人感到十分满意。经过两个多月的讨论，俄国人便爽快地决定将总计划中的4艘驱逐舰全权交由德国人负责建造，而其余船只在经过一番改进和协商之后最终同意由法国、英国和俄国国内的造船厂负责完成。严格意义上来说，该批舰船还并不能算真正意义上的驱逐舰，在1907年9月俄国人最终将其划分为"驱逐舰"之前，这些作战舰只也仅被定性为"大型鱼雷舰"；然而它们却为日后俄军多数驱逐舰追求"速度快，火力猛"的整体思路奠定了一个主基调。

时间一晃五年过去，计划建造的驱逐舰多数已经进入海军各个舰队正式服役；然而远东的局势却愈发显出箭在弦上的爆发之势，于是在1903年3月海军部再度草拟了一份未来20年驱逐舰的整体建造计划，以随时应付一触即发的战事。然而1904年2月初随着日军突袭旅顺港，日俄战争还是不可避免地爆发了。可以说日俄战争是两个对外扩张的相邻国家所必定发生的冲突；只是和日本世人皆知的司马昭之心相比，俄国人的野心似乎略显不足，他们甚至还在战争爆发前一年大搞西伯利亚的林业开发工作。虽然从1895年起俄国海军开始着力推行一套全新的海军建设工作，在当时亦被很多国家称为是世界第三大海上强国，但却是盛名之下，名不副实；海军军港的工业设施大都比较落后，维护工作在很大程度上都无法保证；同时作为补充新型舰种的驱逐舰而应征入伍的俄国青年很多都来自内陆的农村地区，且所受的教育极为有限，他们甚至在登船之前都没见过大海是何模样；这都为日后俄国在海上的惨败埋下了伏笔。

俄国海军这批服役不久的驱逐舰似乎在战争尚未开始前就已经隐隐地昭示出某种不详的结局：先是驶往符拉迪沃斯托克的"仔细"号因在恶劣天气中船体发生损坏而在法国接受二次修理，接着"远见"号又在赶往远东的半途遭遇机械故障而被迫返回国内接受检修，然后"活泼"号与"暴风"号又在驶出喀琅施塔得没多远就遭遇风暴而不得不返港进行修理——接二连三的凶兆不久也随着日俄战争的全面开打而得到印证：仅在开战后的第三个月，俄军第一太平洋舰队的驱逐舰损伤数量就已接近饱和，换句话说，局势要照此继续恶化下去的话，那么任凭后方的造船厂如何通宵达旦地建造舰只也根本无法弥补前线惨重的俄军舰船损失。1904 年 5 月，接替在之前战斗中阵亡的马卡洛夫中将（С. О. Макаров）的太平洋舰队新任总指挥阿列克谢耶夫中将（Е. И. Алексеев）曾在向圣彼得堡发出的一份急电中发泄了自己对于驱逐舰短缺状况的严重不满："前期服役的驱逐舰如今已难堪大用，后续增补的舰只又迟迟不到，叫我们怎么打下去？"实际上仅至 5 月底，俄国人就已有 7 艘驱逐舰被击沉，另有 4 艘被击伤，剩余的驱逐舰也随着急转直下的战势而疲于奔命，甚至撤回旅顺港内作为浮动炮台以应付日军从陆路发起的攻击。7 月初罗日捷斯特文斯基中将（З. П. Рождественский）指挥的第二太平洋舰队信誓旦旦地在利巴瓦港完成誓师仪式，千里迢迢地绕道好望角奔赴远东，这群毫无海战经验的海军官兵冥冥中踏上的却是一条不归路，只是在奔赴黄泉路的途中俄国海军的很多举动都让人啼笑皆非：先是因为怀疑日本人会在北欧沿岸秘密派驻特遣队进行拦截，俄国人居然专门拨出 50 万卢布作为军事侦察费；而当这支草木皆兵的舰队行经北海附近海域时又误将四艘英国渔船当成日军派出骚扰的军舰而断然发动炮击；更为糟糕的是"阿芙乐尔"号（Аврора）巡洋舰和"迪米特里·顿斯科伊"号（Дмитрий Донской）巡洋舰还被误认为是日本巡洋舰而遭到误伤，更为甚者"纳希莫夫海军上将"号（Адмирал Нахимов）巡洋舰还出现了严重的船员哗变事件……。恶劣的天气状况、短缺的物资补给和惶惶不安的恐惧情绪让很多船员意志倦怠，个别不堪忍受折磨的水兵甚至选择跳海自尽。1905 年 5 月 27 日当经历了长达十个月日晒风吹的俄海军官兵难得打起精神，庆祝尼古拉二世加冕纪念日之际，守候多时的日军舰队却突然出现在他们面前。短短 28 小时之后，俄军的 7 艘驱逐舰就成为日军的炮下新鬼，仅有 3 艘得以侥幸脱离；而壮志未酬的罗日捷斯特文斯基中将不仅被生擒活拿，其麾下的这支舰队大抵也是"出师未捷身先死"，在日军的凌厉攻势下几乎全军覆没。

整个日俄战争期间，俄国海军一共失去了足足 20 艘驱逐舰，但其惊

▲ 斯捷潘·奥西波维奇·马卡洛夫（1848～1904），被认为是当时俄国最为出色的海军将领，他同时也是一名涉足诸多领域的科学家，曾创造了历史上用鱼雷击沉军舰的首例。1904 年 4 月 12 日他乘座的装甲舰"彼得罗巴甫罗夫斯克"号（Петропавловск）不幸触水雷并引起连续爆炸，其本人不幸阵亡。

▼ 出征前的第二太平洋舰队，其中"胆大"号的舷名十分醒目。然而这艘驱逐舰最终的命运却是在随后的对马海战中被日军生擒活捉，并被重新命名为"五月"号进入日本海军服役。

▲ 上三组图：一个失败的缩影，被遗弃在旅顺港内的"警惕"号。由于战事密集，俄国人根本来不及给很多已经严重受损的战舰进行修理。

▲ ▼ 正为"有力"号更换75毫米炮管的俄国舰员，照片摄于1904年9月；但短短两个月之后，该舰就在旅顺港外被日军水雷严重炸毁。

人的损失数量并不能盖棺定论地将俄军驱逐舰贬低得一无是处，事实上不同于俄国海军的其他舰只，这些作为新型舰种的驱逐舰很大一部分均由国外造船厂负责完成，在当时亦能算是先进；然而国内完成建造的剩余驱逐舰虽都借鉴原有英、法、德三国的现役舰船，却在建造能力上明显劣于外国船厂，且暴动、罢工等客观干扰不断，加之一些俄国内建船工作中的营私舞弊、中饱私囊现象比比皆是，其战斗能力自然大打折扣。

1902年10月，还是喀琅施塔得军港司令的马卡洛夫中将曾在向海军部的汇报中直言不讳地指出：

"由我们俄国船厂建造的那批驱逐舰起码在机械性能上远比海外负责建造的舰只来得糟糕……，接连不断的修理工作只能让我怀疑如果战争爆发的话，这些造价不菲的驱逐舰能否真的物有所值……"

当然圣彼得堡海军高层对于驱逐舰的定位和发展也的确值得商榷。日俄战争开始后不久，驱逐舰艉部防护火力不足、甲板积水不易排出等诸多问题很快就暴露了出来；日本海军很快就这些问题加以针对性的改进，然而反观他们的对手，保守闭塞、安于现状的俄国人直到1904年开始建造新一批驱逐舰之前，都始终没有为任何一艘驱逐舰的船艉部加装大口径火炮。可以说当时的俄国人对于驱逐舰的态度只是将其作为以解燃眉之急的"救火员"，他们对于驱逐舰的认识远不及日本人来得长远。虽然涅

瓦船厂在"威严"级驱逐舰上率先安装了一套无线电通讯设备以便在实际作战中更快地传递信息以便协同配合，但可惜那群俄国水兵们实在辜负了设计这套装置的喀琅施塔得海军鱼雷学校的波波夫工程师（А. С. Попов，就是他发明了第一台无线电接收器），由于缺少必要的培训工作和设备维护，这些无线电设备很多时候仅仅是一些可有可无的摆设——而这恰恰就是当时俄海军驱逐舰，乃至整个俄国海军的一个极具讽刺的缩影：相比起日本海军，俄国海军的很多作战人员几乎没有受过任何系统的训练，文化程度也普遍不高，一些水兵甚至不知道如何进行炮击和发射鱼雷；而与之相反的舰船长官们却多出自贵族名门，他们不仅专横武断、自命不凡，而且根本不愿意与那些身世卑微的下级水兵进行任何交流，加之克扣军饷、酗酒偷窃的事情时有发生，导致整个海军队伍军心涣散，纪律松跨，毫无战斗力可言。

当时在旅顺的英国海军少校格兰特（R. F. Grant）在回国后曾编撰翻译了一名日海军军官的一本名为《旅顺港外的一艘驱逐舰上：一个日本海军士官的私人日记》的回忆录，而书中的些许言语或许就能从一个对手的角度客观地解释俄国人失败的根本原因：

"我想说的是，欧洲的报纸打从战争一开始就存在明显的错误：他们认为俄国人的舰队远比我们强大。表面上这的确如此……但我们的战列舰在火力方面远胜过他们，鱼雷艇和驱逐舰也比他们快得多……当然我们会在海上证明自己的实力；虽然他们都是英勇的战士，但他们比我们缺乏经验，他们的舰船很多也都没发挥什么作用。我们派在旅顺港内的间谍时常为我们提供一些俄国人的情况……他们似乎从不搞、也懒得搞什么演习和射击训练，他们觉得战争不会爆发；在军械库的阴暗角落里，鬼知道他们到底库存了多少无人问津的鱼雷和弹药，而他们的军需人员似乎几个月没对其进行过任何检查了。我完全可以想象得出这些弹药上已布满了多少锈斑……"

▲ 达成停战协定后的日俄两国海军仍旧在太平洋海域保持着高度的战备状态。图中为正在执行警戒任务的"威武"号，不远处是日军的"磐手"号巡洋舰。日俄战争的失利不仅让俄国海军实力被日本、美国等后起国家所超越，更在于就此失去了从远东可能攫取的巨大利益。

▼ 被俄国人打捞上岸的"前哨"号无助地瘫在旅顺港外，不远处是另一处受到重创的"打击"号。由于根本无暇顾及舰船修理工作，这些舰船大多苟延残喘，度日如年。

"猎鹰" 级 (Сокол) 驱逐舰

由于英国亚罗公司在 1894 年皇家海军四十艘驱逐舰建造计划中只得到了区区三艘的订单，加之国内的需求量也已近乎饱和，阿尔弗雷德·亚罗不得不在海外寻求买家。1894 年 1 月，亚罗在向俄海军部蒂尔托夫中将的信函中明确表达可以"霍内特"号为原型给俄国人建造新型驱逐舰的计划。虽然俄国人对驱逐舰的兴趣并不大，但亚罗在信中提到新型驱逐舰可在保证不失火力的情况下达到 29 节的最大航速却着实俄国人心头一动，于是俄海军部邀请亚罗公司代表前往圣彼得堡进行进一步的合作洽谈。双方在各项技术要求参数上很快就达成一致，却在造价上产生了较大分歧：亚罗公司提出 38 万英镑的造价让手头拮据的俄国人感到无法接受；他们至多愿意支付 35 万英镑。1894 年 5 月底，经过一番讨价还价之后，双方终于在 36.53 万英镑上达成一致，亚罗公司最终按合约履行"14 个月内为俄国海军建造一艘排水量 220 吨，最大航速 29 节的驱逐舰"的义务；而这艘驱逐舰也最终被俄国人命名为"猎鹰"号。

建造工作于 1894 年 11 月初在亚罗公司位于格拉斯哥的船厂正式开始。根据设计要求，亚罗将原先"霍内特"号的火力配备进行调整，为"猎鹰"号装备了一门 75 毫米"贾纳"（Canet）火炮和三门 47 毫米"哈奇开斯"（Hotchkiss）速射炮，同时配备两座 381 毫米单管鱼雷发射管。全舰布局秉承了英国人早期驱逐舰简洁实用的特点，采用亚罗公司自己设计的两座立式三缸蒸汽机，船体共被水密舱壁划分出 10 个隔舱，各承压部分均使用镍钢合金进行镀合加固，同时为突出该舰的高航速，亚罗公司将原先"霍内特"号设计布置的炊事房位置前移以在腾出的空间额外增加一间载煤室。在 8 月中旬开始的试航工作中，"猎鹰"号的平均航速达到了 29.77 节并使之一跃成为当时世界上最快的驱逐舰。10 月底"猎鹰"号驶抵喀琅施塔得军港并于十天后正式编入波罗的海舰队。

"猎鹰"号的建成着实让俄国人风光了好一阵，海军部也着手考虑同型驱逐舰的后续建造工作。他们很快就向亚罗公司提出了再建十一艘的意向，但英国人的费用报价却始终让俄国人觉得无法承担，于是海军部决定由国内的造船厂根据"猎鹰"号为原型再建造二十六艘。

这批舰船于 1896 年底起开始陆续在科莱顿（Завод Крейтона）、伊若拉（Ижорский Завод）和涅瓦（Невский Завод）等三家船厂开工建造，并于 1904 年全部交付海军服役。考虑到其中的部分舰船最后将交予太平洋舰队服役，故此其中十二艘的最后组装工作由在华俄属管辖的旅顺船厂负责完成。除最后五艘于 1903 年开工的舰船之外，其余的"猎鹰"级驱逐舰之前均以飞禽命名；但根据海军部于 1902 年 3 月下旬下达的《第四十三号通文》，一切以鸟兽栖虫命名的舰船必须全部用某一俄文形容词加以更名。

这些驱逐舰服役没多久就爆发了日俄战争，其中的十二艘战舰匆匆参加了与日本人的海上交战，但战果惨淡。由于在实际作战中和训练中暴露了不少问题，该型驱逐舰于 1909 年起开始陆续在赫尔辛基和圣彼得堡的船舶制造厂接受机械改装，调换和增加了锅炉设备中的热水传输盘管，同时对武器类型和布局也做了适当地调整。但在随后开始的一战中"猎鹰"级依旧只是战场上的配角，除了偶尔提供火力掩护之外，多数情况下只是作为扫雷、巡逻等使用。

▲ 正在旅顺港船厂内进行最终组装的"斑鸠"号，照片摄于 1901 年底。

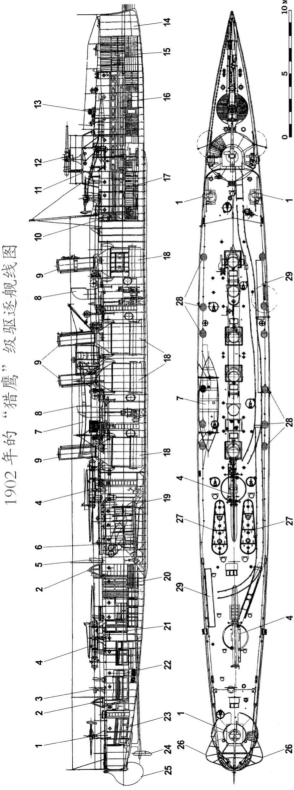

1902 年的"猎鹰"级驱逐舰线图

0　5　10 м

1 – 47 毫米"哈奇开斯"速射炮
2 – 过渡舱
3 – 舵轮
4 – 381 毫米鱼雷发射管
5 – 机舱通风导流口
6 – 机舱房
7 – 救生船
8 – 锅炉通风风帽

9 – 烟囱
10 – 炊事房
11 – 指挥室
12 – 75 毫米"贾纳"火炮
13 – 绞盘机
14 – 艏尖舱
15 – 锚链舱
16 – 前船员舱

17 – 弹药舱
18 – 锅炉房
19 – 凝汽器辅助设备
20 – 军官室
21 – 军士长室
22 – 后船员舱
23 – 储藏室
24 – 螺旋桨

25 – 舵
26 – 螺旋桨防护护栅
27 – 机舱盖口
28 – 填煤口
29 – 备用鱼雷发射管

武器配置及改进情况
1909 年（"吃惊、严竣、敏捷、凶猛、神速号"）：-3×47 毫米"哈奇开斯"速射炮，2×381 毫米"哈奇开斯"速射炮，+1×75 毫米"贾纳"火炮，2×7.62 毫米"马克沁"机枪，2×457 毫米鱼雷发射管。
1910 年（"勤勉号"）：-3×47 毫米"哈奇开斯"速射炮，2×381 毫米鱼雷发射管；+1×75 毫米"贾纳"火炮，2×7.62 毫米"马克沁"机枪，2×457 毫米鱼雷发射管。
1911 年（顺从、婴庄、端庄、活动号）：-3×47 毫米"哈奇开斯"速射炮；+1×75 毫米"贾纳"火炮，2×7.62 毫米"马克沁"机枪，2×457 毫米鱼雷发射管。
10 颗水雷
1912 年（豪躁、大胆、远见、勤勉号）：-3×47 毫米"哈奇开斯"速射炮，2×381 毫米鱼雷发射管；+1×75 毫米"贾纳"火炮，2×7.62 毫米"马克沁"机枪，2×457 毫米鱼雷发射管，10 颗鱼雷
1914 年（远见、远光、勤勉号）：-2×457 毫米鱼雷发射管
1915 年（远光、勤勉号）：-2×457 毫米鱼雷发射管
1916 年（远见、坚固、淘气、勤勉、活动号）：-2×457 毫米鱼雷发射管
1916 年（顺从、坚固、淘气、勤勉、活动号）：-2×457 毫米鱼雷发射管
1918 年（吃惊、严竣、凶猛、神速号）：-2×457 毫米鱼雷发射管，+1 座扫雷器
1926 年（严竣、迅捷号）：-2×457 毫米鱼雷发射管

▲ 下水试航中的"猎鹰"号，舰艏侧的舷名清晰可见。

"猎鹰"号

1902 年 3 月更名为"迅捷"号（Прыткий）。一战期间主要负责在芬兰湾和波的尼亚湾的扫雷和护航工作。1917 年全舰官兵参加了二月革命并于同年 10 月底编入红海军。1918 年 8 月底被调往下诺夫哥罗德并被编入伏尔加河区舰队且参加了在喀山地区与白匪军的交战行动；10 月下旬调往里海 – 亚速海区舰队并在围剿白匪军的卡马河战役中表现突出。1919 年 7 月又被调往伏尔加河 – 里海区舰队

（1920 年 7 月更名为里海区舰队）。1922 年 8 月最终除籍并解体。

"鸢鹰"号

1902 年 3 月更名为"顺从"号（Послушный）。一战期间主要负责在芬兰湾和波的尼亚湾的扫雷和护航工作。1917 年全舰官兵参加了二月革命并于同年 11 月编入红海军。1918 年 3 月 15 日调往芬兰参加了芬兰内战；4 月 13 日被代表资产阶级富农的白军部队所俘虏并编入芬兰海军（编

号 S-3）。1922 年根据苏联和芬兰两国签订的《塔图条约》被归还给苏联政府。1925 年 11 月该舰最终除籍并解体。

"矛隼"号

1902 年 3 月更名为"热烈"号（Пылкий）。1907 年 9 月调往巴库加入里海区舰队。1911 年 7 月 29 日从海军除籍，后被改装成一艘为炮舰"卡尔斯"号（Карс）与"阿尔达汉"号（Ардаган）提供柴油动力试验的油料驳船。

▲ 巴库港外的"热烈"号，照片摄于 1907 年底。

俄国历史上第一艘真正意义上的驱逐舰"迅捷"号。这里要说明的，由于字母 i 在 1918 年的俄语正字法改革中遭到废除，故此该舰舰名 Прыткій 所采用的旧俄拼法与本书表达所谓存在的正字差异现象。实际上多数沙俄时期完工的俄国舰船都有出入；

▲ 改进完成后的"吃惊"号，注意舰部增加的第二座75毫米火炮和四号烟囱后的一座小型舰桥。

"潜鸦"号

1902年3月更名为"吃惊"号（Поражающий）。1906年9月和"鲑鱼"号（Лосось）潜艇发生碰撞，由于损毁严重该舰接受了长达两年的修理工作。1914年被降级为通信船并负责波罗的海域的巡逻工作。1917年该舰参加了二月革命并在同年11月编入红海军。1918年4月25日在赫尔辛基被德军扣留，后根据《布列斯特合约》返还俄国；8月调往下诺夫哥罗德并正式编入伏尔加河区舰队；10月下旬调往里海－亚速海区舰队。1919年7月又被调往伏尔加河－里海区舰队。1921年2月参加了清剿连科兰地区反革命武装的行动。1925年11月最终除籍并解体。

▲ 配合宣传而拍摄的"吃惊"号，舯部已经安装上第二座桅杆，但请注意舰桥一侧的47毫米速射炮并未拆去。

"金雕"号

1902 年 3 月更名为"尖锐"号（Пронзительный）。1904 年原本打算加入第二太平洋舰队，不过在途中发生机械故障不得不返回国内接受修理。1907 年 9 月加入里海区舰队。1911 年 7 月底最终除籍，部分舰体捐赠给莫斯科动物园使用，其余部分则遭解体。

"潜鸟"号

1902 年 3 月更名为"远见"号（Прозорливый）。1904 年原本打算加入第二太平洋舰队，不过在途中发生机械故障不得不返回国内接受修理。1914 年 9 月被降级为通信船。1917 年全舰官兵参加了二月革命并于同年 11 月编入红海军。1918 年 3 月参加了芬兰内战不过一个月后被芬兰白军部队俘虏，随后该舰被编入芬兰海军（编号 S-2）。1925 年 10 月 4 日在波的尼亚湾附近海域遭遇风暴沉没。

"雕鸮"号

1902 年 3 月更名为"勤恳"号（Ретивый）。一战期间主要负责扫雷和巡逻工作。1917 年全舰官兵参加了二月革命并于同年 11 月编入红海军。1918 年 3 月调往芬兰参加了芬兰内战。1918 年 8 月底被调往下诺夫哥罗德并编入伏尔加河区舰队并参加了在喀山地区与白匪军的交战行动；10 月下旬调往里海 – 亚速海区舰队并在围剿白匪军的卡马河战役中表现突出。1919 年 7 月又被调往伏尔加河 – 里海区舰队。1922 年 8 月最终除籍并解体。

"鹈鹕"号

1902 年 3 月更名为"敏捷"号（Сметливый）。一战期间主要负责扫雷任务。1917 年 12 月被编入红海军。1918 年 6 月 18 日因害怕被德军俘虏而被"刻赤"号击沉于新罗西斯克港。1926 年被重新打捞出水并最终解体。

"天鹅"号

1902 年 3 月更名为"严峻"号（Строгий）。一战期间参加了数次沿岸炮击行动并负责秘密运送俄情报人员的任务。1915 年 3 月 20 日在攻击行动中击伤德军 U-33 号潜艇。1916 年 4 月参加了进攻特拉布宗港口的行动。1917 年 12 月加入红海军。1918 年 3 月封存于塞瓦斯托波尔港内，但很快就在两个月就被德军俘获；11 月 24 日被英法干涉军俘虏并转而辅助白匪水面部队在南部的防御行动。1920 年 11 月在从塞瓦斯托尔撤往伊斯坦布尔的途中被红海军再次俘获。1922 年 12 月以国内战争期间拒绝攻击红海军而被捕的法国战列舰"让·巴尔"号（Jean Bart）机械师安德烈·马蒂（André Marty）而更名为"马蒂"号（Марти）。在经过数次修理工作后，该舰在 1926 年成为一艘通讯船，后于 1929 年 7 月最终除籍并解体。

▲ 正在接受航速测试的"夜鹰"号。

▲ 日俄战争开始前的波罗的海舰队驱逐舰支队，最外侧的一艘是"勤勉"号。注意47毫米速射炮已被折去。

▲ 1909年"敏捷"号作为第一批"猎鹰"级驱逐舰接受了改装工作，除了先前提到过的舰艇武器配置已经发生变化以外，请注意艇艉部也已经增加了一座小型舰桥。

▲ 提供护航任务的"凶猛"号，照片摄于1903年。远处的是战列舰"十二圣徒"号（Двенадцать Апостолов）。

"渡鸦"号

1902 年 3 月更名为"淘气"号（Резвый）。1904 年原本打算加入第二太平洋舰队，但因途中螺旋桨断裂而不得不返回国内接受修理。一战期间主要负责扫雷和巡逻工作。1917 年全舰官兵参加了二月革命并于同年 11 月编入红海军。1918 年 3 月参加了芬兰内战不过一个月之后被芬兰白军部队俘虏。后被编入芬兰海军（编号 S-4）。1922 年根据苏联和芬兰两国签订的《塔图条约》，该舰被归还给苏联政府。1925 年 11 月最终除籍并解体。

"雀鹰"号

1902 年 3 月更名为"坚固"号（Прочный）。一战期间主要负责在芬兰湾和波的尼亚湾的扫雷和巡逻工作。1917 年参加了二月革命并于同年 11 月编入红海军。1918 年 8 月底被调往下诺夫哥罗德并正式编入伏尔加河区舰队并参加了在喀山地区与白匪军的交战行动；10 月下旬调往里海－亚速海区舰队并在围剿白匪军的卡马河战役中表现突出。1919 年 7 月又被调往伏尔加河－里海区舰队。1922 年 8 月最终除籍并解体。

"鸬鹚"号

1902 年 3 月更名为"果敢"号（Решительный）。1904 年 3 月 10 日与"守护"号前往澳大利亚附近的埃利奥特夫人岛进行勘测，次日在返回旅顺港时遭日舰袭击而受损，后接受了三个多月的修理工作。8 月 10 日夜间从旅顺港出发秘密前往芝罘，但次日凌晨在芝罘港内遭到日军组织的突袭，在与日军发生短暂交火后因寡不敌众而弃舰撤离，交火中双方各有两人阵亡。日军俘获该舰后于 1905 年 1 月 17 日以沉没的"晓"号驱逐舰之名编入联合舰队；在后来的对马海战中该舰不慎撞沉日军 69 号雷击艇。1905 年 10 月 19 日正式命名为"山彦"号。1912 年 8 月 28 日降为三等驱逐舰，1917 年 4 月 1 日变更为杂役船，后于 1919 年解体。

"夜鹰"号

1902 年 3 月更名为"勤勉"号（Рьяный）。1914 年被降级为通信船并负责波罗的海域的巡逻工作。1917 年全舰官兵参加了二月革命并于同年 11 月编入红海军。1918 年 3 月调往芬兰参加了芬兰内战；4 月 13 日在赫尔辛基港口被芬兰白军部队俘虏，随后该舰被编入芬兰海军（编号 S-1）。1930 年成为芬兰海军训练靶舰并于 1939 年正式被芬兰海军除籍。

▼ 服役后不久的"严峻"号。

▼ "果敢"号全舰官兵合影，坐在中间的就是舰长米哈伊尔·罗夏科夫斯基（M. C. Рощаковский）。这位命运坎坷的指挥官在战争结束后先后从事过外交和海军事务，后来还当上了俄国临时政府海军部长助理的位置；十月革命之后举家迁往挪威，后因思乡之情而于 1925 年返回苏联，但他终因"身份特殊"而在大清洗运动中被枪决。

▼ 在日军攻击后严重受损的是俄军"果敢"号，不久后该舰就被日军俘获。远处是战列舰"塞瓦斯托波尔"号（Севастополь）。

▲ 芬兰海军的 S-3 号驱逐舰，即原先的"顺从"号，其舰外形依旧保留着该舰 1916 年最后一次改建后的面貌：舰艉部增加了一门 75 毫米火炮，但请注意芬兰人重新在四号烟囱后安装上了一具鱼雷发射管。

▲ 芬兰海军的 S-1 号驱逐舰，即原俄国海军的"勤勉"号。注意原先舰桥两侧 47 毫米速射炮炮位已被完全封闭，舷号清晰可见。

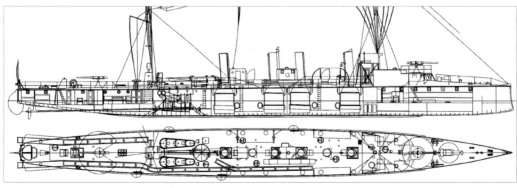

▲ 芬兰海军的 S-1 号驱逐舰线图。

▲ 刚投入服役后不久的"活动"号正准备离开涅瓦河边的一处临时船埠。照片摄于1903年初。

"信天翁"号

1902年3月更名为"活动"号（Подвижный）。一战期间主要负责扫雷和巡逻工作。1917年参加了二月革命并在同年11月19日编入红海军，并由后来成为苏联海军波罗的海舰队参谋的尤里·拉尔（Ю. Ф. Ралль）中尉担任舰长。1918年3月15日为支援芬兰社会主义工人共和国的战斗而参加了芬兰内战4月13日在赫尔辛基港口被芬兰白军部队俘虏，随后该舰被编入芬兰海军（编号S-5）并参加了对抗红军部队的后续战斗。1922年根据两国签署的《塔图条约》该舰被归还给苏联政府，但很快就被再次出售给芬兰并主要作为训练舰只使用，1929年被芬兰海军除籍。

▲ 进入最终舾装工作的"神速"号。

▲ 停靠在旅顺港内的"暴躁"号（左）与"大胆"号。

"孔雀"号

1902 年 3 月更名为"凶猛"号（Свирепый）。1905 年 11 月底在塞瓦斯托波尔参加了由彼得·施密特中尉（П. П. Шмидт）组织的水兵起义。一战期间主要负责扫雷和为地面部队提供火力支援等任务。1917 年 12 月被编入红海军。1918 年 11 月 24 日被英法干涉军俘虏并进入英海军服役（编号 N. 204）；随后该舰参加了白匪水面部队在南部的防御行动。1920 年 11 月在从塞瓦斯托波尔撤往伊斯坦布尔的途中被红海军再次俘获。1922 年 12 月底为纪念海军中尉彼得·施密特而再次更名。1927 年 4 月底最终除籍并解体。

"野雉"号

1902 年 3 月更名为"神速"号（Стремительный）。一战期间主要负责扫雷和为地面部队提供火力支援等任务。1916 年 1—2 月间参加了进攻土耳其埃尔祖鲁姆防线的行动。1917 年 12 月被编入红海军。1918 年 6 月 18 日由于害怕被德军俘虏该舰被"刻赤"号击沉于新罗西斯克港口。1926 年该舰被重新打捞出水并最终解体。

▼ 接受改进后的"远见"号，注意舰部发生的变化。

"田鹬"号

1902年3月更名为"暴躁"号（Сердитый）。1904年加入第一太平洋舰队。日俄战争期间在旅顺港附近海域负责警戒任务。值得一提的是该舰舰长就是日后名噪一时的海军上将高尔察克（А. В. Колчак），他曾指挥该舰使用水雷战术在12月13日成功击沉了日军"高砂"号防护巡洋舰。1905年1月1日该舰从旅顺突围不过在驶抵芝罘时被清政府扣押。经过一番交涉后，该舰被返还给俄国并于2月初编入了西伯利亚舰队。1918年6月底在符拉迪沃斯托克港口被日军俘虏并作为日军沿岸浮动炮台使用。1922年10月日军撤出符拉迪沃斯托克港时该舰被彻底破坏。1925年11月最终除籍并解体。

"斑鸠"号

1902年3月更名为"大胆"号（Смелый）。1904年加入第一太平洋舰队。日俄战争期间主要负责警戒和巡逻任务。1905年1月1日该舰从旅顺突围，但在驶抵芝罘时被清政府扣押。一个月后被返还给俄国并被编入西伯利亚舰队。1918年6月底在符拉迪沃斯托克港口被日军俘虏并作为日军沿岸浮动炮台使用。1922年10月日军撤出符拉迪沃斯托克港时该舰被彻底破坏。1925年11月最终除籍并解体。

"白嘴鸦"号

1902年3月更名为"前哨"号（Сторожевой）。日俄战争开始后参与了数次攻击行动。1904年12月16日夜间在旅顺港内遭到日军偷袭，乱战中被一颗鱼雷击中舰艉。后被"营口"号（Инкоу）拖轮拖往符拉迪沃斯托克准备接受大修。1905年1月2日在老虎角附近海域触雷沉没。

"矶鹬"号

1902年3月更名为"守护"号（Стерегущий）。日俄战争开始后负责警戒任务。1904年3月11日在返回旅顺港的途中遭遇日军舰队袭击而沉没，包括舰长阿列克谢·谢尔盖耶夫（А. С. Сергеев）在内的48人阵亡，仅4人得以获救。1911年4月经过沙皇尼古拉二世的同意，在圣彼得堡的亚历山大公园专门建立了一座"守护"号的纪念碑，其英雄事迹也在俄国内极尽渲染。

▲ 在青岛港码头内接受检查的俄军驱逐舰"端庄"号（左）、"暴躁"号（中）和"快速"号。这批战舰最初在抵达芝罘港时遭到清政府扣押，后经过俄国方面的一番交涉之后才得以放行。

日俄战争初期的"大胆"号。

▲ 改进后的"严峻"号，注意舰艇主炮后已经增加了一座小型舰桥。

▼ 正在接受修理工作的俄军驱逐舰。虽然最近处的驱逐舰已无法具体考证是"猎鹰"级中的哪一艘，但这两张从前后两个角度分别进行拍摄的照片还是很好地为我们展示了该级驱逐舰的基本舰上布局。

"乌鸫"号

1902 年 3 月更名为"打击"号（Разящий）。服役后不久就参加了日俄战争。2 月 23 日成功地完成了护送"胜利"号（Победа）战列舰的任务。8 月 23 日在行动中不幸触雷被并拖回港口进行修理；1905 年 1 月 1 日由于害怕落入日军手中而被俄军炸沉于旅顺港口内。战争结束后该舰残骸被清政府打捞上岸，后转交俄方解体。

"啄木鸟"号

1902 年 3 月更名为"机敏"号（Расторопный）。1904 年 11 月 15 日该舰从旅顺港口突围并驶抵芝罘港口，不过之后即遭到日军舰船围堵。次日舰长保尔·佩列（П. М. Плен）最终决定将该舰烧毁凿沉。战争结束后清政府将该舰打捞并返还俄国。

▲ 返回旅顺港的"机敏"号，照片摄于 1904 年 7 月 15 日。当天清晨时分，这艘驱逐舰曾将英国货轮"希普桑"号（Hipsang）误认为是日本军舰并将其击沉。

▲ 符拉迪沃斯托克港外的"快速"号与"端庄"号，注意四号烟囱附近新增的一座小型无线电通讯室。几乎所有在日俄战争幸存下的"猎鹰"级驱逐舰都进行了这番改进。

俄文舰名	译名	建造船厂	开工日期	下水日期	服役日期	隶属舰队
Сокол	猎鹰	亚罗	1894.11.04	1895.08.22	1895.10.28	波罗的海舰队 / 伏尔加河区舰队 / 里海－亚速海区舰队 / 伏尔加河－里海区舰队 / 里海区舰队
Коршун	鸢鹰	科莱顿	1897	1898.05	1900.07	波罗的海舰队
Кречет	矛隼	科莱顿	1897	1898.05.28	1900.07	波罗的海舰队 / 里海区舰队
Ястреб	雀鹰	伊若拉	1896.10	1898.10.01	1902.05	波罗的海舰队 / 伏尔加河区舰队 / 里海－亚速海区舰队 / 伏尔加河－里海区舰队 / 里海区舰队
Нырок	潜鸦	伊若拉	1896	1898.11.15	1902.05	波罗的海舰队 / 伏尔加河区舰队 / 里海－亚速海区舰队 / 伏尔加河－里海区舰队 / 里海区舰队
Беркут	金雕	伊若拉	1897.07	1899.6.30	1902.05	波罗的海舰队 / 里海区舰队
Гагара	潜鸟	涅瓦	1898	1899.7.8	1902.05	波罗的海舰队
Ворон	渡鸦	涅瓦	1899	1899.8.31	1902.05	波罗的海舰队
Филин	雕鸮	涅瓦	1899	1900.06.22	1902.05	波罗的海舰队 / 伏尔加河区舰队 / 里海－亚速海区舰队 / 伏尔加河－里海区舰队 / 里海区舰队
Сова	夜鹰	涅瓦	1899	1900.07.06	1902.05	波罗的海舰队
Альбатрос	信天翁	伊若拉	1899.10	1901.06.03	1902.05	波罗的海舰队
Баклан	鸬鹚	涅瓦 / 旅顺	1901.04	1901.07.26	1903.07	第一太平洋舰队
Лебедь	天鹅	科莱顿	1899.08	1901.08.02	1902.09	黑海舰队
Пеликан	鹈鹕	科莱顿	1899.08	1901.08.02	1902.09	黑海舰队
Павлин	孔雀	科莱顿	1899.08	1901.09.07	1902.09	黑海舰队
Фазан	野雉	科莱顿	1899.08	1901.10.01	1902.09	黑海舰队
Бекас	田鹬	涅瓦 / 旅顺	1901	1901.11.03	1903.06.14	波罗的海舰队 / 第一太平洋舰队 / 西伯利亚舰队
Горлица	斑鸠	涅瓦 / 旅顺	1901	1902.02.10	1903.09.13	波罗的海舰队 / 第一太平洋舰队 / 西伯利亚舰队
Грач	白嘴鸦	涅瓦 / 旅顺	1901	1902.03.31	1903.09	第一太平洋舰队
Кулик	矶鹬	涅瓦 / 旅顺	1902	1902.06.22	1903.09.02	第一太平洋舰队
Дрозд	乌鸫	伊若拉 / 旅顺	1902.02.25	1902.12.10	1903.10.12	第一太平洋舰队
Дятел	啄木鸟	伊若拉 / 旅顺	1902.03	1903.03.12	1903.12.02	第一太平洋舰队
Сильный	有力	伊若拉 / 旅顺	1903.07	1903.06.21	1904.01.12	第一太平洋舰队
Скорый	快速	涅瓦 / 旅顺	1902.02	1903.05.17	1903.12.12	第一太平洋舰队 / 西伯利亚舰队
Страшный	惧怕	涅瓦 / 旅顺	1902	1903	1904.03.12	第一太平洋舰队
Стройный	整齐	涅瓦 / 旅顺	1902	1903	1904.03.12	第一太平洋舰队
Статный	端庄	涅瓦 / 旅顺	1902	1903.11.21	1904.07.27	第一太平洋舰队 / 西伯利亚舰队

基本技术性能	
基本尺寸	舰长 57.9～61 米，舰宽 5.67 米，吃水 2.29 米
排水量	正常 250 吨 / 满载 305 吨（猎鹰号为 220 吨 / 240 吨）
最大航速	27.5 节（猎鹰号为 30 节）
巡航能力	450～660 海里 / 13 节（猎鹰号为 750 海里 / 15 节）
动力配置	三缸式直立往复蒸汽机 2 台 2 轴功率 3800 马力，4 座"亚罗"型锅炉（鸢鹰、矛隼、雀鹰、潜鸦、金雕、信天翁、鸬鹚号为 8 台）
最大载煤量	53～80 吨
武器配置	1×75 毫米"贾纳"火炮，3×47 毫米"哈奇开斯"速射炮，2×381 毫米鱼雷发射管
人员编制	51～58 人（其中军官 5 名）

英国海军"霍内特"号简图

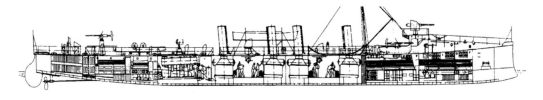

舰长：56.4 米 舰宽：5.64 米 吃水深度：2.29 米 最大航速：26.78 节 巡航能力：3000 海里 / 10.5 节

三缸式直立往复蒸汽机 2 台 2 轴功率 3800 马力，8 座"亚罗"型锅炉

1×12 磅火炮，3×6 磅速射炮，3×381 毫米鱼雷发射管

▲ 在广东沿岸地区执行巡逻工作的"快速"号。

"有力"号

1904 年 11 月 11 日在旅顺港外不幸触及日军布设的水雷而严重受损。1905 年 1 月 2 日由于害怕落入日军手中而被俄军凿沉。8 月该舰被日军打捞上岸；加以修理之后该舰被命名为"文月"号并在日海军服役至 1912 年。1913 年从日海军除籍并被解体。

"快速"号

服役后不久就参加了日俄战争。1905 年 1 月初在突围至芝罘后被清政府扣押。一个月后该舰返还给俄国并加入西伯利亚舰队。1907 年 10 月底在该舰官兵引发的暴动中被严重破坏；经过近一年后修理工作才得以开始却迟迟没能完成。1918 年 6 月底在符拉迪沃斯托克港口被日军俘虏；1922 年 10 月日军撤出符拉迪沃斯托克港时该舰被彻底破坏。1923 年该舰被解体。

"惧怕"号

服役后不久即参加了日俄战争。1904 年 4 月 13 日在试图袭击旅顺港时中被日军驱逐舰群击沉。包括舰长康斯坦丁·尤拉索夫斯基（К. К. Юрасовский）中校在内的 11 人当场阵亡。

"整齐"号

服役后不久即参加了日俄战争。1904 年 11 月 13 日在旅顺港外执行布雷工作时被日军击沉。

"端庄"号

服役后不久即参加了日俄战争，主要负责警戒和护送任务。1904 年 12 月在突围至芝罘后被清政府扣押。一个月后该舰被返还给俄国并被编入西伯利亚舰队。1918 年 6 月底在符拉迪沃斯托克港口被日军俘虏；1922 年 10 月日军撤出符拉迪沃斯托克港时该舰被彻底破坏。1925 年 11 月最终除籍并解体。

▲ 在与日军交战后搁浅的"有力"号，照片摄于 1904 年 3 月。

◀ 被清政府扣押在芝罘码头内的"端庄"号，照片摄于1904年12月。

▼ 被清政府扣押在芝罘码头内的俄军驱逐舰，照片摄于1904年12月。从左至右依次为"快速"号、"权力"号、"暴躁"号和"端庄"号。

特别介绍

75毫米"贾纳"型火炮

俄国海军部曾仿照法国设计师古斯塔夫·贾纳（Gustave Canet）的75毫米火炮而专门建造的用于配备海军舰只的单管火炮。该型火炮一共建造799门，其中248门由位于彼尔姆的莫托维里哈工厂（Мотовилихинские Заводы）负责完成，而剩余的551门则由圣彼得堡的奥布霍夫工厂（Обуховский Завод）加以完成。

技术参数
炮口直径：75毫米
炮管长度：5.1米
仰角范围：-10°～40°
炮程：8960米（40°仰角）
6400米（13°仰角）
供弹速度：12～15发/分钟
射速：500米/秒

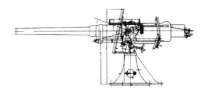

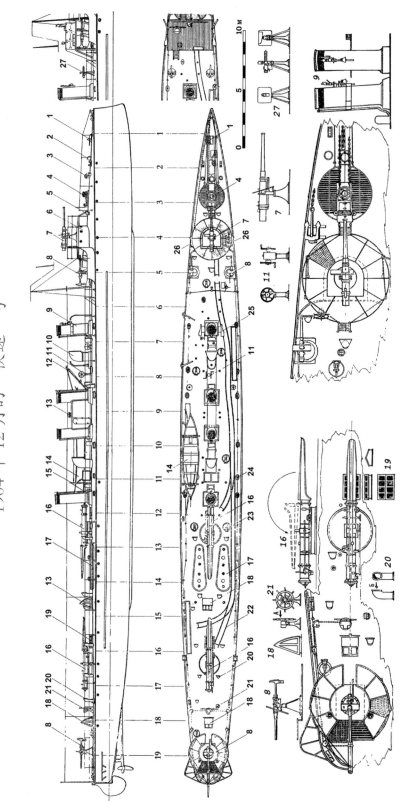

1904 年 12 月 的 "快速" 号

1- 锚链止动器　　2- 收锚孔　　3- 系缆柱　　4- 绞盘机　　5- 排风机　　6- 侧观测室　　7- 75 毫米 "贾纳" 火炮　　8- 47 毫米 "哈奇开斯" 速射炮

9- 烟囱　　10- 机舱通风罩　　11- 手摇泵　　12- 起吊架　　13- 照厕室　　14-24 尺救生艇　　15- 吊艇架　　16-381 毫米鱼雷发射管

17- 天窗罩　　18- 舱口　　19- 军官室天窗　　20- 通风管　　21- 舰舵轮　　22- 可拆式水雷 / 鱼雷导轨　　23- 甲板出入舱口　　24- 探照灯平台

25-7.62 毫米 "马克沁" 机枪（临时）

"鲸鱼"级（Кит）驱逐舰

根据俄国旨在加强远东海上实力而建造驱逐舰的明确意向，德国希肖船厂于 1898 年 4 月率先向俄国海军部提交了全套驱逐舰设计方案。海军技术委员会通过研究讨论后认为德国人的整体设计基本符合俄国海军的各项标准，遂决定与德国人开展正式合作；8 月 5 日希肖船厂特派专家与海军技术委员会最终签署合约由德国人建造四艘最新型驱逐舰，每一艘耗资约合 120 万德国马克；俄国人在合同中明确说明希望该舰设计的最大航速不得低于 27 节；但如果无法达到航速 25 节的最低底线，那么俄国人有权单方面要求希肖船厂缴纳总支付费用的 3.5% 作为赔偿费甚至要求德方返还全部钱款；作为让步，俄国人同意将计划开始日期暂缓四个月时间以便让德国人做好更为充分的准备工作。按照合同要求，全部的四艘驱逐舰必须在二十一个月之内、也就是 1900 年 10 月底之前交付俄海军使用。

虽然 1898～1899 年间出现的极寒天气让建造工作一度陷于停滞，但向来就严谨有条的德国人还是将前期工作准备得相当充足。从 1988 年 3 月初开始，该型的四艘战舰陆续在位于埃尔宾的希肖船厂内进行建造。整体均选用西门子公司的低碳合金钢，水密舱壁将全舰划分成 12 个隔舱，同时对吃水线上 10 厘米以下部位进行二次复合镀锌；甲板部分除了加厚之外，德国人还额外地粘合了一层油地毡漆布。和英国人设计的"猎鹰"号相比，"鲸鱼"级在火力配备上也更胜一筹：除常规保留了一门 75 毫米"贾纳"火炮之外，船厂方面为该型舰配备了五门 47 毫米"哈奇开斯"速射炮，同时配备三具 381 毫米单管鱼雷发射管。为了突出其良好的适航指挥性，德国人在设计时引入了一座小型罗经舰桥并采用双烟囱的布局以便腾出足够的空间安装第三具鱼雷发射管。整个建造过程中除"虎鲸"号因遭遇 1900 年初的严寒天气而略有延期之外，其余的三艘均早早地就进入了试航阶段。最终这四艘驱逐舰的平均测试航速达到 27.2 节，将将符合俄国人之前拟定的要求。在略作细节修整之后，这四艘驱逐舰于 7 月开始相继驶抵利巴瓦港口并加入俄海军服役。

作为俄国为远东战事而考虑的成果，"鲸鱼"级的四艘驱逐舰无一例外地都被调往旅顺港并参加了日后开始的日俄战争，多数情况下仅仅是充当巡逻和运送兵员所用。除了首舰"鲸鱼"号在日俄战争中被俄军自行凿沉之外，其余的三艘均参加了一战和之后的俄国内战。均参加了一战和之后的俄国内战，但因舰载设备毁损现象严重，加之早早被西方干涉军所俘获而鲜有多少作战经历。

▲ 正在希肖船厂建造的"鲸鱼"级驱逐舰，照片摄于 1900 年初。

▲ 进入服役后不久的"鲸鱼"号，注意艉部依稀可见的那座小型罗经舰桥。

▲ 旅顺港外的"警惕"号，照片摄于 1903 年，远处是"阿穆尔"号（Амур）布雷舰。

"鲸鱼"号

1901 年 4 月驶抵旅顺港加入第一太平洋舰队。1902 年 3 月更名为"警惕"号（Бдительный）。日俄战争初期主要负责巡逻警戒任务并参加了数次和日军战舰的交战。1904 年 5 月 14 日在返航途中突然发生锅炉爆炸并不得不返回港口接受修理工作。11 月 10 日在行动中误入日军布设的雷区，舰艉部被 2 颗水雷炸毁。由于损毁严重，俄军被迫放弃修理。1905 年 1 月

2 日在向日军投降前不久，该舰被俄军官兵凿沉于旅顺港内。

"鳐鱼"号

1901 年 5 月驶抵旅顺港加入第一太平洋舰队。1902 年 3 月更名为"无情"号（Беспощадный）。日俄战争爆发后参与了数次和日军海军的作战行动。1904 年 5 至 6 月间负责俄军在金州地区的兵员运输工作。8 月在黄海海战中成功地从日军包围中突围成功，但在抵达

青岛后随即被清政府扣押。1905 年 1 月该舰被归还俄国并于 2 月 17 日编入西伯利亚舰队。1917 年 9 月下旬加入北冰洋舰队。十月革命后加入红海军，但在 1918 年 3 月被西方干涉军俘虏于摩尔曼斯克港，但因设备损毁而始终停于港内。内战结束开始修复工作，但因工作量巨大而于 1924 年 11 月 21 日最终除籍并解体。

▲ 旅顺港外的"鳐鱼"号，照片摄于 1903 年。这张照片充分地展示了德国人简洁开阔的舰上布局设计。

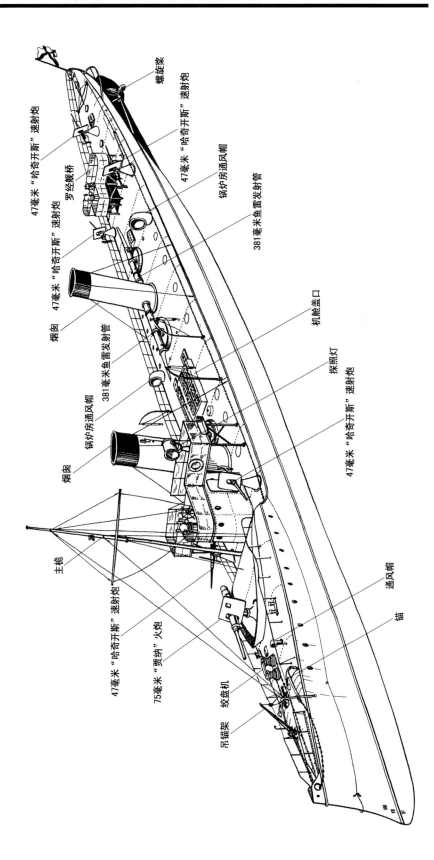

"骜惕" 号外形图

螺旋桨

47毫米 "哈奇开斯" 速射炮

47毫米 "哈奇开斯" 速射炮

罗经舰桥

47毫米 "哈奇开斯" 速射炮

锅炉房通风帽

381毫米鱼雷发射管

机舱盖口

47毫米 "哈奇开斯" 速射炮

烟囱

探照灯

381毫米鱼雷发射管

锅炉房通风帽

烟囱

47毫米 "哈奇开斯" 速射炮

主桅

通风帽

47毫米 "哈奇开斯" 速射炮

锚

75毫米 "贾纳" 火炮

绞盘机

吊锚架

▲ 日俄战争中在金州地区海域巡逻的"无情"号。

▲ "虎鲸"号近照，注意舷侧的47毫米速射炮。

"虎鲸"号

1901 年 6 月驶抵旅顺港加入第一太平洋舰队。1902 年 3 月更名为"无声"号（Бесшумный）。日俄战争爆发后参与了数次和日军的作战行动。1904 年 5 月 21 日该舰误入日军布设的雷区而受损严重，修理工作直到 7 月下旬才告完成。8 月在黄海海战中成功地从日军包围中突围，但在抵达青岛后随即被清政府扣押。1905 年 1 月该舰被归还俄国并于 2 月 17 日编入西伯利亚舰队。1917 年动身前往巴伦支海并于 9 月下旬加入北冰洋舰队。十月革命开始后加入红海军；1918 年 3 月被西方干涉军在摩尔曼斯克港口俘虏，后因设备损毁严重而始终处于半封存状态。内战结束该舰开始修复工作，但因工作量巨大而于 1924 年 6 月 24 日最终除籍，后遭解体。

俄文舰名	译名	建造船厂	开工日期	下水日期	服役日期	隶属舰队
Кит	鲸鱼	希肖	1899.03.09	1899.12.01	1900.08.10	波罗的海舰队 / 第一太平洋舰队
Скат	鳐鱼	希肖	1899.03.17	1899.10.24	1900.07.12	波罗的海舰队 / 第一太平洋舰队 西伯利亚舰队 / 北冰洋舰队
Касатка	虎鲸	希肖	1899.03.14	1900.03.16	1900.07.12	波罗的海舰队 / 第一太平洋舰队 西伯利亚舰队 / 北冰洋舰队
Дельфин	海豚	希肖	1899.03.29	1899.07.12	1900.08.31	波罗的海舰队 / 第一太平洋舰队 西伯利亚舰队 / 北冰洋舰队 / 白海区舰队
基本技术性能						
基本尺寸	舰长 63.5 米，舰宽 7.01 米，吃水 2.79 米					
排水量	正常 350 吨 / 满载 445 吨					
最大航速	27.5 节					
续航能力	1500 海里 / 10 节					
动力配置	三缸式直立往复蒸汽机 2 台 2 轴功率 6000 马力，4 座"希肖"型锅炉					
最大载煤量	80 吨					
武器配置	1×75 毫米"贾纳"火炮，5×47 毫米"哈奇开斯"速射炮，3×381 毫米鱼雷发射管					
人员编制	58 名舰员 +4 名军官					

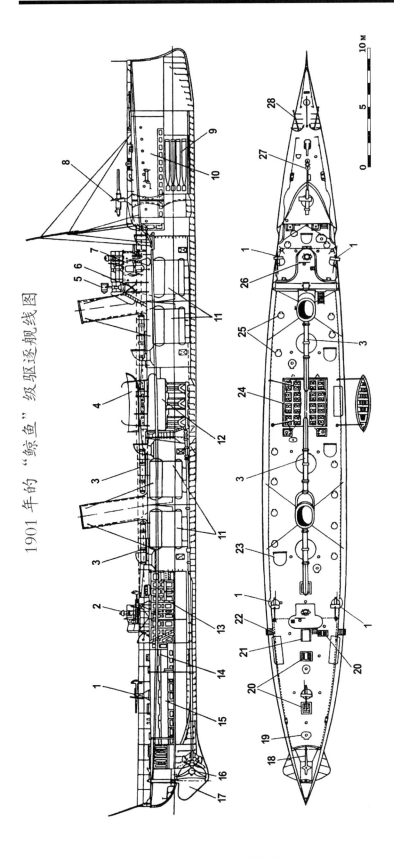

1901 年的 "鲸鱼" 级驱逐舰线图

1 - 47 毫米 "哈奇开斯" 速射炮　　2 - 罗经舰桥　　3 - 381 毫米鱼雷发射管　　4 - 救生船　　5 - 探照灯　　6 - 炊事房　　7 - 指挥舰桥　　8 - 75 毫米 "贯纳" 火炮
9 - 鱼雷储存室　　10- 前船员舱　　11- 锅炉　　12- 机舱　　13- 军官室　　14- 士官室　　15- 后船员舱　　16- 螺旋桨
17- 舵　　18- 舵柄　　19- 舱口盖　　20- 采光口　　21- 过渡舱　　22- 操舵链　　23- 锅炉房通风帽　　24- 机舱盖口
25- 填煤口　　26- 舵轮　　27- 绞盘机　　28- 锚

武器配置改进情况
1912 年：-5×47 毫米 "哈奇开斯" 速射炮，3×381 毫米鱼雷发射管；+1×75 毫米 "贯纳" 火炮，6×7.62 毫米 "马克沁" 机枪，3×457 毫米鱼雷发射管

"虎鲸"号舯部①、艏舰桥②/④和艉部罗经舰桥③。

"海豚"号

1901年5月驶抵旅顺港加入第一太平洋舰队。1902年3月更名为"无惧"号(Бесстрашный)。日俄战争初期主要负责巡逻警戒任务；3月11日在行动中击伤了日军的"晓"号驱逐舰；5至6月间该舰负责俄军在金州地区的兵员运输工作；8月在黄海海战中成功地从日军包围中突围，但在抵达青岛后随即被清政府扣押。1905年1日该舰被归还俄国并于2月17日加入西伯利亚舰队。1917年11月加入北冰洋舰队。1918年3月被西方干涉军在摩尔曼斯克港口俘虏。1920年2月重新被红海军夺回并于3月编入白海区舰队(后更名为北海海军)。1924年6月底最终除籍并解体。

▲停靠在喀琅施塔得港内的"海豚"号驱逐舰。

◀ 1904 年 5 月在旅顺港内接受修理工作的"无惧"号。

▼ 停泊在青岛港外的"鲸鱼"级驱逐舰。最右侧的应该是随后介绍的"鳟鱼"级驱逐舰中的一艘。

特别介绍

47 毫米"哈奇开斯"速射炮

1885 年由美国设计师本杰明·哈奇开斯（Benjamin Hotchkiss）专门设计了一款着针对鱼雷艇等快速机动的水面战斗舰只的舰载火炮。俄国海军对于该款火炮表现出了浓厚的兴趣并随即通过购买获得了火炮的设计图纸。通过系列试验之后于 1898 年获准由国内的奥布霍夫工厂进行仿制生产。至 1901 年年初该厂共制造了 963 门并大量装备俄海军舰只。然而通过日俄战争的实战经历，俄国人发觉这型火炮不足以对日军的鱼雷艇和驱逐舰造成实质性的破坏。1906 年之后该型火炮便不再成为俄海军舰只的首选武器配置并在日后对舰队作战舰只的改进和修理中撤去。

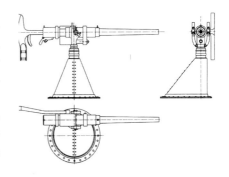

技术参数			
炮口直径：47 毫米 /43.5 毫米	炮管长度：2.04 米	仰角范围：-23° ～ 25°	炮程：3650 米
供弹速度：30 发 / 分钟	射速：700 米 / 秒		

"鳟鱼"级（Форель）驱逐舰

俄国海军建造驱逐舰的计划同样引起了法国人的注意，但他们的工作并不如德国人那样一帆风顺：诺曼船厂与地中海锻建造船厂两家合作，按照法国海军"长剑"号（Épée）和"梭标"号（Pique）为原型于1898年4月向俄海军部提交了他们的设计方案；但设计图纸和参数指标数据直到两个月后才相继送抵圣彼得堡。海军技术委员会在审阅后对法国人的设计并不满意，因为俄国人希望设计排水量能控制在300吨之内，同时舰身的结构强度也必须得到最大的保证——法国人并没考虑到波罗的海和太平洋海域的寒冷复杂的气候，却更多地将舰船的设计环境定位于温和宜人的地中海上，甚至还忽略了为驱逐舰配备一套完善的蒸汽供热系统。为了能说服俄国人揽下这份订单，诺曼船厂的首席工程师奥古斯丁·诺曼（Jacques-Augustin Normand）于是亲赴俄国会晤阿里克谢大公（Великий Князь Алексей Александрович）和蒂尔托夫中将；经过一番协商，法国人同意尽快对设计方案进行修改。11月初修改后的方案再次送交俄方评议并终于获得了俄方的首肯。12月5日双方最终签订合约，由诺曼船厂负责为俄海军建造两艘驱逐舰，每艘费用为152万法郎，而另三艘则由地中海锻建造船厂负责完成，每艘也耗资近151万法郎；合同规定这五艘驱逐舰的航速不得低于27节且最晚于1900年9月前必须交付俄海军使用。

或许是对设计方案过于自信，诺曼船厂早在合约签订前半年就已开始了舰船的前期建造工作，而地中海锻建造船厂的生产进度却比预计要慢得多。"鳟鱼"级舰身采用高密度镍合钢，与"鲸鱼"级一样分为12个隔舱。为便于海水更好地引出舰外，法国人采用下斜式舰艏配合船身两侧倾角穹弧型的设计，也就是俗称的"龟背艏型甲板"。不过该舰设计的最大特点在于法国人为舰船多引入了一层嵌木钢结构甲板。这层距离船体甲板以上60厘米的二层硬松木甲板不仅可以改善内部船舱的通风条件，更可以方便船员的调动以及舰上设备的保养。但这种双甲板设计在日后却暴露出了一个缺陷：由于这层甲板在冬季时常会聚积起大量冰雪，这就导致了原本就重心偏高的船体很难适应恶劣天气下的航行任务。在火力配置方面，除减少一具鱼雷发射管之外，法国人的设计与"鲸鱼"级基本相同。由于法国国内接二连三的工人罢工运动不可避免地波及到了船厂，俄海军派驻法国的督导专员不断向国内汇报工程进度可能延期的警告，海军部也屡次敦促法国人加快建造进度，但至1900年2月该型舰船只完成了预期工程的三分之一，直到12月起这批舰船才陆续下水进行试航工作。俄国人曾怀疑罢工是否对舰只的完成质量有所影响，不过最终28节的平均航速让其打消了顾虑。1901年8月底起，这批舰船开始分批驶抵喀琅施塔得交付俄海军。

在三年后开始的日俄战争中，"鳟鱼"级战舰均披甲上阵与日海军展开一番角逐。然而同很多俄军驱逐舰的命运一样，这五艘驱逐舰中有三艘在战争初期就葬身海底；剩余的两艘虽拼死厮杀，先后历经了一战和俄国内战，却也是多灾多难，辗转易主。

▲ 法国海军的"梭标"号驱逐舰，是鳟鱼级的原型。

1901 年时的"鳕鱼"级驱逐舰线图

1-47 毫米 "哈奇开斯" 速射炮　2- 罗经舰桥　3- 军官室采光　4-381 毫米鱼雷发射管　5- 烟囱
6- 备用鱼雷发射管　7- 通风导流　8- 主桅　9- 探照灯　10-75 毫米 "贾纳" 火炮
11- 舵轮室　12- 锚　13- 斜桅　14- 拖缆吊链　15- 船员舱
16- 弹药舱　17- 锅炉房　18- 机舱　19- 军官休息室　20- 舵
21- 螺旋桨　22- 载煤室　23- 炊事房　24- 出入舱　25- 上下梯
26- 救生艇　27- 机舱口　28- 锚链止动器　29- 螺旋桨防护架　30- 备用舵轮台
31- 二层甲板格筛罩

武器配置改进情况
1912 年（权力、雷雨号）：-5×47 毫米 "哈奇开斯" 速射炮，2×381 毫米鱼雷发射管；+1×75 毫米 "贾纳" 火炮，6×7.62 毫米 "马克沁" 机枪，2×457 毫米鱼雷发射管

俄文舰名	译名	建造船厂	开工日期	下水日期	服役日期	隶属舰队
Форель	鳟鱼	诺曼	1898.06	1900.12.07	1901.08.27	波罗的海舰队 / 第一太平洋舰队
Стерлядь	鲟鳇	诺曼	1898.06	1901.03.08	1901.08.27	波罗的海舰队 / 第一太平洋舰队
Осётр	鲟鱼	地中海锻建	1899.04	1901.01.23	1901.08.27	波罗的海舰队 / 第一太平洋舰队
Кефаль	鲻鱼	地中海锻建	1899.10	1901.11.28	1902.06.27	波罗的海舰队 / 第一太平洋舰队 西伯利亚舰队 / 北冰洋舰队
Лосось	鲑鱼	地中海锻建	1899.10	1902.03.11	1902.06.27	波罗的海舰队 / 第一太平洋舰队 西伯利亚舰队 / 北冰洋舰队
基本技术性能						
基本尺寸	舰长 56.6 米，舰宽 6.33 米，吃水 3.4 米					
排水量	正常 315 吨 / 满载 420 吨					
最大航速	28.4 节					
续航能力	1500 海里 / 15 节					
动力配置	三缸式直立往复蒸汽机 2 台 2 轴功率 5800 马力，4 座 "诺曼" 型锅炉					
最大载煤量	76 吨					
武器配置	1×75 毫米 "贾纳" 火炮，5×47 毫米 "哈奇开斯" 速射炮，2×381 毫米鱼雷发射管					
人员编制	60 名舰员 +4 名军官					

▲ 正在地中海锻建船厂中建造的 "鲟鱼" 号和 "鲻鱼" 号。

"鳟鱼" 号

加入波罗的海舰队不久接到调令加入第一太平洋舰队。1902 年 3 月更名为 "仔细" 号（Внимательный）。由于在航行中遭遇恶劣天气而严重受损，该舰在法国重新修理，直到 1903 年 5 月初才驶抵旅顺港。在随后开始的日俄战争中主要负责巡逻任务。3 月 11 日与另三艘俄军驱逐舰重伤日军 "晓" 号驱逐舰。5 月 26 日在金州附近海域巡逻时不慎搁浅，为不使该舰落入日军手中而最终被 "坚韧" 号击毁。6 月 8 日被日军巡逻船发现并试图拖回基地，不过由于遭遇风暴而自行沉没。

▲ "鳟鱼"号的艇部特写，依稀可见舯部三号烟囱前的舵轮。

▲ 停泊在旅顺港内正准备接受例行检修的"坚韧"号，左边这名受雇的中国人正在为该舰擦拭舷名。

▲ 旅顺港外海的"权力"号，背景是一艘无法考证的"猎鹰"级驱逐舰。

"鲟鳇"号

加入波罗的海舰队不久便接到调令加入第一太平洋舰队。1902 年 3 月更名为"坚韧"号（Выносливый）。日俄战争开始后统一归尼古拉·马图塞维奇少将（Н. А. Матусевич）指挥。3 月 11 日该舰与"权力"号在行动中遭遇 4 艘日军雷击艇攻击，该舰先后被 7 枚炮弹击中，在舰上指挥的马图塞维奇和在后来俄国内战中成为白军伏尔加河区舰队指挥官的火炮长阿列克谢·萨耶夫（А. Н. Заев）准尉在行动中严重受伤，但该舰仍设法撤回旅顺港。修理工作完成之后，该舰在 5—6 月间参加了俄军在金州地区的作战行动。8 月 23 日在搭救因触雷而损毁严重的"打击"号时也不慎触雷并最终沉没，包括舰长帕维尔·里希特（П. А. Рихтер）中尉在内的 12 人阵亡。

"鲻鱼"号

加入波罗的海舰队后不久就被调入第一太平洋舰队。1902 年 3 月更名为"权力"号（Властный）。日俄战争中主要负责警戒和巡逻任务。3 月 10 日在行动中击伤了日军"霞"号驱逐舰。1904 年 8 月 12 日在从黄海海战中突围后驶抵芝罘；后被清政府扣押。1905 年 2 月返还给俄国并被编入西伯利亚舰队。1916 年 8 月调往阿尔汉格尔斯克加入北冰洋舰队。1916 年 10 月 6 日因和德国潜艇相撞而受损严重。后在 1917 年 2 月前往英国进行修理，但随后爆发的十月革命使该舰成为敌对国舰只而被扣留。1918 年 5 月该舰被转交给白匪军使用。1921 年 5 月被俘虏并被编入红海军。1922 年最终除籍并解体。

"鲑鱼"号

加入波罗的海舰队后不久接到调令加入第一太平洋舰队。1902 年 3 月更名为"雷雨"号（Грозовой）。日俄战争爆发初期曾和日海军舰船发生过数次交战。1904 年 5 ~ 6 月间参加了俄军在金州地区的作战行动；8 月从黄海海战中成功突围，但抵达上海后遭清政府扣押。1905 年 2 月该舰被编入西伯利亚舰队。1916 年 8 月再度调往阿尔汉格尔斯克加入北冰洋舰队。1916 年 11 月 1 日在哈尔洛夫岛附近海域击沉了德军 U-56 号潜艇。1917 年 2 月该舰前往英国进行修理，但因十月革命使得该舰成为敌对国舰只而被扣留。1918 年 5 月该舰被转交给白匪军使用。1924 年该舰在法属突尼斯（一说英国）解体。

▲ 返回符拉迪沃斯托克港的"权力"号，照片摄于 1906 年。注意原先艏部的两顶通风帽由于出现海水倒灌的现象已被拆除。

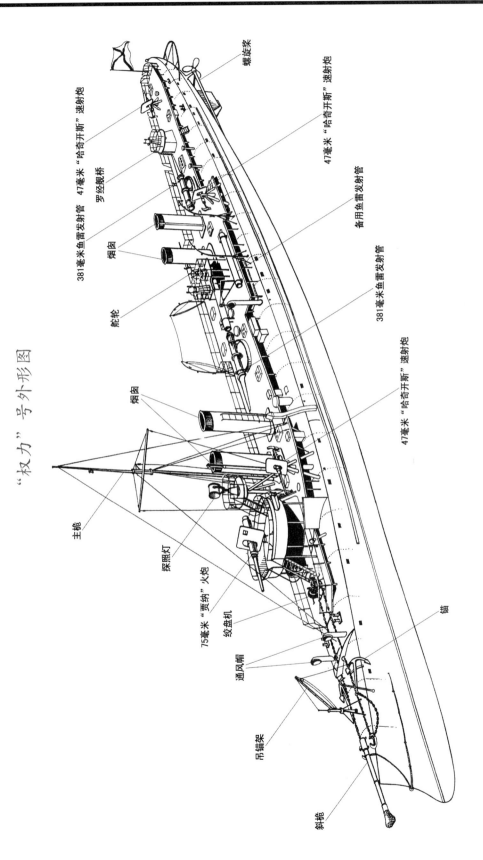

"权力"号外形图

螺旋桨

47毫米"哈奇开斯"速射炮

47毫米"哈奇开斯"速射炮

备用鱼雷发射管

381毫米鱼雷发射管

47毫米"哈奇开斯"速射炮

381毫米鱼雷发射管 47毫米"哈奇开斯"速射炮

罗经舰桥

烟囱

舵轮

烟囱

主桅

探照灯

75毫米"贾纳"火炮

绞盘机

通风帽

锚

吊锚架

斜桅

▲ 离港前的"鲟鱼"号,照片摄于 1902 年。该舰很不幸地成为了这批"为远东利益"而建造的驱逐舰中第一艘被日军击沉的。

▲ 航行中的"权力"号和背景中一艘无法考证的同级驱逐舰,由于拍摄角度的重叠,这张照片很容易让人误认为艏部已经安装了第二座 75 毫米火炮。

"鲟鱼"号

　　加入波罗的海舰队不久接到调令加入第一太平洋舰队。1902 年 3 月更名为"感召"号(Внушительный)。1904 年 2 月 27 日在返回旅顺港的途中遭遇日军"吉野"号巡洋舰,由于实力悬殊,舰长米哈伊尔·博杜什金(М. С. Подушкин)中尉随后命令该舰全速撤往金州湾沿岸并要求全舰官兵弃船逃生。中午时分,该舰被"吉野"号直接击沉。俄军曾于 5 月上旬组织人手进行打捞,但最终仅出水两门 47 毫米速射炮。

▲ 日俄战争结束后的"雷雨"号,此时舯部已增设第二座桅杆,但艏部两侧的 47 毫米速射炮依旧保留。

"鳅鱼"号的舰艏特写，注意75毫米火炮上方的大口径探照灯。

"鲶鱼"级（Сом）驱逐舰

和法国人、德国人的态度相反，由于皇家海军的建造订单就已经让很多英国船厂应接不暇，而俄国人有过来往的亚罗公司和索尼克罗夫特公司此刻却正忙于日军联合舰队的驱逐舰建造工作，故此英国人似乎对于帮助俄国人建造舰船并不十分热情。最终只有莱尔德兄弟公司按照英国皇家海军"鹌鹑"号（HMS Quail）驱逐舰为样本的设计方案获得了俄国人的肯定。1898年9月4日，莱尔德兄弟公司的法定代表约翰·莱尔德（John Laird）与技术委员会达成一致，由莱尔德兄弟公司在十六个月内为俄国人建造一艘驱逐舰。

1898年10月建造工作正式开始。"鲶鱼"号驱逐舰是整个海外建造的驱逐舰中舰身最长的一型，其长宽比达到了9.91：1；舰身内部共被水密舱壁分出10个隔舱。除此之外该舰在设计上并无太多亮点，这也突出了英国人在早期驱逐舰设计时简单实用却又中庸的风格。而在武器选择上，英国人也沿用了和法国人一样的火力配备。1899年7月15日该舰正式下水试航。由于最初的26.7节测试航速低于俄国人希望的27节，英国人不得不对舰船重新进行机械动力改进。直到1900年7月，英国人才完成了全部试航工作，"鲶鱼"号于8月离开位于伯肯黑德的莱尔德兄弟船厂并于9月中旬抵达喀琅施塔得加入波罗的海舰队。

1901年4月"鲶鱼"号驶抵旅顺港加入第一太平洋舰队服役。1902年3月初改名为"战斗"号（Боевой）。1904年2月11日在巡逻中与"守护"号相撞，由于碰撞处被严重撞裂，该舰只得返回港口进行一个月的修理工作；7月23日在行动中重创日军"三笠"号战列舰不过自身也因被日军的鱼雷击中而受损严重，之后"战斗"号被拖回港内；不过修理工作由于战事密集而一直没有完成。1905年1月2日为避免被日军俘获而自沉于旅顺港内；两个月后该舰被日军打捞上岸并最终解体。

俄文舰名	译名	建造船厂	开工日期	下水日期	服役日期	隶属舰队
Сом	鲶鱼	莱德兄弟	1898.10	1899.7.28	1900.8.1	波罗的海舰队 / 第一太平洋舰队
基本技术性能						
基本尺寸	舰长64.9米，舰宽6.55米，吃水2.8米					
排水量	正常320吨 / 满载410吨					
最大航速	27.3节					
续航能力	1580海里 / 15节					
动力配置	三缸式直立往复蒸汽机2台2轴功率6000马力，4座"莱德"型锅炉					
最大载煤量	80吨					
武器配置	1×75毫米"贾纳"火炮，5×47毫米"哈奇开斯"速射炮，2×381毫米鱼雷发射管					
人员编制	58名舰员 +4名军官					

▲ 驶离伯肯黑德码头的"鲶鱼"号驱逐舰。

▲ 驶往旅顺港的"战斗"号，采用粗细间隔的四烟囱种部布局。照片中依稀可见二号烟囱侧的47毫米速射炮。

▲ 进入最终试航验收阶段的"鲶鱼"号，照片摄于 1900 年。

▲ 旅顺港外的"战斗"号，照片摄于 1902 年底。

▲ 正在旅顺港内接受维修的"战斗"号，照片摄于 1904 年 7 月底，实际上，损毁严重的"战斗"号直到 1905 年也没能完成维修。

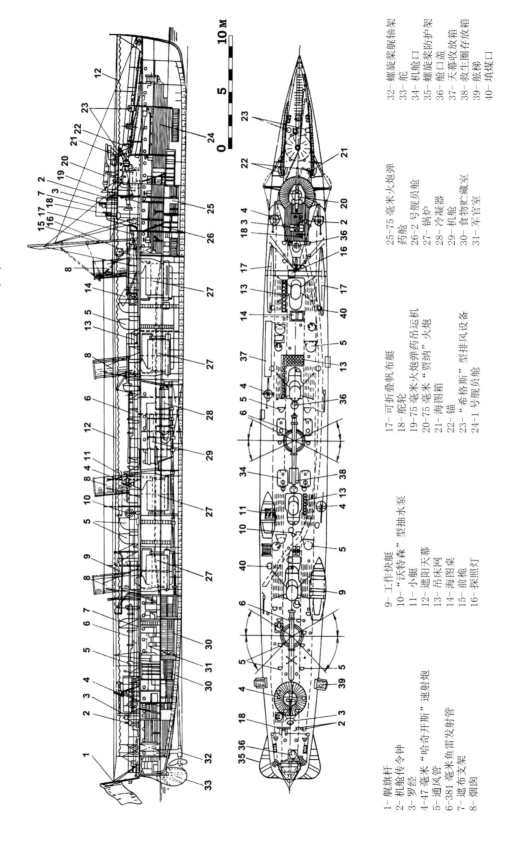

1901 年时的 "鲶鱼" 级驱逐舰线图

1- 舰旗杆
2- 机舱传令钟
3- 罗经
4-47 毫米 "哈奇开斯" 速射炮
5- 通风管
6-381 毫米鱼雷发射管
7- 遮布支架
8- 烟囱

9- 工作快艇
10- "沃特森" 型抽水泵
11- 小艇
12- 遮阳天幕
13- 吊床网
14- 海图桌
15- 前舱
16- 探照灯

17- 可折叠帆布艇
18- 舵轮
19-75 毫米火炮弹药吊运机
20-75 毫米 "贾纳" 火炮
21- 海图箱
22- 锚
23- "希格斯" 型舰员舱
24-1 号舰员舱

25-75 毫米火炮弹药舱
26-2 号舰员舱
27- 锅炉
28- 冷凝器
29- 机舱
30- 食物贮藏室
31- 军官室

32- 螺旋桨艉轴架
33- 舵
34- 机舱口
35- 螺旋桨防护架
36- 舱口盖
37- 天幕收放箱
38- 救生圈存放箱
39- 舷梯
40- 填煤口

特别介绍

"布拉科夫中尉"号（Лейтенант Бураков）驱逐舰（原清政府"海华"号驱逐舰）

早在 1896 年当时的清政府曾向德国希肖船厂订购四艘小型战舰"海龙"、"海青"、"海华"、"海犀"号并将其定性为"高速鱼雷炮舰"，而德方资料则将其定为 Torpedoboot，直译就是鱼雷艇，实则也可以理解为英国人早期的鱼雷艇驱逐舰。"海龙"级驱逐舰的外形秉承了德国人一直以来的简洁风格，采用早期德国设计小型舰只所惯用的舰艏倾斜式设计，采用双桅双烟囱整体布局，两座 356 毫米鱼雷发射管分别位于两座烟囱之间和二号烟囱与后桅之间。在火炮配置方面，德国人根据清政府的实际要求在前桅、二号烟囱与艇艉两侧各安置三门 47 毫米"哈奇开斯"速射炮。该级舰于 1898 年底开始进入试航工作，首舰"海龙"号载煤 25 吨时的最大航速竟达到 35.2 节，而在煤舱全载的情况下也能达到近 31 节。1899 年"海龙"级相继驶

抵天津并交付清政府。

1900 年庚子事变中大沽海防要塞遭到八国联军围攻，而此时"海龙"级的四艘舰均在大沽船厂进行修理工作；由于八国联军错误地认为这四艘驱逐舰均具备作战能力遂派兵前往抢占。最终清兵寡不敌众，四艘驱逐舰悉数被缴，"海华"号管带饶鸣衡也不幸阵亡。列强经过谈判协议最终决定将"海龙"号分归英军，易名"大沽"号（Taku）并驻扎在香港，1916 年 10 月 25 日被出售；"海青"号归德军所有，易名"大沽"号（Taku）并驻扎在青岛，后发现锅炉无法使用遂于 1914 年 6 月 13 日除役，同年由于日军进攻青岛，该舰 9 月 28 日在胶州湾被德军水兵自沉；"海犀"则归属法军，同样易名为"大沽"号（Takou），后派往越南西贡，1911 年 9 月 30 日退役；而"海华"则归于俄军，起初更名为"大沽

号（Taку），后再次改名为"布拉科夫中尉"号（Лейтенант Бураков）并驻扎在旅顺口。

在日俄战争开始前，"布拉科夫中尉"号两次接受修理和改进工作，主要是在舰艏加装一门 75 毫米"贾纳"火炮，并将原先两门 356 毫米鱼雷发射管统一换成 381 毫米口径。随后开始的日俄战争中，该舰多数情况下只是作为巡逻和联络使用。为了提高航速，舰上的五门"哈奇开斯"速射炮也被拆去以减轻舰体重量。1904 年 7 月 24 日，该舰停泊在旅顺东港外时突然遭到日军舰只偷袭，毫无准备的"布拉科夫中尉"号被日军"三笠"号战列舰上小型舰载鱼雷艇射出的鱼雷击中舯部而严重受损，第二天便沉入水中。俄军随后开始对该舰进行了打捞，但考虑到日军参与封锁作战的舰艇可能发起的攻击而被迫放弃。7 月 29 日该舰舰体被俄军自行炸毁。

▲ 正在打捞上岸的"布拉科夫中尉"号舰体，由于担心日军舰只的偷袭，该舰最终被俄军自行炸沉。

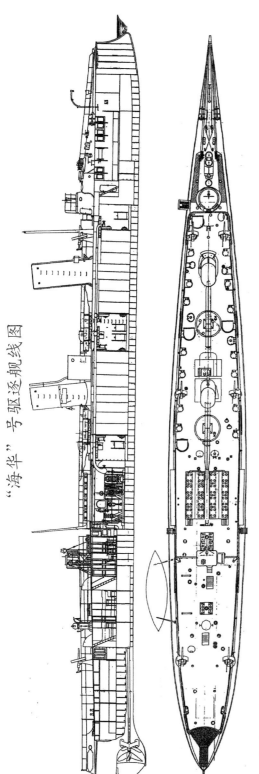

"海华"号驱逐舰线图

基本尺寸: 舰长 59 米，舰宽 6.4 米，吃水 2.55 米

排水量: 正常 230 吨 / 满载 280 吨

动力配置: 三缸式往复立式蒸汽机 2 台 2 轴功率 5000 马力，4 座 "希肖" 型锅炉

最大航速: 33.6 节

载煤量: 67 吨

巡航能力: 2100 海里 / 14 节

武器配置: 1×75 毫米 "贯纳" 火炮，6×47 毫米 "哈奇开斯" 速射炮，2×356 毫米鱼雷发射管

舰员: 57 人

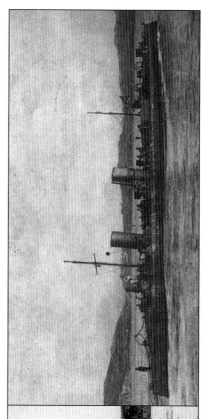

▲ 日俄战争前拍摄的 "布拉科夫中尉" 号，注意一侧的 47 毫米速射炮仍依稀可见。

▲ 刚完工后不久的 "海龙" 号。

"虎鱼"级（Бычок）驱逐舰

涅瓦船厂是积极响应海军部建造驱逐舰计划的俄国内船厂之一。根据技术委员会的要求，船厂方面很快就组织开始了设计工作。但相比其他国家，当时的俄国在驱逐舰建造方面的经验和能力尚显不足，在设计中遇到的瓶颈也迟迟难以解决。1898 年 5 月俄国人致函亚罗公司希望得到英国人的技术支持，厂方明确表态，如果他们最终能够得到俄海军驱逐舰的生产订单，那么英国人就能从中得到总费用的 2% 作为酬谢——涅瓦船厂原本计划最多建造六艘该型驱逐舰，但考虑到不算过高的总费用会让英国人觉得酬谢费用过低，于是俄方决定将建造数量提高到十艘；最终这桩在亚罗公司看来是无本万利的买卖被认可了。英国人没怎么费事就找到了基本符合俄国人各项参数要求的原型：1897 年亚罗公司为日本海军建造的"雷"级驱逐舰；之后亚罗船厂方面将该型舰的技术资料和图纸印本全部交由涅瓦船厂的设计组。有了英国人相对成熟的技术参考，俄国人的设计可谓得心应手，各个难点也随之迎刃而解。1899 年 8 月 16 日，涅瓦船厂派出的代表与海军部正式完成签约工作，由

前者为俄国海军建造十艘驱逐舰；涅瓦船厂原本开出了单艘造价 51 万卢布的要求，但由于建造大型战舰和支付海外船厂建造船只的高额费用，海军部此时早已囊中羞涩，故此该型驱逐舰的建造费用被压低至单艘 49.4 万卢布；合约同时要求这批驱逐舰最晚于 1901 年 9 月交付俄海军使用。

但船厂的准备工作却极不充分：直到开工前几周，船厂才发觉用于支撑承载船体的横梁居然数量不够，更糟糕的是他们居然没有任何一台机器具备足够的加工精度来制造螺旋桨传动轴，于是俄国人不得不火烧火燎地转求英法船厂帮助；一系列的问题也让"虎鱼"级直到 1901 年 2 月才开始陆续进入建造工作。该型舰的设计理念也可谓借鉴各家所长：在舰身的建造选材上，俄国人专门购买的德国西门子公司的低碳合金钢，同时对吃水线上 10 厘米以下部位进行二次复合镀锌；在外观上该舰则保留了明显的英式布局的痕迹——舰桥设计在艏部主炮之后，舯部采用相对紧凑的四烟囱布局，以两座三缸立式蒸汽机作为主动力，艉部则用以布置鱼雷发射管；而在武器装备

上，"虎鱼"级也基本沿袭了法、德两国的火力配置，仅对布局稍做调整。除最后一艘"白鲑"号于 1902 年因要对工程师鲍里斯·卢茨克（Б. Г. Луцк）设计的新型燃油型发动机进行试验而重新改装导致延期三年交付使用之外，其余九艘驱逐舰的建造过程也可谓一波三折：由于海军部和船厂方面因建造延期是否该从总费用中扣除 170 万卢布作为罚金频频发生摩擦，最终至 1902 年下半年这批驱逐舰才开始进入海军服役，随后船厂又不得不针对设计过程中发现的细节缺陷反复进行修改，导致后续在尼古拉耶夫建造的"羡慕"级驱逐舰的建造进度也大受影响。

这些驱逐舰刚投入使用就被调往远东以应对一触即发的紧张局势。虽然它们多数并没有直接参加 1904 年日俄在旅顺港和黄海海域的激战，但第二年对马岛的临近海域却实实在在地成为这批舰船的乱葬湾：仅在 5 月 27 日至 5 月 28 日间，就有五艘该型驱逐舰被日军击沉、俘虏或自行摧毁；而剩余的四艘经过这场浩劫也再没恢复元气，日俄战争结束后也大多碌碌无为地用作训练舰只使用。

▲ 下水中的"朝气"号，照片摄于 1902 年 5 月。

▲ 驶往远东的"猛烈"号侧照，照片拍摄于1905年5月初，也就是对马海战开始前不久。注意该舰已根据设计修改安装了第二座桅杆。为防止恶劣海上环境下造成的海水侵蚀和日光曝晒，烟囱后的舯、艉部已被防水油布全部遮罩起来。

"虎鱼"号

1902年3月更名为"猛烈"号（Буйный）；6月底前往远东加入第一太平洋舰队不过在日俄战争爆发后不久就返回俄国内。1904年8月离开喀琅施塔得再次前往远东。1905年5月27日在对马海战中先后救起遭到重创的"奥斯利亚比亚"号（Ослябя）战列舰和"苏沃洛夫公爵"号（Князь Суворов）旗舰上的230余名官兵，包括身负重伤的舰队总指挥罗日捷斯特文斯基中将。次日上午，由于已被日军炮火击中数次而几乎动力全失，最终被"迪米特里·顿斯科伊"号

（Дмитрий Донской）巡洋舰击沉于郁陵岛附近海域，而剩余船员和先前被搭救起的全部人员均被转移到"胆大"号驱逐舰上。

"鲨鱼"号

1902年3月更名为"活泼"号（Бойкий）；10月该舰从喀琅施塔得出发驶往旅顺港，但在途中因遭遇风暴返回利巴瓦接受修理。完成修理后二次出航的"活泼"号在行驶至皮瑞姆岛附近时又因锅炉换热管发生爆裂而不得不由"勇士"号（Богатырь）巡洋舰一路拖至旅顺港，直到1904年6月才重返战

场并参加了数次与日海军的交战。12月底该舰从旅顺港撤离并于1905年1月1日驶抵青岛，但随即遭清政府扣押。一个月后被还给俄国并加入了西伯利亚舰队。一战开始后多作为训练舰船使用。1918年6月30日被法军俘虏，后为纪念在法国战场上牺牲的老罗斯福之子昆丁而更名为"昆丁·罗斯福"号（Qventin Roosewelt）；1922年10月在干涉军撤离前将其严重炸毁，该舰不久后也遭弃用并开始解体，1925年11月最终除籍。

▲ 在法国瑟堡港内略作停留的"活泼"号，照片摄于1903年初。

试航中的"猛烈"号。

▲ 准备试航的"活泼"号，注意艏部的381毫米固定鱼雷发射管，由于实战效果不佳后被拆除。

"江鳕"号

1902年3月更名为"威武"号（Бравый）；9月进入服役之后即前往旅顺不过在日俄战争爆发后不久就返回俄国内。1904年8月底再度前往远东加入第二太平洋舰队。1905年5月27日在对马海战中成功地搭救起遭到重创的"奥斯利亚比亚"号战列舰上的150名官兵，随后成功地从日军的围攻中突围并撤回符拉迪沃斯托克；同年11月加入西伯利亚舰队。整个一战期间都停泊在港内作为训练舰船使用。1917年12月25日加入红海军西伯利亚舰队，但于1918年6月30日在港口内被日军俘虏。1922年日军从符拉迪沃斯托克撤走后再次编入苏联海军并被重新命名为"阿尼西莫夫"号（Анисимов）以纪念在国内战争中牺牲的里海－高加索地区革命军事委员会成员尼古拉·阿尼西莫夫（Н. А. Анисимов）。1925年11月最终除籍并解体。

▼ 服役后的"威武"号，艏舰桥下侧可见47毫米速射炮。

▲ 停靠于法国土伦港内的"胆大"号（左）与"威武"号。

"鲭鱼"号

1902 年 3 月更名为"暴风"号（Бурный）；10 月该舰从喀琅施塔得出发驶往旅顺港，不过在行驶途中由于遭遇风暴不得不返回利巴瓦接受修理。完成修理之后该舰在行驶至瑟堡附近海域时再度遭遇风暴，在抵达旅顺港之后便开始了长期的大修工作并直到 1904 年 5 月才告结束。7 月 26 日在布雷过程中遭遇日军驱逐舰的鱼雷攻击而再度受损。8 月 10 日在企图从日军夹击中突围时在威海附近海域触礁，之后该舰被俄军官兵炸沉。

"拟鲤"号

1902 年 3 月更名为"迅速"号（Быстрый）；8 月下旬进入服役后随即前往旅顺不过在日俄战争爆发后不久就返回俄国国内。1904 年 8 月底加入第二太平洋舰队再度前往远东。1905 年 5 月 28 日在企图攻击日军"丛云"号驱逐舰时被前来增援的"新田"号巡洋舰击伤。在撤离至在撤至朝鲜附近海域时因动力丧失而在海军上士彼得·加尔金（П. Е. Галкин）的组织下将其炸沉。舰上人员后多数被日军舰船所俘虏。

▲ 正驶往旅顺港的"暴风"号，不幸的是，该舰不久就遭遇风暴而不得不返回利巴瓦接受修理。

▲ "胆大"号近照。

▼ 途径马达加斯加北部贝岛的俄军驱逐舰"无暇"号（左）与"闪光"号。

"鲈鱼"号

1902 年 3 月更名为"闪光"号（Блестящий）；8 月中旬进入服役之后随即前往旅顺，不过在日俄战争爆发后不久就返回俄国内。1904 年 8 月底加入第二太平洋舰队再度前往远东。1905 年 5 月 27 日在搭救"奥斯利亚比亚"号上的官兵时被日军数枚炮弹击中而沉没。

"大马哈鱼"号

1902 年 3 月更名为"胆大"号（Бедовый）；9 月初进入服役之后随即前往旅顺，不过在日俄战争爆发后不久就返回俄国内。1904 年 8 月底加入第二太平洋舰队再度前往远东。1905 年 5 月 28 日在对马海战中企图撤往符拉迪沃斯托克时被日军俘虏。经过一番修理后该舰被命名为"五月"号并加入日海军服役。1913 年降级为靶舰使用。1922 年从日海军除籍并解体。

▲ 正在进行试航的"迅速"号，照片摄于 1902 年。

▲ "鲈鱼"号

▲ 全速试航中的"大马哈鱼"号。

"鮈鱼"号

1902 年 3 月更名为"朝气"号（Бодрый）；9 月下旬进入服役之后随即前往旅顺，不过在日俄战争爆发后不久就返回俄国国内。1904 年 8 月底再度前往远东加入第二太平洋舰队。1905 年 5 月 28 日在从马海战中成功脱身后企图撤往上海，不过由于煤料不足只得北上退往符拉迪沃斯托克。两天后由于遭遇风暴而用光了全部煤料，动力全失的该舰在海上漂流了一天后被正好路过的英国"麒麟"号邮轮发现并拖往上海；11 月加入西伯利亚舰队。1918 年 6 月 30 日在港口内被日军俘虏。1922 年日军从符拉迪沃斯托克撤走后再次编入苏联海军。1923 年 5 月开始解体并于 1925 年 11 月最终除籍。

▲ 前往旅顺港的"猛烈"号，注意舷侧已经围起了防水油布。

▲ 经过改装后的"朝气"号，此时已隶属西伯利亚舰队。四号烟囱后已增加第二座桅杆，而舰艉斜桅下方的鱼雷发射管和两侧的47毫米速射炮均已被拆去。

▲ 试航中的"鲽鱼"号。

"鲽鱼"号

1902 年 3 月更名为"无暇"号（Безупречный）；11 月初进入服役之后随即前往旅顺，不过在日俄战争爆发后不久就返回俄国内。1904 年 8 月底加入第二太平洋舰队并在 9 月 11 日从喀琅施塔得出发再度前往远东。在 1905 年 5 月 27 日的对马海战中作为海军中将奥斯卡·恩奎斯特（О. А. Энквист）所坐巡洋舰"奥列格"号（Олег）的侧翼掩护，后根据恩奎斯特的决定，该舰随"奥列格"号、巡洋舰"珍珠"号（Жемчуг）和"阿芙乐尔"号（Аврора）一同撤往马来亚；次日清晨 4 时 10 分左右，舰队遭到日军"千岁"号巡洋舰和"有明"号驱逐舰的拦截，在交火中该舰被"千岁"号击沉，包括舰长约瑟夫·马图塞维奇（И. А. Матусевич）中校在内的 66 名官兵全部阵亡。

"白鲑"号

1902 年 3 月更名为"显著"号（Видный）；在建造过程中该舰曾出于试验目的而重新安装了工程师卢茨克设计的新型燃油型发动机。由于改建工程进展缓慢该舰并没有参加日俄战争。1917 年该舰官兵参加了二月革命。1918 年 3 月底在试图离开赫尔辛基港时被德军扣押，后返还苏联政府。1922 年该舰被降级为波罗的海海军学院的训练舰。1925 年 11 月最终除籍，并于 1926 年 5 月开始解体。

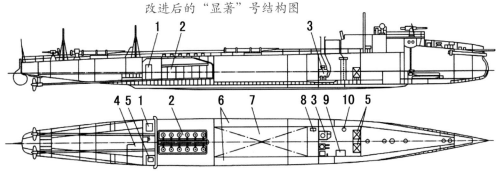

改进后的"显著"号结构图

1- 空气压缩泵　　2- 燃油发动机　　3- 辅助锅炉　　4- 电动操舵装置　　5- 醇水混合燃料马达
6- 储油室　　　　7- 空载舱　　　　8- 炊事房　　　　9- 酒精储集室　　　　10- 空气储集室

1902 年 2 月海军技术委员会曾提议对正在建造的驱逐舰加以机械改进，其核心就是将作为主动力的蒸汽发动机替换为工程师卢茨克设计的新型 3000 马力燃油发动机，同年 9 月底，海军部和伊若拉船厂曾经草签了一份发动机制造协议，不过考虑到俄国船厂的制造水平尚显不足，海军部考虑再三后决定将这份工作转交由德国"霍瓦特"船厂完成。按照双方达成的最终协议，德国人要在 1903 年 9 月前根据俄方设计要求完成至少一台该型发动机的制造调试工作。与此同时海军部选定正在建造的"显著"号作为新型发动机的改进舰只并委托船厂方面对舰体内部加以重新设计。一年之后德国人如约完成发动机制造工作，涅瓦船厂的技术人员也于 1904 年初完成了内部的机械改进。根据改进，舰体重量增加了将近 56 吨，同时设计者为该舰配置了一套比较完整的电力辅助装置，包括三台 33 千瓦的小功率发电机和由三台 50 马力醇水混合燃料马达提供动力的空气压缩泵、电动绞盘机、电动操作舵和气动蒸馏器等。海军部曾计划该舰于 10 月下旬开始在利巴瓦外海进行试航工作，不过由于涅瓦船厂由于受到国内革命形势的冲击而濒临破产，后续建造工作也受到了极大影响。随着日俄战争的爆发，俄国人更是无暇再去顾及这艘试验舰船，尽管派驻德国的俄海军办事处负责人尼古拉·多尔戈鲁科夫（Н. Д. Долгоруков）曾于 1904 年 7 月在向海军部的例行报告中表示德方的发动机制造工作已经基本就绪，但这项工作仍旧被搁置一边并最终不了了之。不过这次看似不成功的改进却为俄国人今后自行设计制造舰船燃油动力设备积累了相当的数据和经验。

俄文舰名	译名	建造船厂	开工日期	下水日期	服役日期	隶属舰队
Бычок	虎鱼	涅瓦	1901	1901.08.24	1902.08.22	第一太平洋舰队 / 第二太平洋舰队
Акула	鲨鱼	涅瓦	1901	1901.08.24	1902.08.23	第一太平洋舰队 / 西伯利亚舰队
Налим	江鳕	涅瓦	1901	1901.10.12	1902.09.01	第一太平洋舰队 / 第二太平洋舰队 / 西伯利亚舰队
Макрель	鲭鱼	涅瓦	1901	1901.10.12	1902.08.11	第一太平洋舰队
Плотва	拟鲤	涅瓦	1901	1901.11.09	1902.09.05	第一太平洋舰队 / 第二太平洋舰队
Окунь	鲈鱼	涅瓦	1901	1901.11.09	1902.09	第一太平洋舰队 / 第二太平洋舰队
Кета	大马哈鱼	涅瓦	1901	1902.05.17	1902.10	第一太平洋舰队 / 第二太平洋舰队
Пескарь	鮈鱼	涅瓦	1901	1902.05.17	1902.09.19	第一太平洋舰队 / 第二太平洋舰队 / 西伯利亚舰队
Палтус	鲽鱼	涅瓦	1901	1902.06.14	1902.11.30	第一太平洋舰队 / 第二太平洋舰队
Сиг	白鲑	涅瓦	1901	1904.05	1905.08	波罗的海舰队
基本技术性能						
基本尺寸	舰长 64.1 米，舰宽 6.4 米，吃水 2.82 米					
排水量	正常 430 吨 / 满载 525 吨					
最大航速	26.9 节					
续航能力	1200 海里 / 12 节					
动力配置	三缸式直立往复蒸汽机 2 台 2 轴功率 5900 马力，4 座"亚罗"型锅炉					
最大载煤量	80 吨					
武器配置	1×75 毫米"贾纳"火炮，5×47 毫米"哈奇开斯"速射炮，3×381 毫米鱼雷发射管					
人员编制	67 名舰员 +5 名军官					

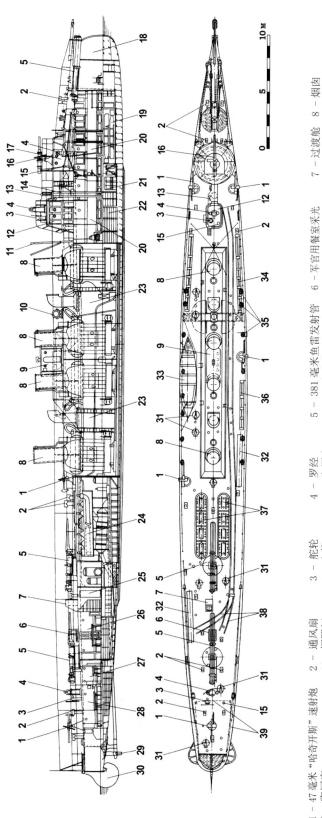

1901 年时的 "虎鱼" 级驱逐舰线图

1 – 47 毫米 "哈奇开斯" 速射炮
2 – 通风扇
3 – 舵轮
4 – 罗经
5 – 381 毫米鱼雷发射管
6 – 军官用餐室采光
7 – 过渡舱
8 – 烟囱
9 – 47 毫米 "哈奇开斯" 速射炮
10 – 探照灯
11 – 主桅楼
12 – 海图室
13 – 75 毫米炮弹起吊机
14 – 75 毫米炮弹起吊机
15 – 伴钟
16 – 75 毫米 "贾纳" 火炮
17 – 指挥室
18 – 艏尖舱
19 – 鱼雷储存室
20 – 船员舱
21 – 47 毫米炮弹药室
22 – 75 毫米炮火药室
23 – 锅炉房
24 – 机舱
25 – 军官用餐室
26 – 军官用餐室
27 – 军官室
28 – 士官长室
29 – 螺旋桨
30 – 舵
31 – 舱口盖
32 – 备用鱼雷发射管
33 – 救生船
34 – 八桨救生艇
35 – 填煤
36 – 四桨救生艇
37 – 机舱盖
38 – 鱼雷导轨
39 – 操舵链

武器配置改进情况
1909 年（活泼、威武、剽气、显著号）：-5×47 毫米 "哈奇开斯" 速射炮，3×381 毫米鱼雷发射管；+1×75 毫米 "贾纳" 火炮，6×7.62 毫米 "马克沁" 机枪，2×457 毫米鱼雷发射管，18 颗水雷

"羡慕"级（3авидный）驱逐舰

当俄国内各船厂为扩充远东海军实力而大张旗鼓地建造舰船之际，海军部同时想到了博斯普鲁斯海峡和达达尼尔海峡上暗潮涌动的外来危机，对于 50 年前那场海战仍旧历历在目的海军高层开始着手考虑是否也该为黑海舰队配备一定数量的驱逐舰。海军部最初选定的合作厂家是圣彼得堡的科莱顿船厂，只是船厂方面坚持单艘建造费用 54 万卢布实在超出了海军部所能承受的经济极限，最终海军部决定将这型驱逐舰的建造任务交给尼古拉耶夫的船舶建造厂负责完成。

由于乌克兰的船厂并未有过建造驱逐舰的经验，海军部考虑再三之后决定由技术委员会将"虎鱼"级驱逐舰的全部设计资料进行修改后提供给船厂，而造船只需依葫芦画瓢地完成建造任务即可。1900年 11 月 19 日海军部和尼古拉耶夫海军造船厂（Наваль）签订建造合约，由该船厂负责完成这两艘排水量350 吨的驱逐舰；1901 年 2 月底海军部又追加的四艘同型号舰船则交由位于因古尔河畔的军舰修造厂（Николаевское Адмиралтейство）负责建造。在合同中海军部适时地将单艘建造费用减低至 45 万卢布并要求该型驱逐舰的最大航速不得低于 26 节，考虑到两家乌克兰船厂还未建造过驱逐舰，感到有机可乘的海军部还在合同中颇具狡诈地署明，一旦工程出现延期，那么海军部有权扣除部分费用以作补偿——就是这条附加条款最终让海军部节省了将近 12 万卢布

改进后的驱逐舰船体仍旧被划分成 11 个隔舱，在外观上也大致保留了"虎鱼"级的基本风格，仅拆除原先固定在船艏的一具鱼雷发射管。至 1901 年 11 月，海军造船厂最早建造的两艘驱逐舰早已完成了船体的建造工作，但由于涅瓦船厂对原设计中艉轴管的参数加以衍算修正，加之圣彼得堡船厂与海军部在费用支付的问题上吵闹不可开交，导致尼古拉耶夫的两家船厂白白等到 1902年 10 月底才最终拿到修改数据和改进图纸；当建造最快的"羡慕"号和"珍藏"号正式下水时，已比规定下水日期晚了近 9 个月时间，而另四艘由军舰修造厂负责建造的驱逐舰中更是有三艘延误了足足 20 个月！而设计上的缺陷让涅瓦船厂的修改从未告以停歇：修改内部舱室布局、重置炊事房位置、调整舰艏炮位高度、增设艏部桅杆……，反复的参数修正和设计修改把这两家第一回建造驱逐舰的乌克兰工厂搞得焦头烂额，从 1903 年年底至 1906年，这六艘经历了无数改进的驱逐舰终于进入俄海军服役；即便如此，1903 年 8 月海军部还是再次和海军造船厂谈妥合约，由后者再为俄海军建造三艘驱逐舰。由于涅瓦船厂对"虎鱼"级的建造工作已经趋于结束，有些心有余悸的乌克兰船厂这次再没遇上更多的技术麻烦，倒是从塞瓦斯托波尔引发的罢工、工人武装起义和建造过程中出现的调查贿赂贪污工作让试航工作一度中断。1905 年 12 月在重新开始的试航中这三艘驱逐舰却均未达到 26节的规定最大航速。最终经过技术委员会与船厂方面的反复讨论后，这三艘驱逐舰才被网开一面，允许编入黑海舰队。

"羡慕"级驱逐舰在一战中表现尚可，除了常规负责巡逻、布雷等任务之外，还为地面部队提供了一定的火力支援。然而从十月革命爆发以后，这批命运多舛的驱逐舰就在一波波的政治浪潮中起伏跌宕，并先后经历了乌克兰民族独立势力、西方干涉军、白匪军和红军等多次易主。遭遇诸多坎坷的"羡慕"级驱逐舰最终难堪大用，它们不是早早地退出了苏联海军，就是在异乡被拆成一堆废铜烂铁。

▲ 正在海军造船厂内建造中的"羡慕"级驱逐舰舰体，从左至右依次为"生动"号、"不衰"号、"骇人"号与"炎热"号。

▲ 停泊在塞瓦斯托波尔港内的"羡慕"级全家福，照片摄于1917年。唯一缺少的两艘应该是已被击沉的"不衰"号和"挑衅"号。

"羡慕"号

一战期间主要负责博斯普鲁斯海峡附近的布雷及炮击土耳其沿岸阵地等任务；1916年1至2月间参加了进攻埃尔祖鲁姆防线的行动。二月革命之后该舰内部的乌克兰独立情绪开始逐渐形成；1917年7月该舰官兵尝试在舰上悬挂了乌克兰国旗，后于10月25日正式悬挂乌克兰国旗并始终拒绝降旗。十月革命期间因担心被布尔什维克党人收缴，该舰于1918年1月6日撤往敖德萨，但半个月后仍被红军所俘获，后参加了守卫敖德萨的行动。5月1日被德军俘获并加入德海军服役（编号R-13），后于11月上旬转交乌克兰人民共和国海军，并以积极争取乌克兰独立的共和国海军部长副官斯维亚多斯拉夫·施拉姆琴科（C. O. Шрамченко）的名字重新命名为"施拉姆琴科海军上校"号（Полковник Шрамченко）；但一个月后即被英法干涉军俘虏。1919年4月英军在撤离塞瓦斯托波尔前将其炸毁。1920年11月起开始接受修理但从未完成。1923年该舰接受解体并于1925年11月最终除籍。

"珍藏"号

1905年11月底在塞瓦斯托波尔参加了由施密特中尉组织的起义行动。一战中参加了数次火力支援和攻击土耳其、罗马尼亚沿岸目标的任务。1918年3月起开始在塞瓦斯托波尔港口内接受修理工作，但于5月1日被德军缴获；11月24日又被英法干涉军俘虏，后在撤离前被凿沉于塞瓦斯托波尔港口内。1921年8月12日该舰被打捞上岸并接受修理工作。在修理工作迟迟未能完成的情况下，该舰于1923年12月最终除籍并解体。

▲ "羡慕"级驱逐舰编队，最前面的一艘即该级首舰"羡慕"号。

▲ 进入黑海舰队服役后的"珍藏"号，作为该级最早服役的两艘驱逐舰之一，注意该舰甚至还未安装舯部桅杆。

"骇人"号

一战中参加了数次火力支援和攻击土耳其、罗马尼亚沿岸目标的任务。1918 年 1 月 10 日红海军黑海舰队，后于 3 月被德军俘获并编入服役（编号 R-11），但修理工作从未完成。11 月 24 日又被英法干涉军俘虏，1919 年 4 月英军撤离塞瓦斯托波尔前将其锅炉严重炸毁。被红军俘虏后开始接受彻底修理但并未完成；1923 年接受解体并于 1925 年 11 月最终除籍。

"生动"号

一战中参加了对康斯坦察港口的炮击行动并负责在博斯普鲁斯海峡口的布雷任务。1918 年 1 月 10 日红海军黑海舰队，后于 10 月 22 日被德军俘虏并被编入德海军（编号 R-12）；11 月 24 日被法国干涉军俘虏并于次年 4 月交由俄国南方武装力量使用。1920 年 11 月 15 日在跟随"黑男爵"彼得·弗兰格尔（П. Н. Врангель）的舰队撤往君士坦丁堡的途中因遭遇风暴而沉没。

"炎热"号

一战中参加了对康斯坦察港口的炮击行动并负责在博斯普鲁斯海峡口的布雷任务。1918 年 1 月 10 日红海军黑海舰队，后于 6 月 19 日被德军俘获；11 月 24 日又被英法干涉军俘虏，后转交俄国南方武装力量使用。1920 年 11 月 14 日由"喀琅施塔得"号（Кронштадт）修理船拖往比泽特接受修理，后因法国人放弃修理工作而于 1924 年遭解体。

▲ 为战列舰"叶夫斯塔菲"号（Евстафий）护送作战人员登舰的"炎热"号。

"麦热"号近照，注意舯舷处的鱼雷发射管依旧保留。

▲ 刚服役不久后的"不衰"号。

"不衰"号

　　开战后主要在博斯普鲁斯海峡负责布雷和警戒工作，1916年5月8日在为"玛丽亚皇后"号（Императрица Мария）战列舰提供护航时不慎误入德军 UC-15 号潜艇所布设的雷区，在触及两颗水雷后爆炸沉没。

"挑衅"号

　　1907年3月为纪念在第十次俄土战争中被土耳其人俘虏的"康斯坦丁大公"号（Великий Князь Константин）鱼雷母舰上的一号小型鱼雷艇艇长列昂尼德·普辛（Л. П. Пущин）而更名为"普辛中尉"号

（Лейтенант Пущин）。1916年1月参加了进攻土耳其埃尔祖鲁姆防线的行动；3月22日该舰在对瓦尔纳港实施侦察工作时于伊兰芝克角附近海域不幸触雷，舰体断为两截后沉没。

▼ 编队航行中的"美慕"级驱逐舰，一前一后的正是在十月革命期间积极争取乌克兰民族独立的"珍藏"号与"美慕"号。

▲ 接受改装的"不衰"号，注意艇部的鱼雷发射管并未拆除。

"嘹亮"号

1916 年 1 月参加了进攻土耳其埃尔祖鲁姆防线的行动。1918 年 5 月被德军俘虏并编入德海军服役（编号 R-11）；11 月 24 日被英法干涉军俘虏，1920 年 11 月随弗兰格尔残部撤往比泽特后即被法国政府扣押；1930 年在比泽特解体。

"锐利"号

1916 年 1 月参加了进攻土耳其埃尔祖鲁姆防线的行动。1918 年 3 月参加了守卫敖德萨的行动；5 月该舰被德军俘虏并编入德海军服役（编号 R-10）；11 月 24 日被英法干涉军俘虏，后移交希腊海军使用并更名为"意见"号（Δοξα）。

1919 年 9 月中旬被希腊政府转交俄国南方武装力量使用。1920 年 11 月随"黑男爵"弗兰格尔残部撤往比泽特；一个多月后在抵达法属突尼斯后即被法国政府扣押；1930 年在比泽特遭解体。

▼ 执行任务中的"普辛中尉"号，摄于 1916 年 3 月初。依稀可见艇部增加的 75 毫米火炮。

▲ 返回敖德萨港的"锐利"号。

▲ 巴统港内的"嘹亮"号。注意其舰艏并未安装固定鱼雷发射管。除了增加了一座明显的桅杆之外，"美慕"级的主要变化还在于在艉部增设了一座罗经舰桥。

俄文舰名	译名	建造船厂	开工日期	下水日期	服役日期	隶属舰队
Завидный	羡慕	海军造船厂	1902	1903.04	1903.12	黑海舰队
Заветный	珍藏	海军造船厂	1901.07.14	1903.05	1903.12	黑海舰队
Жуткий	骇人	军舰修造厂	1902	1904.05	1905.03	黑海舰队
Живой	生动	军舰修造厂	1902	1903.4.10	1906	黑海舰队
Жаркий	炎热	军舰修造厂	1902	1904.05	1905	黑海舰队
Живучий	不衰	军舰修造厂	1902	1904.05	1906	黑海舰队
Задорный	挑衅	海军造船厂	1904.01.17	1904.11	1907.08	黑海舰队
Звонкий	嘹亮	海军造船厂	1904.01.17	1904.11	1907.08	黑海舰队
Звонкий	锐利	海军造船厂	1904.01.17	1904.11	1906.12	黑海舰队
基本技术性能						
基本尺寸	舰长 64.1 米，舰宽 6.4 米，吃水 2.85 米					
排水量	正常 430 吨 / 满载 530 吨					
最大航速	26.5 节（挑衅、嘹亮、锐利号为 25.8 节）					
续航能力	1200 海里 / 12 节					
动力配置	三缸式直立往复蒸汽机 2 台 2 轴功率 5900 马力，4 座"亚罗"型锅炉（羡慕、珍藏、挑衅、嘹亮、锐利号使用"诺曼"型锅炉）					
最大载煤量	80 吨					
武器配置	1×75 毫米"贾纳"火炮，5×47 毫米"哈奇开斯"速射炮，3×381 毫米鱼雷发射管（挑衅、嘹亮、锐利号为 2 具）					
人员编制	67 名舰员 +5 名军官					

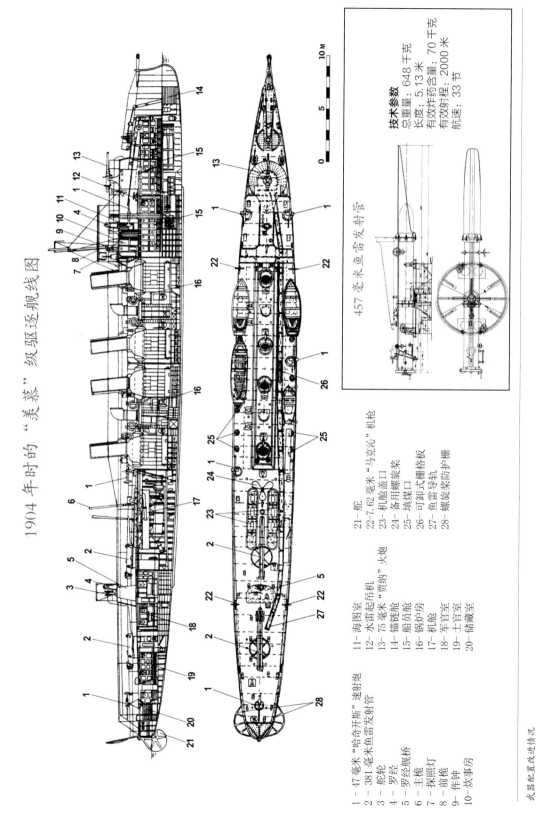

1904 年时的 "柔慕" 级驱逐舰线图

457 毫米鱼雷发射管

技术参数
总重量：648 千克
长度：5.13 米
有效炸药含量：70 千克
有效射程：2000 米
航速：33 节

1 - 47 毫米 "哈奇开斯" 速射炮
2 - 381 毫米鱼雷发射管
3 - 舵轮
4 - 罗经
5 - 罗经舰桥
6 - 主桅
7 - 探照灯
8 - 前桅
9 - 伴钟
10 - 炊事房

11 - 海图室
12 - 水雷起吊机
13 - 75 毫米 "贾纳" 火炮
14 - 锚链舱
15 - 船员房
16 - 锅炉房
17 - 机舱
18 - 军官室
19 - 士官室
20 - 储藏室

21 - 舵
22 - 7.62 毫米 "马克沁" 机枪
23 - 机舱盖口
24 - 备用螺旋桨
25 - 填煤口
26 - 可卸式栅格板
27 - 鱼雷导轨
28 - 螺旋桨防护栅

武器配置改进情况
1909 年：-5×47 毫米 "哈奇开斯" 速射炮，3×381 毫米鱼雷发射管（抛射、喷泉、锐利号为 2 具）；+1×75 毫米 "贾纳" 火炮，6×7.62 毫米 "马克沁" 机枪，2×457 毫米鱼雷发射管，18 颗水雷

"威严"级（Грозный）驱逐舰

由于 1903 年的远东形势日趋紧张，加之"为远东利益"而建造的驱逐舰已经基本完成，为了不让俄国内船厂陷入停滞等工状态，俄海军部遂决定扩大驱逐舰的生产量，以应对随时可能发生的战事。出于严重的财政短缺，海军部只得"内部消化"，再次找到了之前为他们生产过十艘驱逐舰的涅瓦船厂。出于时间紧迫的缘故，涅瓦船厂的设计小组于 1903 年 4 月在先前"虎鱼"级驱逐舰的基础上略作修改，向海军部提交了设计方案。1904 年 1 月双方再度签署合约，由涅瓦船厂再为俄海军建造三艘驱逐舰，而每艘造价也被海军部千方百计地压低到只有 48.5 万卢布。

这型被最终命名为"威严"级的驱逐舰除增加了一座显眼的桅杆之外，其余基本沿承了"虎鱼"级的整体布局风格，只是按照"羡慕"级将舰桥海图室的高度适当下降使之与舰艇主火炮平台呈水平相连；而为了让内部腾出的空间放置一台辅助冷凝器和各种动力辅助设备，之前布置于船舱内部的炊事房则调至甲板上海图室和烟囱之间的狭小空间里。考虑到"虎鱼"级在服役中经常发生海水顺着舰艇通风帽倒灌入船舱内部的情况，"威严"级对于通风设施也重新做了修整。在武器配备上"威严"级也基本保持一致，但额外安装了两门 7.62 毫米机枪。另外涅瓦船厂的工程师们尝试重新在驱逐舰的二、三号烟囱之间增设一间舱室，并在其中装

备一套无线电通讯设备以便实际作战中的联络；只可惜这些原本可以发挥很大作用的无线电设备在战争中并不怎么被俄国水兵使用。

1904 年 9 月初，海军部委任海军中校安德热耶夫斯基（K. K. Андржеевский）担任首舰"威严"号的第一任舰长；到了当月月底，第二艘"洪亮"号也交付海军服役。服役除了最后一艘完成的"雷鸣"号因为远东战事已接近尾声而留在波罗的海之外，另外服役的两艘军舰随后便参加了日俄之间的对马海战：首舰"威严"号侥幸逃脱并从此一蹶不振，而服役不到一年的"洪亮"号则在对马海战中被击沉。

▲"威严"号的艉部特写，罗经舰桥上的舵轮和罗经清晰可见。

▲"威严"号的艟部特写，机舱盖口此时呈开启状态。注意右侧的备用鱼雷发射管和鱼雷导轨。

"威严"级"洪亮"号线图

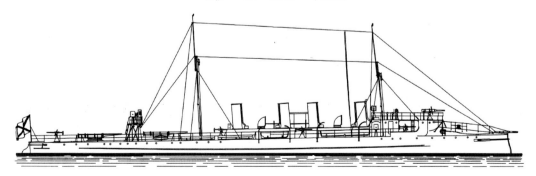

▲ 作为少数几艘侥幸从对马海战中突围的俄海军作战舰只，成功抵达符拉迪沃斯托克港的"威严"号已是尽显疲态。

"威严"号

1904 年 11 月在驶往符拉迪沃斯托克的途中由于遭遇风暴不得不在瑟堡进行修理。1905 年 2 月再次驶往远东。在对马海战中被日军驱逐舰群击伤不过成功地撤回至符拉迪沃斯托克。11 月 19 日被编入西伯利亚舰队，之后长期处于修理维护状态。1918 年 6 月 30 日被日军俘虏；1922 年 10 月在日军撤退前该舰被严重炸毁。1923 年 5 月该舰解体；1925 年 9 月最终除籍。

▲ 出发前的"洪亮"号，时间是 1905 年 2 月初，其舷名清晰可见。三个多月后该舰在对马海战中被日军驱逐舰击沉。

"洪亮"号

1905 年 2 月作为后补力量驶往符拉迪沃斯托克。5 月 27 日在对马海战中被日军驱逐舰"不知火"号击沉，包括舰长科恩（Г. Ф. Керн）中校在内的 23 人阵亡，另有 27 人受伤被俘。

"雷鸣"号

由于日俄战争已经进入尾声，该舰并未前往远东而是编入波罗的海舰队。一战期间参加了里加湾的防御工作，主要负责水面布雷。1915 年 8 月和 1917 年 10 月间先后参加了伊尔别海峡和蒙松德海峡的攻击行动；十月革命爆发之后加入红海军。1918 年 5 月起开始了长达三年的维修工作。1921 年 4 月 21 日重新编入波罗的海舰队但并未执行过任何任务。1924 年该舰解体并于 1925 年 11 月最终除籍。

▲ 离开喀琅施塔得港口的"雷鸣"号。

▲ 接受改装后的"雷鸣"号。

俄文舰名	译名	建造船厂	开工日期	下水日期	服役日期	隶属舰队
Грозный	威严	涅瓦	1903.06	1904.07.19	1904.09	第二太平洋舰队 / 西伯利亚舰队
Громкий	洪亮	涅瓦	1903.06	1904.04	1904.09.25	第二太平洋舰队
Громящий	雷鸣	涅瓦	1903	1904	1905	波罗的海舰队
基本技术性能						
基本尺寸	舰长 64.1 米，舰宽 6.4 米，吃水 2.87 米					
排水量	正常 440 吨 / 满载 540 吨					
最大航速	26.2 节					
续航能力	1400 海里 / 10 节					
动力配置	三缸式直立往复蒸汽机 2 台 2 轴功率 5900 马力，4 座"亚罗"型锅炉					
最大载煤量	80 吨					
武器配置	1×75 毫米"贾纳"火炮，5×47 毫米"哈奇开斯"速射炮，2×7.62 毫米"马克沁"机枪，2×457 毫米鱼雷发射管					
人员编制	67 名舰员 +5 名军官					

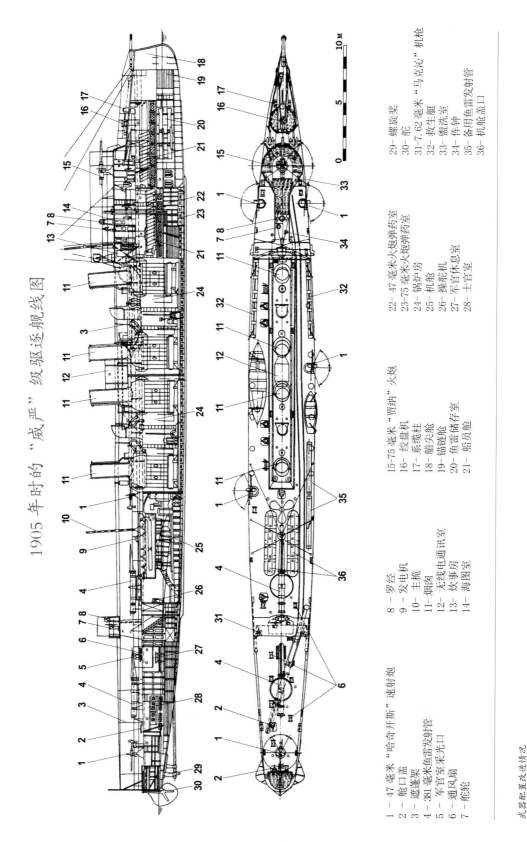

1905 年时的 "威严" 级驱逐舰线图

1 – 47 毫米 "哈奇开斯" 速射炮
2 – 舱口盖
3 – 遮蓬架
4 – 381 毫米鱼雷发射管
5 – 军官室米光口
6 – 通风扇
7 – 舵轮

8 – 罗经
9 – 发电机
10– 主桅
11– 烟囱
12– 无线电通讯室
13– 牧事舱房
14– 海图室

15–75 毫米 "贾纳" 火炮
16– 绞盘机
17– 系缆柱
18– 艏尖舱
19– 锚链舱
20– 鱼雷储存室
21– 船员舱

22– 47 毫米火炮弹药室
23–75 毫米火炮弹药室
24– 锅炉房
25– 机舱
26– 操舵机
27– 军官休息室
28– 士官室

29– 螺旋桨
30– 舵
31–7.62 毫米 "马克沁" 机枪
32– 救生艇
33– 盥洗室
34– 佯钟
35– 备用鱼雷发射管
36– 机舱盖口

武器配置及进情况
1913 年: −5×47 毫米 "哈奇开斯" 速射炮; +1×75 毫米 "贾纳" 火炮, 4×7.62 毫米 "马克沁" 机枪, 18 颗米雷

第二章

革命前夕：风雨飘摇 1906 ～ 1917

Неустойчивость И Опасность: Династия Под Угрозой

编队航行中的"志愿者"级驱逐舰编队。

▲ 米哈伊洛维奇·亚历山大大公（1866～1933），沙皇尼古拉一世的小孙子，曾担任战列舰"罗斯季斯拉夫"号（Ростислав）舰长，1903年成为俄国历史上年龄最小的海军少将。

▼ 严格意义上来说，俄国人早在19世纪80年代就完成了第一型雷击巡洋舰"伊林中尉"级（莫与后文介绍的同名驱逐舰相混淆）的建造。这种参照法国"秃鹰"号巡洋舰所建造的新型舰只在吨位上可达400～700吨，配备6～10门速射炮，在当时作为对付鱼雷艇和雷击舰的专用舰种。

随着日俄战争的节节落败，俄国民众的士气也随之降到了谷底。更为糟糕的是，此时的俄国国内正是内忧外患的多事之秋；人们开始对政府的能力产生怀疑，各种反对势力也籍此不断扩大：暴动、兵变、暗杀、游行、罢工……几乎波及了俄国内的每个行业。但光从海军的角度来看的话，俄国人的失利简直是一场万劫不复的灾难。因而从战争结束伊始，重建俄国海军队伍就成了俄国国内的头等大事。但整个日俄战争期间俄国人已经耗费了将近25亿卢布，政府实在已无力再拿出一笔像样的资金用以军舰建造，加上国内船厂糟糕的管理能力以及杜马手头种种确有依据的怀疑，建造新型驱逐舰的工作受到了前所未有的阻碍。1904年2月，一个名为"海军筹款特别委员会"（Корабли Особого Комитета）的特殊机构正式成立，目的就是宣传说服国内那些皇亲嗣眷、贵族大员以及地方上的豪户地主解囊出资以重建海军队伍；经过俄国上层权贵们的一番讨论，最终决定由亚历山大大公（Великий Князь Александр Михайлович）全权负责委员会的各项工作。随着拉扎列夫亲王（Абамелек-Лазарев С. С）带头第一个向海军捐资25万卢布之后，在民族沙文主义的强烈驱使下，上

至皇宫贵族，下到黎民百姓，纷纷向远东的俄军部队捐款集资。这个委员会的成员不仅多为政府要员和地方贵族，更有不乏像船舶建造总管科里洛夫（А. Н. Крылов）、圣彼得堡理工学院船舶工程师伯克列夫斯基（К. П. Боклевский）、船舶建造专家布勃诺夫（И. Г. Бубнов）和库捷伊尼科夫（Н. Е. Кутейников）等一批俄国内经验丰富的工程师。由于资金最终归入这个委员会帐下，于是他们几乎可以绕开海军技术委员会而独立进行舰船招标、设计、审核乃至最终建造与否的拍板定夺。实际上，这两个委员会的勾心斗角从一开始就从未停歇，直至沙皇下令两个委员会统一归属海军部管理且应最大限度地相互公开各种信息才算得以平息。

如果说日俄战争前为了自己在远东的利益而建造的一大批驱逐舰纯属是解燃眉之急的话，那么可以说俄国人从惨痛的教训中开始逐渐意识到驱逐舰的重要性，但他们的做法却近乎揠苗助长：俄国人开始想当然地以原先一些在俄海军中服役比较成功的大型舰只为蓝本，企图将驱逐舰建造成速度和火力都占绝对优势的袖珍巡洋舰；他们在设计中就刻意地考虑大幅度地提升驱逐舰的设计排水量，强调一定外海作战所具备的续航能力，同时火力配置也更趋于全面化和侵略性，俄国人将这种战舰称为 минный крейсер，意思是"雷击巡洋舰"。到1910年特别委员会一共筹集了将近两千四百万卢布，而这笔钱中的大部分就用来建造了芬兰人级、骠骑级、乌克兰级、猎手级和谢斯塔科夫中尉级5型共18艘这样的舰只。由于建造这些战舰的资金全部由非官方渠道获得，这18艘巡洋舰也被统称为"志愿者"级（Доброволец）；然而因其诸多性

▲ 英国海军"部族"级驱逐舰，图为"祖鲁"号（HMS Zulu）。

能参数仍未真正满足巡洋舰的要求，到 1907 年这 18 艘画虎不成反类犬的雷击巡洋舰最终仍被划分为驱逐舰。

在试图重建海军实力的同时，俄国海军也开始密切观察国外驱逐舰发展的各种动态，而他们的发展似乎还得从英国海军的驱逐舰上说起：从 1893 年到 1900 年间这短短的八年之间内，皇家海军部对于已建成的数量众多的驱逐舰感到颇为满意，但同时他们也意识到在驱逐舰的身上应该还有更大的军用潜力尚未得以挖掘；比如说航速。尽管英国人不断优化锅炉的实际产能功率和动力传输装置，但三缸、四缸式往复式发动机的能力似乎已无任何提升空间。于是英国人尝试使用新型的帕森斯（Parsons）蒸汽涡轮发动机作为驱逐舰的动力选择。作为实验船只，新型驱逐舰"蝮蛇"号（HMS Viper）和"眼镜蛇"号（HMS Cobra）以及"维罗斯"号（HMS Velox）均向人们展示了汽轮机将会让驱逐舰乃至各型军舰的机动灵活性得以根本性的飞跃。在经

过了十余次改进之后，英国海军从 1902 年起开始陆续购买 37 艘"江河"级（HMS River）驱逐舰用以扩充海军实力。

此时的俄国海军得知英国人研制出的高速驱逐舰之后却不免产生了一种极为矛盾的心理。一方面科里洛夫与布勃诺夫通过反复评审后最终悲观地得出结论，他们认为俄国内尚无一家船厂具备建造同类型驱逐舰的技术能力；另一方面由于批量建造驱逐舰的计划已在

国内外各家船厂全面铺开，是否仍有财力掏出一笔不菲的订购费用也被打上了一个大大的问号，更何况向来保守的海军高层觉得"江河"级仍处在适应阶段，前景是否乐观谁都不好说。在伦敦的俄国海军办事处负责人博斯特列姆上校（И. Ф. Бострем）也曾向圣彼得堡谨慎地建议新型驱逐舰对排水量的要求有所提高，且试验工作并未完全结束，可待改进相对成熟之后再做考虑。

与选择静观其变的俄国人不

▲ 美国第一级真正意义上的现代驱逐舰"班布里奇"级，图为第六艘"霍普金斯"号（USS Hopkins DD-6）。

▲ 费奥多·瓦西里耶维奇·杜巴索夫（1845～1912），曾先后担任"非洲"号（Африка）巡洋舰和"彼得大帝"号（Пётр Великий）战列舰的舰长，后担任旅顺港的太平洋舰队司令官。1901～1905年主管海军技术委员会。

同，雷厉风行的美国人敏锐地嗅出了装备汽轮机驱逐舰的巨大军事价值，他们迅速地推出了"班布里奇"级（USS Bainbridge）驱逐舰；德国人和法国人虽起步较晚，却都已悄悄地将汽轮机装上了一些大吨位的驱逐舰以供试验。随着英国人33节航速的"部族"级（HMS Tribal）驱逐舰开工建造，这下俄国人有些按耐不住了：1905年4月博斯特列姆上校向主管海军技术委员会的杜巴索夫中将（Ф. В. Дубасов）表示，希望出资请英国亚罗公司以"江河"级为蓝本为俄国海军建造以汽轮机为主动力的新型驱逐舰；为最大发挥舰船优势和便于战时维护等问题，博斯特列姆希望海军部最好

购买一型驱逐舰而非试验性的区区一艘。与此同时特别委员会的技术专家也开始讨论能否在刚开工不久的"猎手"级驱逐舰上安装汽轮机以提高舰船的整体航速。尽管提议最终没能让杜巴索夫有所行动，也未使用在特别委员会派建造的任何一型驱逐舰上，但却为日后俄海军建造"诺维克"级系列驱逐舰设定了一个重要前提。

1906年10月，海军总参谋长布鲁希洛夫上校（Л. А. Брусилов）在给尼古拉二世的报告中指出，由于日俄战争的全面失利，海军需要至少四年时间对波罗的海舰队和黑海舰队进行重建，在这段时间内俄国海军的整体作战方针应以防御性为主，寸守芬兰湾和黑海的每片海域以谨防土耳其和德国的趁虚而入——这是日俄战争结束后第一份奏请沙皇重整海军队伍的正式文件。半年后的1907年4月，海军总参谋部所提交的前期战舰建造计划最终被沙皇所批准，然而经过杜马的修改审议之后，这份计划要求为黑海舰队新建14艘驱逐舰，剩下的部分则多用来建造战列舰、巡

洋舰和潜艇。可以说沙皇和俄国杜马就海军重建所产生的矛盾在这件事上显得尤为突出，随着日俄战争失利两者的隔阂变得愈发明显。杜马的怀疑和指责看来不无道理，他们拒绝再向海军拨款，同时坚持要求海军进行必要的改革，并对国内的各家造船厂进行了严格的审查；直到1912年6月双方才最终得以妥协。在这份长达10年制造周期的造船计划中，就包括为波罗的海舰队建造36艘驱逐舰，但黑海舰队的驱逐舰建造数量被缩减至9艘（1914年后追加20艘，但只完成了其中的7艘）——皆是以"诺维克"号为基础的同型衍生驱逐舰；当然这也是沙俄统治时期的最后一型驱逐舰。作为阖棺之作的"诺维克"级驱逐舰在其性能上足够在与当时多数巡洋舰的交锋中不落下风，由于具备极高的航速和机动性能，它们可以更为灵活地规避敌舰的火力和追击。一战期间由"诺维克"级驱逐舰组成的战斗编队可以在一次攻击中发射至少60枚鱼雷，其攻击火力之恐怖甚至连战列舰都感到不寒而栗；同时俄国人充分地考虑

▶ 正在布设水雷的"芬兰人"号水兵，可以说俄国人在一战中将水雷的威力淋漓尽致地发挥到了最大程度，也让他们的对手感到头疼不已。

了水雷防御的作用，所有的该型驱逐舰都兼备布雷能力。

在俄国舰只的设计和建造上有一点不容否认，那就是俄国人显示出了在短时间内从失败和错误中汲取经验教训的能力以及擅于借鉴学习的态度。1912 年为海军的建设发展而蔓延至全国的讨论活动中，很多海军将领和爱国人士都为这支复兴中的海军队伍提出了自己的见解，虽然话题的切入点各不相同，但归纳起来无非是以下四点：

(1)俄国海军需要明确的类型定位；
(2)海军力量该如何分配部署；
(3)重建海军的建设资金是否充裕；
(4)建造设施的自主和完善。

对于前三个问题的探究，俄国人一直到斯大林时代仍未妥善明确，但对于最后一点，俄国人却实实在在地开始了自己的行动。得益

▲ "诺维克"号驱逐舰上的水兵。虽然"诺维克"号是当时最为先进的驱逐舰，但俄海军队伍的战术素质普遍不高却是一个不争的事实。

于俄国内众多银行的资金资助，尼古拉耶夫最大的海军造船厂和由法俄共同控股并已改名为全俄造船公司（Руссуд）的原军舰修造厂相互联动而逐渐在俄南部黑海地区建立

起一套庞大而又完善的船舶建造体系；在北部和波罗的海沿岸地区，以普季洛夫船厂为代表的几家厂商也通过设备翻新、扩建车间等措施将建船水平提高了一次层次；此

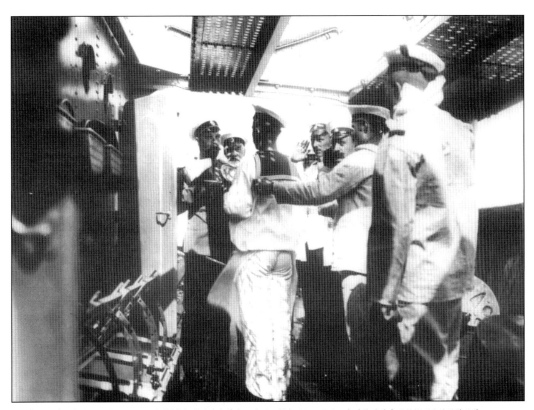

▲ 正与舰上官兵交谈的尼古拉二世。"诺维克"号的建成着实让俄国人得意了好一阵子，却难掩沙俄帝国摇摇欲坠的没落处境。

S. M. S. „Magdeburg".

▲ 德皇海军"马格德堡"号轻巡洋舰，它的被停导致了德国密码体系的崩溃。

▲ 尼古拉·奥托维奇·冯·埃森（1860～1915），被认为是一战中最为出色的几名俄国海军指挥官。日俄战争中曾是"塞瓦斯托波尔"号战列舰的舰长，1909年成为波罗的海舰队的司令官，1915年5月死于肺炎。

外作为核心的舰只动力设备，科尔皮诺钢铁厂等的迅速崛起也让俄国人也不再如往常那样完全依赖外方的进口。当然1912年5月俄国颁布的旨在促进本国造船厂生产能力的法律，也无形中提高了俄国各船厂的建造能力。可以说在建成"诺维克"号驱逐舰之后，俄海军的驱逐舰无论从速度还是火力上在与诸多外国驱逐舰的比较中均已不落下风；光驱逐舰而言，至一战爆发时俄国海军共拥有105艘驱逐舰。俄国人曾憧憬着若干年后当建造好的大型战舰再次投入使用时将会有何等壮观的场面，然而在舰船建造上对德国人的依赖最终导致了至一战爆发时，俄国海军各个舰队的中坚力量却仍是驱逐舰——实际上直到一战结束后，计划中的很多大型战舰都因德国不再为俄方提供轮机、锅炉等机械设备而迟迟未能完工。

波罗的海向来就是俄国海军的重心，但通过对比分析，俄国人认定德国舰队的作战实力远在自己之上，遂决定采取紧缩防线的防御

态势；客观地说波罗的海上的俄国海军在当时是薄弱的，尽管总指挥官冯·埃森海军上将（Н. О. фон Эссен）具备出色的指挥能力和军事才能；而为时刻应对英国舰队的潜在威胁，德国人却不太愿意将其主力放在一个他们认为并不重要的作战海域与俄国人过分纠缠。这样的结果就是一个"不愿打"的德国和一个"不愿挨"的俄国在波罗的海上的正面交锋寥寥无几，而自认是弱者的俄国人将注意力更多地放在利用水雷摧毁对手的长期消耗战中；实际上俄国人的水雷所具有的杀伤力比任何一个参战国生产的水雷都要好。由于大型战舰数量有限，沙皇曾一纸昭文宣布一切战列舰在未获得沙皇的指令前不得轻举妄动，这样一来以"诺维克"号驱逐舰为旗舰的驱逐舰分队在一战爆发初期就成了波罗的海舰队的重要力量。战争开始后没多久，俄国人的这支驱逐舰分队就立下大功：1914年8月26日，德国海军"马格德堡"号（SMS Magdeburg）轻巡洋舰上的

官兵由于搁浅而被迫撤离，随后赶来的"布拉克夫中尉"号和"勤勉"号驱逐舰官兵在登船搜查时却意外找到了德国人的两本无线电密码对译本，由于德国人始终没有彻底更换密码编排体系，导致俄国人在日后轻而易举地破译了上千条电报。随着战事的不断发展，俄国人也渐渐知晓了德国人并不打算在波罗的海上过分用兵的原则，于是他们的战术开始逐渐大胆起来：他们派出同样具备布雷能力的驱逐舰将布雷范围扩大了将近 10 海里。雷区的扩大让德国人一下子有些被动，他们前后损失了 6 艘驱逐舰、18 艘商船和"弗里德里希·卡尔"号（SMS Friedrich Carl）巡洋舰，此外"奥格斯堡"号（SMS Augsburg）和"羚羊"号（SMS Gazelle）2 艘巡洋舰也被严重炸伤。但 1915 年在里加湾的一系列军事行动则是德、俄海军之间的第一次大规模正面接触。俄军驱逐舰在交战中蒙受了一定损失："志愿者"号被击沉，"顿河哥萨克人"号、"西伯利亚射手"号等 7 艘驱逐舰也不同程度地被击伤，而德国人所遭受的损失远比俄国人来得惨重：仅"诺维克"号就展现了其巨大的火力优势，它将德军的 V-99 号驱逐舰击沉之后又撞上了

急于撤退的 V-100 号驱逐舰并将其击伤，另外 V-109 号驱逐舰和 S-31、S-52、S-58 号鱼雷艇也被其布设的水雷炸沉。1916 年波罗的海舰队得以补充 9 艘新建成的驱逐舰，尽管德国人从 1915 年下半年起开始着力强调空中轰炸和潜艇偷袭，但直到战争结束他们的任务仍然是以消耗为主的布雷任务。1917 年随着俄国革命的愈演愈烈，波罗的海舰队的重心也从攘外作战迅速变为了平息内乱。作为整个革命的策源地和主战场，布尔什维克党人夜以继日的宣传动员让波罗的海舰队内部广泛地成立起了大大小小的革命组织，由于船员数量相对较少，驱逐舰以及鱼雷艇等小型作战舰只成了革命党人工作的的重点。在 1917 年的头十个月里，波罗的海舰队仅和德海军鲜有正面冲突，期间他们只损失了一艘"猎手"号驱逐舰。很多史学家认为面对德军的薄弱兵力俄方的军事策略无疑是极端保守的，但不容否认的是，在为数众多的德军被击沉舰只中，驱逐舰所获的成绩应占了相当的份额。

而在南面的黑海上俄国人却占据了很大的优势，况且面对他们的土耳其海军此刻的境况也不

算理想。黑海舰队无论在战术运用、舰员士气和武器配置等多个战斗实力因素上都远胜波罗的海舰队一筹，更为重要的一点是，此时乌克兰南部沿岸地区的布尔什维克党势力尚未成为星火燎原之势。战争的初期阶段土耳其军队的物资绝大多数依赖沿海的航船运输，这就为早期俄海军的行动定下了一个主调：袭击港口、截击商船以及布设雷区。由于俄国海军的大型舰艇不论在数量还是在质量上都超过土耳其海军，这让黑海舰队中的驱逐舰相对显得黯淡无光；在配合哈密尔顿上将（Ian Hamilton）的达达尼尔战役中他们无非只是充当配角，收拾了一下土耳其部队在沿岸的一些军事目标，随后又在埃尔祖鲁姆战

役中对土方的外围防线进行了火炮打击。除此之外，他们更多地担任着布雷和巡逻的工作。不过驱逐舰分队并非一无是处：1915年9月，"迅速"号和"尖锐"号就曾经成功杀退了护卫的巡洋舰，将一支土耳其人的小型商船队杀得片甲不存。但随着德军潜艇战的加剧，俄军驱逐舰开始逐渐显出疲态，他们不仅要为俄方的商船队提供保护以防遭到德军潜艇的攻击，又得时刻提防德军布雷潜艇所设下的水雷；即便这样，俄军仍损失了"不衰"号和"普辛中尉"号两艘驱逐舰。这一情况直到高尔察克（А. В. Колчак）调任至黑海舰队之后才发生了根本的变化。在水雷战方面，高尔察克的指挥能力无人能及，他迅速以牙还牙地改变原先的做法，要求驱逐舰分队化整为零，同时派出一定数量的潜艇和作战飞机加以配合；一旦德军潜艇前来袭扰，俄国人完全可以靠着一时的空中优势将其迅速摧毁——于是从1916年底至1917年6月，俄军的驱逐舰和布雷艇都往返出没于博斯普鲁斯海峡的各个角落。这一策略不仅成功地抑制了德国潜艇的发挥，更是让水面舰只的

行动也大受影响。而此时布尔什维克党人的行动也是越来越频繁：他们不仅撤销了高尔察克的一切职务，更是成功地说服了大多数水兵拒绝再为临时政府卖命。虽然美军少将格伦农（James Glennon）靠着雄辩的口才帮着俄国临时政府避免了革命党人的兵变，但国内的革命活动已不可避免地影响了这支舰队。

而在远东，尚未从对马海战中回复元气的俄国海军根本就是一支无足轻重的力量：由于协约国一方的英国和日本舰队牢牢地把持着太平洋上的各个角落，多数为驱逐舰和鱼雷艇装备的西伯利亚舰队和阿穆尔河区舰队基本就负责日常巡逻工作，从1915年起这些舰船中的部分还被调往别的作战区去。不过俄国人倒是好好利用了这段相对空闲的战时时光对符拉迪沃斯托克等主要军港进行了必要的修建和翻新，当然他们同时也要时刻提防布尔什维克党人无孔不入的宣传渗透。

在积蓄了无尽的力量之后"十月革命"最终如火山爆发般的喷涌而出，而俄国海军也随之开始了历史上最为动荡的五年⋯⋯

▲ 亚历山大·瓦西里耶维奇·高尔察克（1874～1920），俄国海军最富传奇和争议色彩的将领，1916年起担任黑海舰队司令。1918年11月成为白军政权领袖，但最终被布尔什维克击败，被俘后处死。

▲ 伊安·斯坦迪什·蒙蒂斯·汉密尔顿（1853～1947），英国陆军上将。曾两次参加布尔战争，日俄战争中率领印度军团加入日军作战队伍。在加里波利之战中由于指挥不当而被撤职，不久后即从军队退役。

▲ 正在进行炮击训练的"猎手"号。

一批在日俄战争前后建造的驱逐舰通过改装后安装上75毫米火炮并兼顾布雷能力。图中为停泊在港口内的"彪悍"号。

"积极"级（Деятельный）驱逐舰

由于太平洋舰队的驱逐舰损失极大，俄海军部于1904年9月考虑在"威严"级的基础上再建造一型性能更优的驱逐舰；而他们首先想到的还是涅瓦船厂。但船厂方面以之前几次建造过程中支付费用过少为由一口回绝了海军部开出的单艘48.5万造价；几经思忖之后，海军部最终决定让步，在同意为每艘驱逐舰支付51.6万卢布之后，涅瓦船厂才勉强答应建造事宜。9月30日，海军部和涅瓦船厂完成签订第四份合约，由这家来自圣彼得堡的船厂再为俄国海军建造一型共计八艘驱逐舰，其最大航速不得低于26节，同时如果船厂方面在1905年10月15前未能按时交付海军使用的话，海军部则有权扣除部分费用。

"积极"级驱逐舰的建造工作于1905年4月中旬正式开始。除将舰艏高度略作提高以外，该型驱逐舰在其外形尺寸上与"威严"级完全相同；舰上布局除适当调整了四座烟囱之间的相对位置之外也基本和"威严"级如出一辙，不过考虑到机舱内部高度适当降低，曾负责建造"威严"级驱逐舰的机械监督阿法纳希耶夫（В. И.Афонасьев）提出，新舰应该改用尺寸和性能更为适合的"诺曼"型锅炉。在火力装备上技术委员会原本考虑不作变化，但根据实战情况决定放弃原先的"哈奇开斯"速射炮，仅在舰艏舰艉各布置一门"贾纳"火炮，另在舰桥、烟囱和罗经舰桥的两侧各布置一门7.62毫米机枪。当然该舰在很多细节上也进行了调整：鉴于"威严"级糟糕的排水能力，"积极"级为每间水密舱都安装了工程师伊林（Н. И. Ильин）专门设计的排水系统，其自动水喷装置每小时可排出80吨进水，而一旦自动装置失灵，额外配置的一部手动除水泵也可将进水抽至甲板上的引流槽后将其排出；另外内部铺设的所有供电线路一律改用防水绝缘保护，增加的七十盏白炽灯也将夜间舱内的可视度大大提高；而原先"威严"级上的救生船数量也得以适当增加。

至1907年10月，该型的八艘驱逐舰全部完成了试航工作；最终"积极"级被全部编入波罗的海舰队。虽然做出了很大的改进，但"积极"级驱逐舰在日后仍旧暴露出了很多问题，最明显的问题就是螺旋桨转速只要超过每分钟325转时舰身就会产生明显振动，这就使该型驱逐舰的机动能力无法充分发挥；另外由于没有为机械传动轴安装专配水冷装置，导致该型驱逐舰的主要机械传动部件工作温度升高过快，针对这些问题，这八艘驱逐舰于1914年又专门接受了改装处理。

"积极"级驱逐舰在服役中的表现比较活跃，除在一战后期被炸毁的"整齐"号和长期接受修理的"有力"号与"打击"号之外，其余的五艘战舰均在之后的俄国内战中参加了数次清剿白匪军的行动且无一损失。内战结束之后，这批驱逐舰亦是廉颇老矣，变成了可有可无的鸡肋，在被苏联人封存了寥寥数年后即退出红海军并遭解体。

▲ "前哨"号舰桥特写。

▲ "机敏"号舰艏舰桥特写。

▲ 停泊在赫尔辛基港的"积极"号。

"积极"号

一战期间主要在里加湾海域执行巡逻、护航和布雷任务，1915年8月和1917年10月间先后参加了伊尔别海峡和蒙松德海峡的攻击行动。1918年9月按照列宁的指示前往阿斯特拉罕加入里海－亚速海区舰队。1919年5月间参加了在赤钦岛与白匪军的交战；7月底再次被编入伏尔加河－里海区舰队。1920年5月参加了在安扎里附近海域的攻击行动；7月被正式编入里海区舰队。1922年11月在巴库封存；1925年11月最终除籍。

"有力"号

一战期间主要在里加湾海域执行巡逻、护航和布雷任务，1915年和1917年先后参加了伊尔别海峡和蒙松德海峡的攻击行动。1917年全舰官兵参加了二月革命之后被编入波罗的海舰队。1918年4月在赫尔辛基港被德军俘获，后根据《布列斯特合约》返还给俄国；5月起该舰就长期封存于喀琅施塔得港口内。1921年4月被重新编入波罗的海舰队但并未真正投入使用。1924年该舰开始接受解体工作并于1925年11月除籍。

▲ "有力"号近照。原先艏舰桥一侧的7.62毫米通用机枪已被拆除，而为防止海浪溅入，原先的舷墙也已加长加高。

"机敏"号

一战期间主要在里加湾海域执行巡逻、护航和布雷任务，1915年和1917年先后参加了伊尔别海峡和蒙松德海峡的攻击行动。1917年全舰官兵参加了二月革命之后被编入波罗的海舰队。1918年9月按照列宁的指示前往阿斯特拉罕加入里海－亚速海区舰队。1919年5～8月间先后参加了在赤钦岛和察里津与白匪军的交战；7月底再次被编入伏尔加河－里海区舰队。1920年5月参加了在安扎里附近海域的攻击行动；7月被正式编入

里海区舰队。1922年8月在巴库封存；1925年11月最终除籍。

"前哨"号

一战期间主要在里加湾海域执行巡逻、护航和布雷任务，1915年和1917年先后参加了伊尔别海峡和蒙松德海峡的攻击行动。1917年全舰官兵参加了二月革命之后被编入波罗的海舰队。1919年7月被编入奥涅加湖区舰队；10月初被调往阿斯特拉罕地区并于12月初加入伏尔加河－里海区舰队。1920年7月编入里海区舰队；12

月参加了清剿连科兰反革命武装的行动。1922年在巴库封存；1925年11月最终除籍。

"整齐"号

一战期间主要在里加湾海域执行巡逻、护航和布雷任务，1915年8月参加了在伊尔别海峡的攻击行动。1917年8月28日在里加湾不慎搁浅，后遭到德军飞机轰炸而严重损毁。由于天气情况不佳，俄国方面始终无法对该舰实施救援，后舰于1918年5月29日最终除籍。

▲ "机敏"号近照。

▲ "干练"号

在里加湾卡维角附近水域不慎搁浅的"整齐"号，时间为1917年8月28日。四天之后，该舰被德军找到并发现并遭开遭到空袭，其中一颗炸弹直接炸毁了"整齐"号的舰艏，另一颗炸弹则击中了种舱右舷位置。但由于天气情况太不太理想，俄军的救援工作始终无法全部展开，而随后开始的十月革命更是让救援遥遥无期。

▲ 德军侦察机拍摄下的"整齐"号，注意左下角的德文侦察标注存有出入：俄军巡洋舰"智神"号在被鱼雷击中后缓缓下沉。

"打击"号

一战期间主要在里加湾海域执行巡逻、护航和布雷任务，1915年和1917年先后参加了伊尔别海峡和蒙松德海峡的攻击行动。1917年全舰官兵参加了二月革命；11月初被编入波罗的海舰队。1918年4月在赫尔辛基港被德军俘获，但随后就根据《布列斯特合约》返还给俄国；5月起该舰就长期封存于喀琅施塔得港口内。1921年4月被重新编入波罗的海舰队但并未真正投入使用。1924年该舰开始接受解体工作并于1925年11月除籍。

"干练"号

一战期间主要在里加湾海域执行巡逻、护航和布雷任务，1915年和1917年先后参加了伊尔别海峡和蒙松德海峡的攻击行动。1917年全舰官兵参加了二月革命之后被编入波罗的海舰队。1918年9月按照列宁的指示前往阿斯特拉罕加入里海－亚速海区舰队。1919年5至8月间先后参加了在赤钦岛和察里津与白匪军的交战；7月底再次被编入伏尔加河－里海区舰队。1920年5月在安扎里附近海域的攻击行动中负责掩护支援；7月被正式编入里海区舰队。1922年8月最终除籍并开始解体。

▲ 返回雷瓦尔港的"打击"号，照片摄于1910年。

"值得"号

一战期间主要在里加湾海域执行巡逻、护航和布雷任务，1915年和1917年先后参加了伊尔别海峡和蒙松德海峡的攻击行动。1917年全舰官兵参加了二月革命之后被编入波罗的海舰队。1918年4月在赫尔辛基港被德军俘获，但随后就根据《布列斯特合约》返还给俄国；5月起该舰就封存于喀琅施塔得港口内直至1919年7月被编入奥涅加湖区舰队。1920年7月编入里海区舰队。1920年12月参加了清剿连科兰反革命武装的行动。1922年在巴库封存；1925年11月最终除籍。

▲ 出航前的"值得"号。

俄文舰名	译名	建造船厂	开工日期	下水日期	服役日期	隶属舰队
Деятельный	积极	涅瓦	1905.04.15	1907.07.20	1907.12.05	波罗的海舰队 / 里海－亚速海区舰队 伏尔加河－里海区舰队 / 里海区舰队
Сильный	有力	涅瓦	1905.04.15	1905.09.05	1907.12.05	波罗的海舰队
Сторожевой	前哨	涅瓦	1905.04.15	1906.08.24	1907.12.28	波罗的海舰队 / 奥涅加湖区舰队 伏尔加河－里海区舰队 / 里海区舰队
Стройный	整齐	涅瓦	1905.04.15	1907.01.02	1907.12.28	波罗的海舰队
Разящий	打击	涅瓦	1905.04.15	1906.09.17	1908.04.14	波罗的海舰队
Расторопный	机敏	涅瓦	1905.04.15	1907.05.21	1908.04.14	波罗的海舰队 / 里海－亚速海区舰队 伏尔加河－里海区舰队 / 里海区舰队
Дельный	干练	涅瓦	1905.04.15	1907.07.20	1907.12.05	波罗的海舰队 / 里海－亚速海区舰队 伏尔加河－里海区舰队 / 里海区舰队
Достойный	值得	涅瓦	1905.04.15	1907.07.20	1907.12.05	波罗的海舰队 / 奥涅加湖区舰队 伏尔加河－里海区舰队 / 里海区舰队
基本技术性能						
基本尺寸	舰长64.1米，舰宽6.4米，吃水2.6米					
排水量	正常380吨 / 满载475吨					
最大航速	26.6节					
续航能力	1000海里 / 14节					
动力配置	三缸式直立往复蒸汽机2台2轴功率5900马力，4座"诺曼"型锅炉					
最大载煤量	100吨					
武器配置	2×75毫米"贾纳"火炮，6×7.62毫米"马克沁"机枪，2×457毫米鱼雷发射管					
人员编制	66名舰员 +5名军官					

1907 年时的 "积极" 级驱逐舰线图

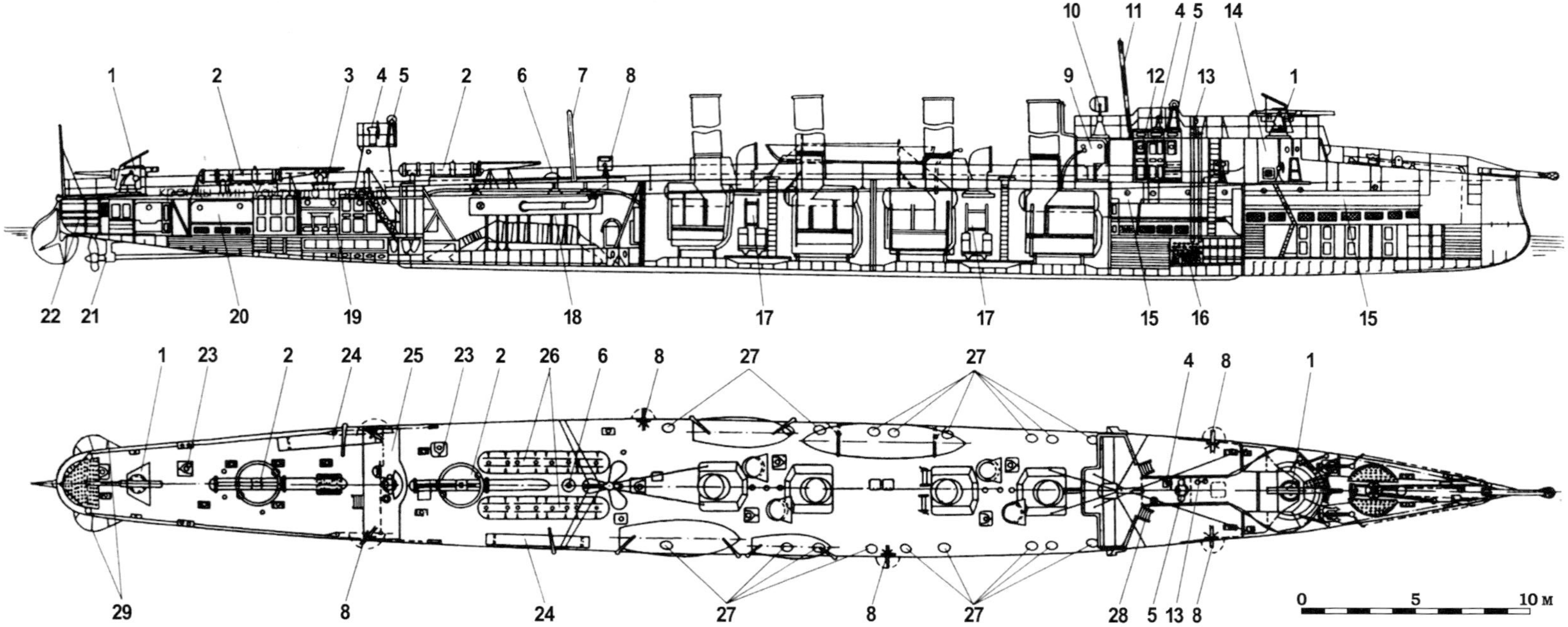

25- 罗经舰桥
26- 机舱盖口
27- 填煤口
28- 舵钟
29- 螺旋桨防护栅

21- 螺旋桨
22- 舵
23- 舱口盖
24- 备用鱼雷发射管

16- 弹药舱
17- 锅炉房
18- 机舱
19- 军官用餐室
20- 士官室

11- 前桅
12- 海图室
13- 75 毫米炮弹起吊机
14- 指挥室
15- 船员舱

6 - 舱口盖
7 - 主桅
8 - 7.62 毫米 "马克沁" 机枪
9 - 炊事房
10- 探照灯

1 - 75 毫米 "贾纳" 火炮
2 - 457 毫米鱼雷发射管
3 - 军官用餐室采光口
4 - 舵轮
5 - 罗经

武器配置及改进情况
1913 年：−2×7.62 毫米 "马克沁" 机枪；+18 颗水雷

"坚定"级（Твёрдый）驱逐舰

鉴于"猎鹰"级驱逐舰在远东的巨大损失，俄海军部打算以"猎鹰"级为原型再建造一型驱逐舰以弥补远东损失严重的俄军舰队。1904年3月海军部与科莱顿船厂达成一致，由后者为俄海军再建造五艘驱逐舰。

"坚定"级驱逐舰的前三艘于1904年5月14日正式开工。除在舯部增加一座桅杆之外，该舰基本延续了"猎鹰"级的外形和舰上布局，但在三、四号烟囱之间增加一座小型的无线电通讯室。在1913年的改装中，俄国人将原先的三门"哈奇开斯"速射炮全部拆除，

同时在艉部安装一门75毫米"贾纳"火炮，并用457毫米鱼雷发射管代替了原先的381毫米发射管。在动力机械装置方面，该型舰额外安装了一套冷凝器、蒸发器和循环水泵，使其蒸汽产生量提高了将近12%。该型的最后两艘于1906年6月下旬也进入建造状态，由于考虑日后将在远东地区服役，五艘驱逐舰在科莱顿船厂完成部分之后就通过铁路运输的方式送由符拉迪沃斯托克的海军上将造船厂（Завод Адмирала）进行最终组装。只是由于对俄国越来越不利的战事，这批舰船一直待到战争结束后才迟迟

送往尤利塞斯湾边的海军上将造船厂。1907年7月起，该级舰开始陆续编入西伯利亚舰队服役。

由于干舷高度设计较低，"坚定"级驱逐舰在太平洋上显得有些水土不服。该级驱逐舰的服役岁月显得波澜不惊，实在难以撰写过多值得称道的亮点；而在1918年6月底这五艘驱逐舰均被入侵符拉迪沃斯托克的日军俘虏；1922年10月日军在撤退时这些舰只又大都遭到了破坏性的损毁。经过漫长的修理和搁置后这些驱逐舰早已是苟延残喘、难堪大用，不久就从海军除籍。

▲ 拍摄于国内战争结束后符拉迪沃斯托克港口内的"坚定"级驱逐舰群，一副慵懒乏力之意。

俄文舰名	译名	建造船厂	开工日期	下水日期	服役日期	隶属舰队
Твёрдый	坚定	科莱顿/海军上将	1904.05.14	1906.10.02	1907.07.04	西伯利亚舰队/远东舰队
Точный	精确	科莱顿/海军上将	1904.05.14	1906.12.10	1907.10.15	西伯利亚舰队/远东舰队
Тревожный	警报	科莱顿/海军上将	1904.05.14	1096.05.16	1907.07.04	西伯利亚舰队
Инженер-механик Анастасов	机械师阿纳斯塔索夫	科莱顿/海军上将	1906.06.22	1907.08.19	1908.09.12	西伯利亚舰队
Лейтенант Малеев	马利耶夫中尉	科莱顿/海军上将	1906.06.22	1907.08.19	1908.09.12	西伯利亚舰队
基本技术性能						
基本尺寸	舰长58.6米，舰宽5.62米，吃水2.3米					
排水量	正常310吨/满载385吨					
最大航速	25.6节					
续航能力	1100海里/12节					
动力配置	三缸式直立往复蒸汽机2台2轴功率3800马力，4座"亚罗"型锅炉					
最大载煤量	65吨					
武器配置	1×75毫米"贾纳"火炮，3×47毫米"哈奇开斯"速射炮，2×381毫米鱼雷发射管					
人员编制	60名舰员+4名军官					

▲ 刚服役不久的"坚定"号。照片摄于符拉迪沃斯托克港外。

"坚定"号

1907 年 11 月 12 日该舰官兵发生暴动。1917 年 12 月加入红海军。1918 年 6 月 30 日被日军俘虏。1922 年 11 月被重新编入远东舰队。1923 年 3 月起开始接受修理工作；同年 9 月为纪念被捕并遭枪杀的符拉迪沃斯托克远东地区革命领导人谢尔盖·拉佐（С. Г. Лазо）而更名为"拉佐"号。1927 年 4 月底最终除籍。

"精确"号

1907 年 11 月 12 日该舰官兵曾发生暴动后被镇压。1917 年 12 月加入红海军。1918 年 6 月 30 日被日军俘虏。1923 年 3 月起开始接受修理工作；1926 年 9 月被编入远东舰队；1927 年 4 月最终除籍。

"警报"号

1907 年 11 月 12 日该舰官兵发生暴动。1918 年 6 月 30 日被日军俘虏；1922 年 10 月日军在撤离时将其严重炸毁。之后该舰没有接受修理工作；1923 年 5 月底开始解体并于 1925 年 11 月最终除籍。

"机械师阿纳斯塔索夫"号

为纪念 1904 年被日军击沉的"守护"号机械工程师弗拉基米尔·阿纳斯塔索夫（В. С. Анастасов）而命名此舰。1918 年 6 月 30 日被日军俘虏；1922 年 10 月日军在撤离时将其严重炸毁。之后该舰没有接受修理工作；1923 年 5 月底开始解体并于 1925 年 11 月最终除籍。

"马利耶夫中尉"号

为纪念在 1904 年 3 月 31 日被日军击沉的"惧怕"号总值班长叶尔米·马利耶夫（Е. А. Малеев）为命名此舰。1918 年 6 月 30 日被日军俘虏；1922 年 10 月日军在撤离时将其严重炸毁。之后该舰没有接受修理工作；1923 年 5 月底开始解体并于 1925 年 11 月最终除籍。

▲ 刚进入服役的"警报"号。注意原先舰桥两侧的 47 毫米速射炮并未被拆除。

▲ "精确"号驱逐舰

▲ 停泊在符拉迪沃斯托克港口外的"机械师阿纳斯塔索夫"号，其舷名清晰可见。

▲ "马利耶夫中尉"号驱逐舰

1907 年时的 "坚定" 级驱逐舰线图

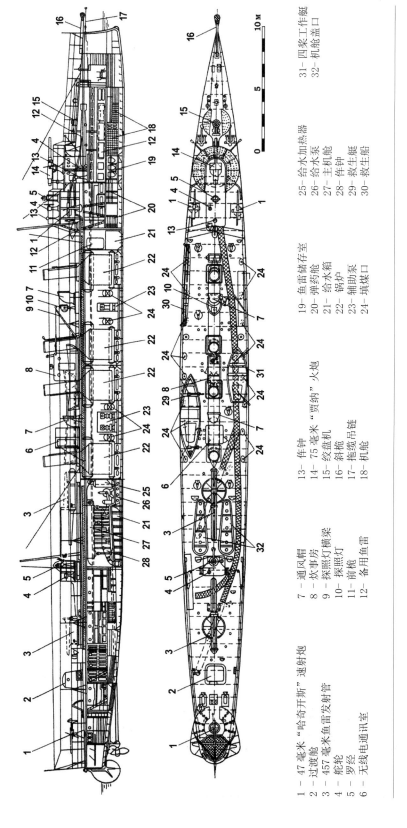

1 - 47 毫米 "哈奇开斯" 速射炮
2 - 过渡舱
3 - 457 毫米鱼雷发射管
4 - 舵轮
5 - 罗经
6 - 无线电通讯室

7 - 通风帽
8 - 炊事房
9 - 探照灯横梁
10- 探照灯
11- 前桅
12- 备用鱼雷

13- 伴钟
14- 75 毫米 "贾纳" 火炮
15- 绞盘机
16- 斜桅
17- 拖缆吊链
18- 机舱

19- 鱼雷储存室
20- 弹药舱
21- 给水箱
22- 锅炉
23- 辅助泵
24- 填煤口

25- 给水加热器
26- 给水泵
27- 主机舱
28- 伴钟
29- 救生艇
30- 救生船

31- 四桨工作艇
32- 机舱盖口

武器配置改进情况
1913 年: -3×47 毫米 "哈奇开斯" 速射炮, 2×381 毫米鱼雷发射管; +1×75 毫米 "贾纳" 火炮, 2×7.62 毫米 "马克沁" 机枪, 2×457 毫米鱼雷发射管, 10 颗水雷

"布拉科夫中尉"级（Лейтенант Бураков）驱逐舰

1904 年下半年随着日俄战争的逐步升级，旅顺港告急、太平洋舰队处境堪忧、伤亡数量节节攀升……远东的局势似乎对俄国人显得愈发不利。迫于战事紧密，海军部于 8 月开始重新拟定新型驱逐舰的建造计划，力求迅速补充支援在远东地区早已独木难支的太平洋舰队。由于国内大部分造船厂已在为海军建造舰船，海军部只得再次在海外另觅合作。

此时的英国和日本已暗中结为盟友，俄国人自知已不可能再寻求英国人的帮助，故此他们倾向于谋求之前有过合作经历的法国地中海锻建造船厂和诺曼船厂为俄国再建造一型驱逐舰。双方的谈判工作比较顺利，考虑到俄国人迫切希望所有的驱逐舰能在短时间建成服役，法国人就此提议不另作设计，仅在原先"鳟鱼"级驱逐舰的基础上加以改进。9 月底海军技术委员很快就通过了改进的设计方案；三个月后海军部正式与两家法国船厂签订合同，由地中海锻建造船厂为俄国海军建造八艘驱逐舰，另外的三艘则由诺曼船厂负责完成，单艘建造费用高达 159 万法郎。同时俄国人还额外规定如果法国人建造的驱逐舰未能在 1906 年 11 月 1 日前交付俄海军服役的话，那么将以每艘每天扣除 100 法郎作为赔偿，如果四个月后仍未交付，俄海军部可以单方面毁约。

由于俄国人在合同中强调驱逐舰在 1905 年 11 月前必须完成试航工作，地中海锻建造船厂于 1904 年 10 月初就开始了龙骨铺设工作，而此时协议手续甚至还未全部备齐；而到 12 月初时，船厂方面甚至已经完成一艘驱逐舰的船体焊接工作。"布拉科夫中尉"级仍旧基本保留了和"鳟鱼"级类似的外形和舰上布局，仅将两层甲板之间的距离提高到 1 米，同时对二层甲板进行防锈镀锌处理。但对于船舱内部，法国人则进行了多处改进：首先增加自动水喷射排水装置和手动排水泵，必要时还可作为舰上的灭火引水设备；同时部分主要舱室内安装警示灯，一旦发生战事，即可手动开启指挥室内的总开关以提醒全舰官兵。由于增加了辅助舱、弹药舱、供给舱等的体积，"布拉科夫中尉"级的隔舱数量减少为十个，单间载煤室的储量也减少至 29.6 吨（"鳟鱼"级为 30.4 吨）；即便如此该型舰仍可在单日 1.6 吨经济耗煤的前提下保证约二十天左右的续航天数。从 1905 年 6 月底起，该级的第一艘驱逐舰开始了试航工作；至该年年底这十一艘驱逐舰的试航工作全部完成，全部达到最大航速不低于 26 节的技术指标。该级首舰"布拉科夫中尉"号于 1905 年 12 月正式加入海军服役，随后的十艘也在之后的四个月时间里陆续加入海军报道。

"布拉科夫中尉"级驱逐舰的服役历程不算彪炳，其中的三艘在一战中即告沉没，其余的八艘也大多在后来的国内战争中寸功未立。苏联成立后不久这型驱逐舰就作为第一批报废处理对象加以解体。

▲ 进入后期建造的"技巧"号，照片摄于 1905 年。

"布拉科夫中尉"号

为纪念在进攻大沽炮台行动中阵亡的炮舰"朝鲜人"号（Кореец）炮官叶甫盖尼·布拉科夫中尉（Е. Н. Бураков）而命名此舰。1912 年 3 月初降级为通讯舰。1917 年 8 月 12 日在波的尼亚湾附近海域触雷沉没。

"轻巧"号

1917 年该舰官兵先后参加了二月革命；十月革命后被重新编入波罗的海舰队。1918 年 4 月该舰曾被德军短暂扣留，后归还给俄国。

俄国内战期间主要负责在喀琅施塔得附近海域的布雷工作；1920 年 10 月降级为训练舰。1925 年 11 月最终除籍。

"勇猛"号

在一战中主要负责巡逻和反潜工作；1917 年该舰官兵参加了十月革命。1918 年 5 月开始长期封存。1923 年该舰开始解体；1925 年 11 月最终除籍。

"精准"号

在一战中主要负责巡逻和反潜工作。1917 年该舰官兵先后参加了二月革命和十月革命，随后便参加了抵御临时政府总理亚历山大·克伦斯基（А. Ф. Керенский）和原沙皇第三骑兵军军长彼得·克拉斯诺夫（П. Н. Краснов）组织的反攻。1918 年 4 月参加了"破冰之旅"营救行动，11 月又参加了在纳尔瓦－约埃苏附近地区的防御战。1922 年 3 月底又被调至隶属于波罗的海舰队麾下的拉多加湖区舰艇边防支队。1922 年 5 月底开始解体并于 1925 年 11 月最终除籍。

▲ 准备出航的"布拉科夫中尉"号，艉部的布局说明该舰尚未接受改进，注意四号烟囱一侧的 47 毫米速射炮。

▲ 改装前的"轻巧"号，清晰可见罗经舰桥上的舵轮和艉部的 47 毫米速射炮。

▲ 改装后的"勇猛"号，艉部已安装上第二门"贾纳"火炮。另外请注意舰桥、二号烟囱和四号烟囱一侧已经安装了三门 7.62 毫米通用机枪。

▲ 一战开始后的"精准"号侧视特写，其全部改进工作已经结束。

▼ 一战开始后的"执行"号。

编队航行中的"精准"号，艇
部的水雷已准备齐备. 在很长
一段时间内，水雷消耗战都是
俄国人和德国人在波罗的海上
斗法的核心。

▲ 一战中的"技巧"号，注意该舰艇部的鱼雷发射管已被拆除，但艇部已换成了 75 毫米火炮。

"执行"号

1905 年 11 月在从法国驶往俄国的途中不慎触礁，之后在哥本哈根接受了长达两个月的维修工作，直到 1906 年 1 月该舰才加入波罗的海舰队。一战中主要负责巡逻和反潜工作；1914 年 12 月 12 日在利巴瓦附近海域执行布雷任务时遭遇风暴而沉没。

"技巧"号

在一战中主要负责巡逻和反潜工作；1917 年该舰官兵参加了二月革命并于 11 月重新编入波罗的海舰队。1921 年 4 月被重新编入波罗的海舰队；1924 年 1 月开始解体；1925 年 11 月最终除籍。

"坚硬"号

在一战中主要负责巡逻和反潜

工作。1917 年该舰官兵先后参加了二月革命；十月革命后被重新编入波罗的海舰队。1922 年 5 月又被调至拉多加湖区舰艇边防支队。1924 年 12 月开始解体；1925 年 11 月最终除籍。

"机灵"号

1917 年该舰官兵先后参加了二月革命；十月革命后被重新编入波罗的海舰队。1918～1919 年参加了在彼得格勒的防御战。1922 年 5 月该舰被调至拉多加湖区舰艇边防支队。1925 年 1 月开始解体并于 11 月最终除籍。

"飞扬"号

1914 年 12 月 12 日在利巴瓦附近海域执行布雷任务时因遭遇风暴而沉没。

"力量"号

在一战中主要负责巡逻和反潜工作；十月革命后重新编入波罗的海舰队；1918 年 4 月该舰曾被德军短暂扣留，后归还给俄国。1918 年 5 月起开始长期封存于喀琅施塔得港口。1921 年 4 月被重新编入波罗的海舰队；1925 年 11 月最终除籍并于 1926 年 9 月解体。

"剽悍"号

在一战中主要负责巡逻、护航和布雷工作。1917 年先后参加了二月革命和十月革命，后重新编入波罗的海舰队；1918 年 4 月从赫尔辛基撤回后就始终处于封存状态。1922 年 5 月 23 日临时调至归属国家政治保安总局的拉多加湖区舰艇边防支队，但仅一周之后就开始解体工作；1925 年 11 月 21日除籍。

▲ "坚硬"号驱逐舰

离开雷瓦尔港的"执行"号，照片摄于1911年。

▲ "力量"号艉部特写。

▲ "力量"号的舯部特写。水兵正在对装填的鱼雷进行检查。注意左边的锅炉通风帽。

▲ 一战中的"飞扬"号，此时第一次改装工作已结束，请注意一、二号烟囱可能已单独调换，其高度几乎与舰舰桥上探照灯高度持平。

▼ 执行巡逻任务的"机灵"号，不远处为战列舰"皇太子"号（Цесаревич）。

▲ "机灵"号驱逐舰艇部特写，艇部舰桥上的舵轮和罗经清晰可见。

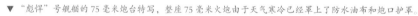

▼ "彪悍"号舰艇的75毫米炮台特写，整座75毫米火炮由于天气寒冷已经上了防水油布和炮口护罩。

▲ 正在接受大修的"力量"号。与"鳟鱼"级一样，"布拉科夫中尉"级在设计中的疏漏致使其过于外露的螺旋桨经常遭受损伤。

俄文舰名	译名	建造船厂	开工日期	下水日期	服役日期	隶属舰队
Лейтенант Бураков	布拉科夫中尉	地中海锻建	1904.10	1905.07.02	1905.12	波罗的海舰队
Меткий	精准	地中海锻建	1905.02	1905.07.07	1906.02	波罗的海舰队
Молодецкий	勇猛	地中海锻建	1905.02	1905.09.28	1906.01	波罗的海舰队
Мощный	力量	地中海锻建	1905.06	1905.10.16	1905.12	波罗的海舰队
Искусный	技巧	地中海锻建	1905.02	1905.07.24	1906.01	波罗的海舰队
Исполнительный	执行	地中海锻建	1905.02	1905.08.12	1906.01	波罗的海舰队
Крепкий	坚硬	地中海锻建	1905.02	1905.09.06	1906.07	波罗的海舰队
Лёгкий	轻巧	地中海锻建	1905.02	1905.10.10	1906.09	波罗的海舰队
Ловкий	机灵	诺曼	1905.06	1905.10.28	1906.04	波罗的海舰队
Летучий	飞扬	诺曼	1905.06	1905.11.29	1906.04	波罗的海舰队
Лихой	剽悍	诺曼	1905.06	1905.12.26	1906.04	波罗的海舰队
基本技术性能						
基本尺寸	舰长 56.5 米，舰宽 6.4 米，吃水 3.51 米					
排水量	正常 400 吨 / 满载 490 吨					
最大航速	26.4 节					
续航能力	1000 海里 / 14 节					
动力配置	三缸式直立往复蒸汽机 2 台 2 轴功率 5700 马力，4 座"诺曼"型锅炉					
最大载煤量	110 吨					
武器配置	1×75 毫米"贾纳"火炮，5×47 毫米"哈奇开斯"速射炮，2×457 毫米鱼雷发射管					
人员编制	62 名舰员 +5 名军官					

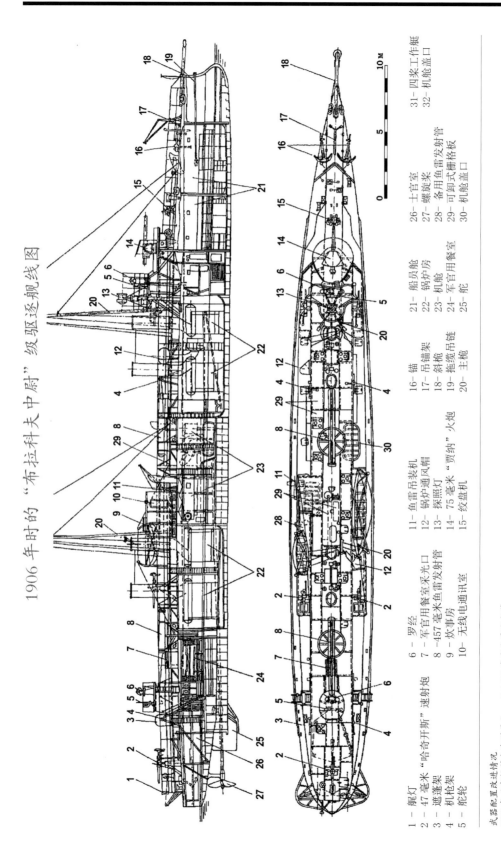

1906 年时的 "布拉科夫中尉" 级驱逐舰线图

1 - 舰灯
2 - 47 毫米 "哈奇开斯" 速射炮
3 - 遮蓬架
4 - 机枪架
5 - 舵轮

6 - 罗经
7 - 军官用餐室采光口
8 - 457 毫米鱼雷发射管
9 - 炊事房
10 - 无线电通讯室

11 - 鱼雷吊装机
12 - 锅炉通风帽
13 - 採照灯
14 - 75 毫米 "贾纳" 火炮
15 - 绞盘机

16 - 锚
17 - 吊锚架
18 - 斜锚柱
19 - 拖缆吊链
20 - 主舵

21 - 船员舱
22 - 锅炉房
23 - 机舱
24 - 军官用餐室
25 - 舵

26 - 士官室
27 - 螺旋桨
28 - 备用鱼雷发射管
29 - 可卸式栅格板
30 - 机舱盖口

31 - 四桨工作艇
32 - 机舱盖口

武器配置改进情况：
1912 年（布拉科夫中尉号）：-2×457 毫米鱼雷发射管
1913 年（除布拉科夫中尉号）：-5×47 毫米 "哈奇开斯" 速射炮；+1×75 毫米 "贾纳" 速射炮，6×7.62 毫米 "马克沁" 机枪，10 颗水雷
1914 年（技巧号）：-2×457 毫米鱼雷发射管

"机械师兹维列夫"级（Инженер-механик Зверев）驱逐舰

远东胶着的战事不得不让俄海军部一次次地寻求外国的帮助；除了法国人之外，俄国人第二次找上德国希肖船厂，希望德国人能够再度为俄海军建造一定数量的驱逐舰。船厂方面的工程人员在看过初步的设计方案之后虽然满口应允，却和法国人提出了类似的观点——由于周期紧张，他们已无法另行设计一型驱逐舰，只能在当年为俄海军设计建造的"鲸鱼"级的基础上加以修改。海军技术委员会通过讨论认为德国人之前设计的"鲸鱼"级并无太大缺陷，遂决定采纳德国人的建议。1904 年 8 月底，希肖船厂按俄海军部的要求最终完成了设计并很快获得了海军技术委员会的批准；11 月 20 日，两方签署建造协议，由希肖船厂再为俄海军建造十艘驱逐舰，最大航速不得低于 27 节；考虑到计划中的两艘将在远东服役，俄方要求德国人派出技术人员前往符拉迪沃斯托克的海军上将造船厂协助完成。合约中起初规定的单艘造价为 75 万卢布，不过后来由于俄国人实在一时拿不出这么多钱，于是双方经协商决定两艘驱逐舰自船体拼接工作完成后即由俄方完成，而单艘造价也由此降低到俄方可以承受的 60.5 万卢布。

建造工作于 1905 年初正式开始，相比原先的"鲸鱼"级，新舰作出的调整十分有限：增大驱逐舰的排水量、调整舰身的长宽尺寸，

同时在原来木质甲板的基础上额外铺设一层 3 毫米厚的钢板，除此之外，德国人优化改进了锅炉换热管和机械传动装置，使之输出功率的有效利用率得以大幅度的提升。在武器配置方面，原来一门 75 毫米"贾纳"火炮得以保留，但五门"哈奇开斯"速射炮被全部拆除并用六门 7.62 毫米机枪加以代替；而 457 毫米鱼雷发射管也代替了原先的 381 毫米发射管。

为保证两艘在远东组装的驱逐舰最先完成，德国人可谓分秒必争：1905 年 6 月 4 日，第一艘驱逐舰组件被分装载上船驶往圣彼得堡，由于欧美各国在日俄战争的问题上宣布中立，为避免不必要的外交麻烦，德国人煞费苦心地对运输船进行了一番改进和伪装；7 月 10 日运送第二艘驱逐舰各组件的德国货船也抵达了圣彼得堡港口。其余的八艘驱逐舰最早于 9 月底开始试航工作，出于日后方便运输的考虑，德国人将剩余的舰船分批送往铁路运输设施更为发达的皮劳港进行试航。此外按之前两方签订的合约，德国人同意如果 1905～1906 年间的海上恶劣天气导致舰只无法出航而交付俄国海军的话，那么德国人可以待到来年春季再行交付，但前提是"一切维护、修理费用自行解决"——这为俄国人最终省下了近 80 万卢布的费用。到 1906 年 4 月，该级驱逐舰的"机械师兹维列夫"

和"机械师迪米特列夫"号才交付波罗的海舰队服役。反倒是最早交给俄国的两艘驱逐舰迟迟没有进展，由于远东战事导致铁路线运输任务紧张，俄国人竟一时排不出一趟运输专列，这事甚至都惊动沙皇尼古拉二世亲自问并指示海军部"趁早将两艘驱逐舰运至符拉迪沃斯托克"。但真正致使运输计划一再搁置的却是对俄国越来越不利的日俄战争局势：由于害怕符拉迪沃斯托克等远东城市会被日军占领，海军部最终决定待战事平缓或结束后再做安排。而等到这两艘驱逐舰最终运抵远东时已是 1906 年 11 月。麻烦事并未就此结束，俄国国内势头正猛的革命让德方以人身安全为由拒绝派人前往远东，迫不得已之下俄国人只能拿着德国人提供的技术参考和建造步骤方案自行完成。直到 1907 年 3 月这两艘命运多舛的驱逐舰才开始试航工作并于年底才交付西伯利亚舰队服役。

出于鼓舞士气的意图，这十艘驱逐舰均以日俄战争中阵亡的海军官兵或是被击沉的俄军驱逐舰加以命名，可惜那些在汪洋大海上的先烈忠魂似乎并没有让他们的后继者变得骁勇异常，战功赫赫；在相对平淡地度过了将近二十年的戎马生涯之后，这些舰船大都以一种平庸的方式退出了俄国海军。

◀ "仔细"号舰部近照，照片摄于 1916 年。

▲ 一战中的"机械师兹维列夫"号，该级军舰是俄国海军唯一一型在一战开始前仍未接受过一次配置改进的驱逐舰。

▲ 试航中的"机械师迪米特列夫"号，舰艏倒舷名十分明显。其舰基本外形结构和"鲸鱼"级极为相似。

"机械师兹维列夫"号

为纪念在日俄战争中阵亡的"有力"号机械工程师瓦西里·兹维列夫（В. В. Зверев）而命名此舰。一战中主要负责巡逻和反潜工作。1915 年 10 月 19 日因在里加湾附近海域搁浅而不得不接受修理工作。1917 年该舰参加了二月革命并在十月革命期间编入红海军波罗的海舰队。1919 年 5 月起转入预备役编制并被调至拉多加湖区舰艇边防支队。1922 年 5 月改装为扫雷舰；1925 年 2 月该舰更名为

"珍宝"号（Жемчужный），同年 7 月为纪念 1918 年在芬兰撤退行动中被俘枪杀的波罗的海舰队早期革命领袖鲍里斯·热姆丘任（Б. А. Жемчужин）而再次更名为"热姆丘任"号。1926 年 5 月再次被降级为通讯舰；11 月起开始被长期封存。1930 年 1 月开始解体并遭除籍。

"机械师迪米特列夫"号

为纪念在日俄战争中阵亡的"惧怕"号机械工程师保尔·迪米特列夫（П. М. Дмитриев）而命名此

舰。一战期间主要负责巡逻和反潜工作。1917 年该舰官兵先后参加了二月革命和十月革命并于 11 月 20 日编入波罗的海舰队。1919 年 8 月转入拉多加湖区舰艇边防支队并在两个月后参加了保卫彼得格勒的军事行动。1922 年 5 月被改装为扫雷舰；1925 年 2 月该舰更名为"罗沙"号为纪念在十月革命中遭处决的革命领袖谢苗·罗沙（С. Г. Рошаль）。1926 年 7 月底被降级为通讯舰；1929 年 11 月开始解体并最终除籍。

▲ 一战开始前的"警惕"号。该舰很不幸地成为了唯一一艘在一战中损失的"机械师迪米特列夫"级驱逐舰。

▲ "感召"号侧面特写。

"警惕"号

为纪念 1904 年被日军击沉的"鲸鱼"级首舰而再次命名。一战期间主要负责巡逻和反潜工作。1917 年该舰官兵先后参加了二月革命和十月革命并于 11 月 20 日编入波罗的海舰队；11 月 27 日在波的尼亚湾附近海域误入水雷阵后触雷沉没。

"战斗"号

为纪念 1904 年被日军击沉的

"鲶鱼"级首舰而再次命名。一战期间主要负责巡逻和反潜工作。1917 年该舰官兵先后参加了二月革命和十月革命并于 11 月 7 日编入波罗的海舰队；1918 年 4 月在赫尔辛基港被德军俘虏，后根据《布列斯特合约》返还给俄国。1918 年 4 月在喀琅施塔得被长期封存；1921 年 4 月被重新编入波罗的海舰队。1924 年 8 月开始解体并于第二年 11 月最终除籍。

"仔细"号

为纪念 1904 年被日军击沉的"鳟鱼"级首舰而再次命名。一战期间主要负责巡逻和反潜工作。1917 年 11 月 7 日该舰被编入波罗的海舰队；1918 年 4 月在喀琅施塔得开始长期封存。1921 年 4 月被重新编入波罗的海舰队，后于 10 月被简单改装为基地扫雷舰。1925 年 2 月开始解体并于 11 月最终除籍。

▲ 经过大修之后重返前线的"战斗"号，照片摄于 1916 年 3 月。请注意艇艏舰桥处已在修理期间增加了防浪舷墙。

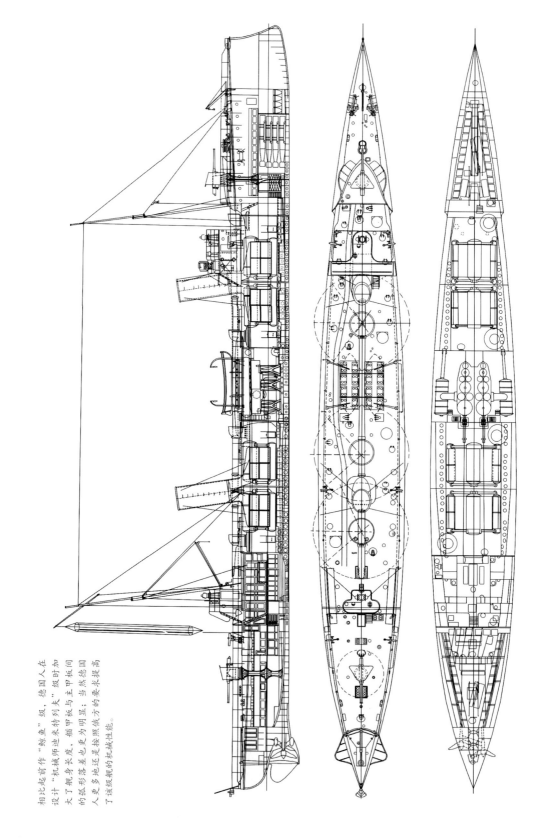

相比起前作"鲸鱼"级，德国人在设计"机械师迪米特列夫"级时加大了舰身长度，舰甲板与主甲板间的弧形落差也更为明显；当然德国人更多地还是按照俄方的要求来提高了该级舰的机械性能。

"感召"号

为纪念 1904 年被日军击沉的"鳟鱼"级同号驱逐舰而再度命名。一战期间主要负责巡逻和反潜工作。1915 年 7 月 9 日在为"留里克"号（Рюрик）巡洋舰提供护航任务时曾成功地撞伤了一艘德军潜艇；1917 年该舰先后参加二月革命和十月革命，后于 11 月 21 日该舰被编入波罗的海舰队；1918 年 4 月从赫尔辛基撤回后就转入封存直至 1919 年 6 月；后被重新编入奥涅加湖区舰队。1921 年 4 月再次被编入波罗的海舰队并被改装为扫雷舰使用。1925 年

2 月以伏退出孟什维克中央委员会并加入布尔什维克党的第十二次联共（布）大会委员亚历山大·马尔蒂诺夫（А. С. Мартынов）更名为"马尔蒂诺夫"号。1928 年 1 月转交给波罗的海海军学校作为训练舰使用；1931 年 7 月再次移交给国防航空化学建设促进会（Осоавиахим）作研究使用；1935 年 1 月被第三次编入波罗的海舰队并在苏芬战争中作为巡逻船使用。1940 年 10 月从海军除籍，不过直到二战结束后的 1949 年才开始解体。

"暴风"号

为纪念 1904 年被日军击沉的"虎鱼"级首舰而再次命名。一战期间主要负责巡逻和反潜工作；值得一提的是，该舰舰长是于 1917 年 2 月成为波罗的海舰队司令的海军中校亚历山大·拉兹沃佐夫（А. В. Развозов）。1917 年 11 月 20 日该舰被编入波罗的海舰队；1918 年 4 月在喀琅施塔得被长期封存；1921 年 4 月被重新编入波罗的海舰队。1925 年 4 月开始解体并于 11 月最终除籍。

▲▼返航途中的"暴风"号，背景是"沙皇保罗一世"号（Император Павел I）战列舰。

▲ "仔细"号侧面特写。

▲ 航行中的"暴风"号（左）与"机械师兹维列夫"号。

▲ 20 年代后期的训练舰"马尔蒂诺夫"号，注意二号烟囱前后的鱼雷发射管和艉部火炮均被拆去，舰舰桥位置也已相应发生变化。

"坚韧"号

为纪念 1904 年被日军击沉的"鳟鱼"级同名驱逐舰而再度命名。一战期间主要负责巡逻和反潜工作。1917 年 11 月 20 日该舰被编入波罗的海舰队；1919 年 6 月被编入拉多加湖区舰艇边防支队。1921 年 10 月被改装为扫雷舰；1925 年 2 月以投诚的雅库特地方将领米哈伊尔·阿尔捷米耶夫（М. К. Артемьев）更名为"阿尔捷米耶夫"号。1926 年 7 月降级为通讯舰；1932 年最终除籍并做为训练舰使用；之后该舰在拆除了部分舰上设备后遗弃于叶卡捷林诺夫卡附近河域。卫国战争期间由于年久失修加之轰炸不断而最终沉没；1953 年该舰被打捞上岸并被最终解体。

"尤拉索夫斯基舰长"号

为纪念在日俄战争中阵亡的"惧怕"号舰长康斯坦丁·尤拉索夫斯基而命名此舰。1917 年 10 月加入北冰洋舰队并负责物资运输工作，后于 11 月 21 日红海军北冰洋舰队。1918 年 3 月该舰在摩尔曼斯克被英国干涉军俘虏并被移交给白匪军使用（实则主要由美国舰员控制）；1920 年 2 月 21 日该舰被红军重新缴回并被编入白海区舰队。1922 年 6 月在阿尔汉格尔斯克开始长期封存。1924 年 6 月最终除籍并开始解体。

"谢尔盖耶夫中尉"号

为纪念在日俄战争中阵亡的"守护"号舰长谢尔盖耶夫而命名该舰。1917 年 10 月加入北冰洋舰队并负责物资运输工作，后于 11 月 21 日红海军北冰洋舰队。1918 年 3 月该舰在摩尔曼斯克被英国干涉军俘虏并被移交给白匪军使用；1920 年 2 月该舰被红军俘虏随后被编入白海区舰队。1922 年 6 月在阿尔汉格尔斯克开始长期封存。1924 年 6 月最终除籍并开始解体。

▲ 返航中的"坚韧"号。

▲ "尤拉索夫斯基舰长"号。考虑到太平洋更为恶劣的气候，海军上将造船厂已在舰艏火炮上安装了简单的防浪护盾。

◀▲ 正在芬兰湾外围执行布雷工作的"尤拉索夫斯基舰长"号，照片摄于 1915 年 11 月。为了防止里加攻势期间的德军可能从海上对俄军发起的攻击，俄国人遂于 1915 年下半年为"机械师兹维列夫"级驱逐舰增加了两座布雷滑轨。

俄文舰名	译名	建造船厂	开工日期	下水日期	服役日期	隶属舰队
Инженер-механик Зверев	机械师兹维列夫	希肖	1905.01.28	1906.04.06	1906.07	波罗的海舰队
Инженер-механик Дмитриев	机械师迪米特列夫	希肖	1905.02.08	1905.11.04	1906.10	波罗的海舰队
Бдительный	警惕	希肖	1905.03.11	1906.03.17	1906.04.08	波罗的海舰队
Боевой	战斗	希肖	1905.03.11	1906.01.09	1906.04	波罗的海舰队
Бурный	暴风	希肖	1905.04.07	1906.02.07	1906.04	波罗的海舰队
Внимательный	仔细	希肖	1905.05.29	1906.02.20	1906.04	波罗的海舰队
Выносливый	坚韧	希肖	1905.08.16	1906.03.31	1906.08	波罗的海舰队
Внушительный	感召	希肖	1905.08.18	1906.03.31	1906.08	波罗的海舰队 / 奥涅加湖区舰队
Капитан Юрасовский	尤拉索夫斯基舰长	希肖 / 海军上将	1905.01.13	1907.03	1907	西伯利亚舰队 / 北冰洋舰队 / 白海区舰队
Лейтенант Сергеев	谢尔盖耶夫中尉	希肖 / 海军上将	1905.01.21	1907.03	1907	西伯利亚舰队 / 北冰洋舰队 / 白海区舰队
基本技术性能						
基本尺寸	舰长 63.6 米，舰宽 7.01 米，吃水 2.71 米					
排水量	正常 450 吨 / 满载 540 吨					
最大航速	27.2 节					
续航能力	960 海里 / 12 节					
动力配置	三缸式直立往复蒸汽机 2 台 2 轴功率 6000 马力，4 座"索尼克罗夫特"型锅炉					
最大载煤量	125 吨					
武器配置	2×75 毫米"贾纳"火炮，6×7.62 毫米"马克沁"机枪，3×457 毫米鱼雷发射管，16 颗水雷					
人员编制	61 名舰员 +5 名军官					

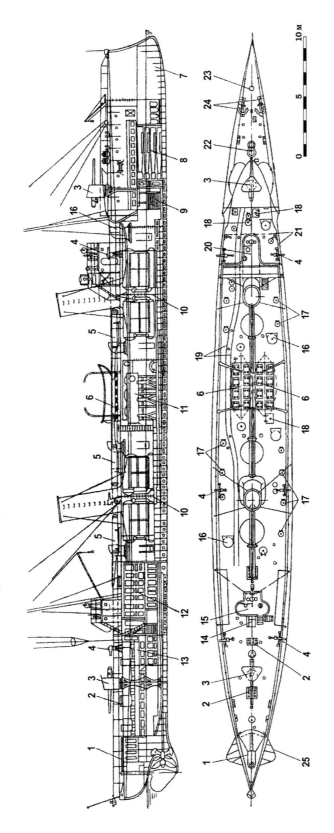

1907 年时的 "机械师兹维列夫" 级驱逐舰线图

10 м

1 – 舵柄
9 – 弹药舱
17 – 填煤口
25 – 螺旋桨防护栅

2 – 采光口
10– 锅炉房
18– 舱口盖

3 – 75毫米 "贾纳" 火炮
11– 机舱
19– 鱼雷导轨

4 – 7.62毫米 "马克沁" 机枪
12– 军官室
20– 艏舰桥

5 – 457毫米鱼雷发射管
13– 士官室
21– 操舵链

6 – 机舱盖口
14– 过渡舱
22– 绞盘机

7 – 艏尖舱
15– 罗经舰桥
23– 吊锚架

8 – 鱼雷储存室
16– 锅炉通风帽
24– 锚

武器配置改进情况
1921 年（孚绸、感召、坚韧号）：-3×457毫米鱼雷发射管；+1座扫雷器
1922 年（机械师兹维列夫、机械师迪米特列夫号）：-3×457毫米鱼雷发射管；+1座扫雷器
1926 年（热爱丘任、罗沙、阿尔捷米耶夫号）：-1座扫雷器

"骠骑"级（Всадник）驱逐舰

在日俄交战前的 1902 年，当隶属德国克虏伯公司的日尔曼尼亚造船厂（Germaniawerft）为俄国海军建造的"阿斯库尔德"号（Аскольд）快速巡洋舰正式投入使用时，谁都不会想到这艘德国人建造的战舰会让当时才能卓越的亚历山大·高尔察克舰长崭露头角，更是凭借其出色的综合性能成为了少数几艘在日俄战争中表现积极的俄军战舰。于是时任海军总参谋长的罗日捷斯特文斯基少将在 1904 年 3 月海军例行会议上希望能以"阿斯库尔德"号为蓝本，再行建造数艘性能相仿但尺寸缩小的驱逐舰以驰援在远东战事中吃紧的第一太平洋舰队。

海军技术委员会于是和日尔曼尼亚造船厂方面取得联系并希望德方亟早提供技术方案。4 月初日耳曼尼亚船厂给出了其整体方案，但海军技术委员会不久就否决了这套方案。在俄国人看来，设计驱逐舰长度过短，排水系统过于简单，续航能力和武器配备也达不到俄国人的理想要求；6 月初船厂方面派人拿着一套完整的方案再次造访圣彼得堡，但由于置若罔闻的德国人对于要求加以修改的地方改动寥寥而依旧遭到俄方的否决。8 月初德国人的第三版修改方案最终完成，然而涉及改动之处仍十分有限，仅增大了载煤室和隔舱的容积载量，加装两套自动排水装置和两艘救生艇，改用六门 57 毫米火炮作为副炮等。但此时德国人的耐心已接近极限，德国人甚至决定退出与俄海军官方的合作，因为此时特别委员会已与日尔曼尼亚船厂独立展开谈判并派出工程师进行方案的技术交底，而他们的要求远比技术委员会来得宽松。考虑到旅顺港已遭日军围攻，远在远东的海军舰队又在黄

俄文舰名	译名	建造船厂	开工日期	下水日期	服役日期	隶属舰队
Всадник	骠骑	日尔曼尼亚	1905.01	1905.09.06	1906.06	波罗的海舰队 / 奥涅加湖区舰队
Гайдамак	哥萨克兵	日尔曼尼亚	1905.01	1905.11.14	1906.06	波罗的海舰队
Амурец	阿穆尔人	日尔曼尼亚 / 机械建造	1905.01	1905.12	1907.06	波罗的海舰队 / 奥涅加湖区舰队
Уссуриец	乌苏里人	日尔曼尼亚 / 机械建造	1905.01	1906.02	1907.05	波罗的海舰队 / 奥涅加湖区舰队
基本技术性能						
基本尺寸	舰长 71.9 米，舰宽 7.41 米，吃水 2.45 米					
排水量	正常 710 吨 / 满载 930 吨					
最大航速	25.6 节					
续航能力	1900 海里 / 14 节					
动力配置	三缸式直立往复蒸汽机 2 台 2 轴功率 6500 马力，4 座"索尼克罗夫特"型锅炉					
最大载煤量	205 吨					
武器配置	2×75 毫米"贾纳"火炮，6×57 毫米"哈奇开斯"速射炮，4×7.62 毫米"马克沁"机枪，3×457 毫米鱼雷发射管，25 颗水雷					
人员编制	91 名舰员 +8 名军官					

▲ 进行最终舾装的"骠骑"号。

海海战中铩羽而归，心急火燎的技术委员会终于决定妥协。

技术委员会原先打算订购两艘，一艘由德国人完成，另一艘则委派赫尔辛基机械建造厂（Maskin & Brobyggnads Aktiebolag）负责最终组装，并由德方派出的技术专家和工作人员协同完成建造。由于技术委员会和特别委员会在建造方案上最终达成一致，且芬兰船厂为俄军建造另一型驱逐舰的方案最终流产，两家委员会遂决定将建造数量翻倍。随后日尔曼尼亚船厂方面与俄国人正式签订合约，由德国船厂为俄国海军建造两艘驱逐舰，单艘耗资 148.7 万卢布，另两艘则由赫尔辛基机械建造公司完成后续组装工作，单艘耗资 74 万卢布；要求

于 1905 年 9 月前全部交付俄海军。

建造工作于 1905 年 1 月正式开始，但由于诸多原材料尚未全部到位，加之设计图纸尚未经技术委员会的最终审批，建造工作很快就被迫停止。直至三个月后设计图纸才在俄国人几经要求的数次修改后宣告完成，建造工作也重新启动。该级驱逐舰舰身内部共分为 12 个隔舱，而机舱和锅炉房的水密舱壁还额外增加一层高密度石棉绒夹层。修改后的驱逐舰干舷被适当增高，舰桥也适当后移以避免被海浪直接击中；同时缩短发动机室和锅炉房之间的距离以减少蒸汽传输管的长度；而原先的鱼雷储存室也被适当前移；此外舱内供热设施和排水系统也重新加以了改进。在武

器选择方面，俄方根据日俄战争的经验坚持要求安装了四挺 7.62 毫米机枪。"阿穆尔人"号和"乌苏里人"号的分节船壳于 1905 年 7 月开始相继交由芬兰船厂进行后续建造，但芬兰爆发的大规模罢工和示威活动导致这两艘舰只直到 1907 年 6 月才最终进入海军服役；而日耳曼尼亚负责建造的"骠骑"号和"哥萨克兵"号最终于 1906 年 6 月进入波罗的海舰队服役。

"骠骑"级驱逐舰在一战中大多负责布雷工作，在日后的俄国内战争中的表现也鲜有亮点，除去"哥萨克兵"号在镇压红山炮台要塞和灰马炮台要塞的反革命武装叛乱中表现抢眼之外，其余三艘的经历可谓乏善可陈。

▲ 集中在"骠骑"号艟部的舰艇官兵，吊艇架已经将工作艇放下。注意左侧的 7.62 毫米机枪。

"骠骑"号

一战期间参加了里加湾和文茨皮尔斯附近地区的布雷任务。1917年10月参与了在蒙松德海峡的攻击行动。1917年该舰官兵参加了二月革命并于十月革命后加入了红海军。1918年4月在赫尔辛基被德军俘虏，后根据两国签署的合约归还俄方。1919年6月参加了夺取红山炮台要塞的攻击行动；7月被编入奥涅加湖区舰队；10月参加了守卫彼得格勒的战役。1922年12月底为纪念病故的海军人民委员伊万·斯拉德科夫（И. Д. Сладков）而更名为"斯拉德科夫"号。1928年7月该舰从海军除籍并于10月开始解体。

▲ 停靠于纳尔瓦河口处的"骠骑"号。一侧的57毫米速射炮很快就被撤去。

▼ 停泊在涅瓦河畔的"骠骑"号，此时改装已经完成，注意舰艇已换成102毫米火炮。

▲ 已更名为"斯拉德科夫"号的原"骠骑"号，舰艇的火炮也已换成了102毫米口径，37毫米速射炮也已增设。

"哥萨克兵"号

一战期间参加了里加湾和文茨皮尔斯附近地区的布雷任务。1917年10月参与了在蒙松德海峡的攻击行动。1917年该舰官兵参加了二月革命并于十月革命后加入了红海军。1919年6月参加了镇压红山炮台要塞与灰马炮台要塞的反革命叛乱；10月参加了守卫彼得格勒的战役。1923年11月该舰开始解体并于1927年4月从海军除籍。

"阿穆尔人"号

一战期间参加了里加湾和文茨皮尔斯附近地区的防御作战和布雷任务。1917年10月参与了在蒙松德海峡的攻击行动。1917年该舰官兵参加了二月革命并于十月革命之后加入了红海军；随后被编入奥涅加湖区舰队。1919年6月底该舰参加了维德利察河的登陆行动。1921年4月重新编入波罗的海舰队；1922年12月底为纪念喊出那句著名的"警卫累了"的水兵安纳托里·热列兹尼亚科夫（А. Г. Железняков）而再次更名为"热列兹尼亚科夫"号。1938年12月由于常年缺少必要维修而从海军除籍并送给国防航空化学建设促进会作为训练研究使用；1947年该舰最终解体。

▲ 改装后的"阿穆尔人"号，一侧的速射炮因性能不住已被移除，原先舰部的无线电通讯室已被去除，艏艇也已改用102毫米火炮。

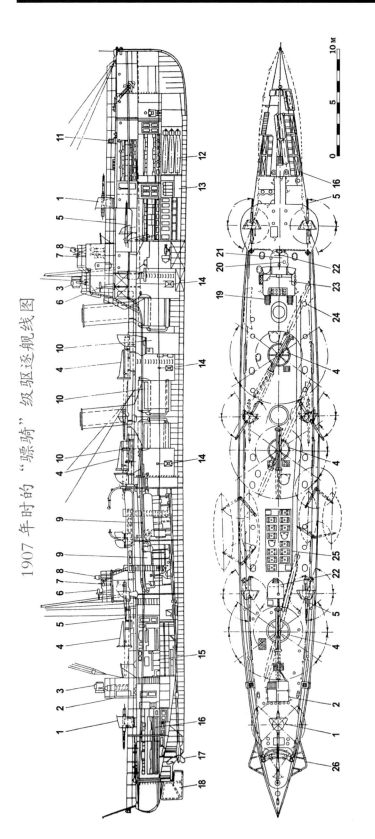

1907 年时的 "骠骑" 级驱逐舰线图

1 – 75 毫米 "贾纳" 火炮　　　　2 – 无线电通讯室　　　　3 – 探照灯　　　　4 – 457 毫米鱼雷发射管　　　　5 – 57 毫米 "哈奇开斯" 速射炮　　　　6 – 7.62 毫米 "马克沁" 机枪
7 – 舵轮　　　　8 – 罗经　　　　9 – 机舱　　　　10 – 锅炉房　　　　11 – 绞盘机　　　　12 – 舵
13 – 弹药舱　　　　14 – 燃煤防水罩　　　　15 – 军官室　　　　16 – 船员舱　　　　17 – 螺旋桨　　　　18 – 舵
19 – 舰桥舰梯　　　　20 – 伴钟　　　　21 – 舰船舰桥　　　　22 – 舵轮室　　　　23 – 炊事房　　　　24 – 填煤口
25 – 机舱盖口　　　　26 – 螺旋桨防护栅

武器配置改进情况
1911 年: −2×75 毫米 "贾纳" 火炮, 6×57 毫米 "哈奇开斯" 速射炮, 2×7.62 毫米 "马克沁" 机枪; +2×102 毫米 "奥布霍夫" 火炮, 1×37 毫米 "哈奇开斯" 速射炮

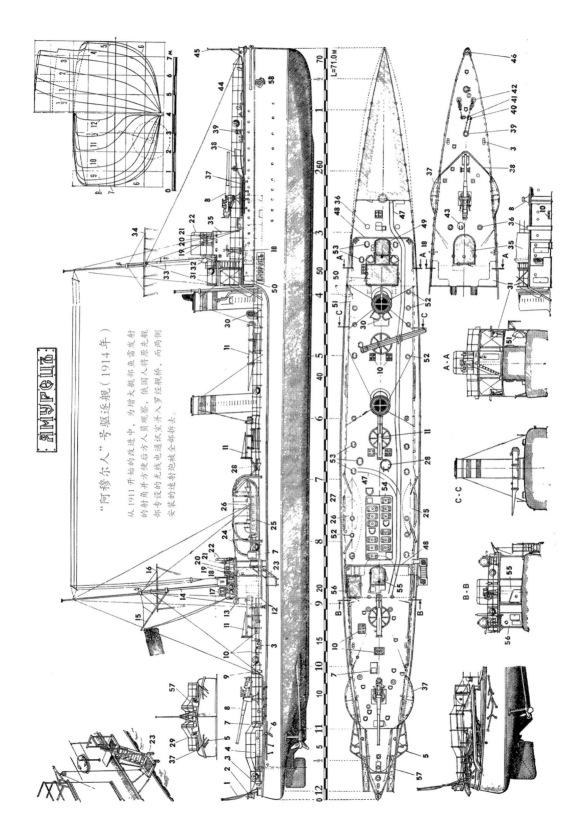

АМУРЕЦ

"阿穆尔人"号驱逐舰（1914年）

从1911年开始的改进中，为增大舰部鱼雷发射的射角并方便后方人员观察，俄国人将原先舰部专设的无线电通讯室全并入罗经舰桥，而两侧安装的速射炮也被全部拆去。

1- 艉旗杆
2- 艉航行灯
3- 系缆柱
4- 舵柄操作台
5- 螺旋桨防护架
6- 挂锚
7- 出入舱口
8- 102毫米"奥布霍夫"火炮
9- 机舱通风机
10- 采光天窗
11- 457毫米鱼雷发射管
12- 艉舰桥
13- 卷缆车
14- 主桅
15- 桅斜旗杆

16- 中桅横桁
17- 750毫米口径探照灯
18- 7.62毫米"马克沁"机枪
19- 舵轮
20- 机舱传令钟
21- 罗经
22- 帆布帷
23- 舷梯
24- 吊艇架
25- 四桨快艇
26- 单人双桨艇
27- 六桨快艇
28- 离心式排风口
29- 栏杆索柱
30- 锅炉通风导流罩

31- 吊床网
32- 海图桌
33- 艏桅
34- 艏桅横桁
35- 指挥室
36- 102毫米火炮升运机
37- 折叠平台
38- 防浪墙
39- 绞盘
40- 锚链舱导缆孔
41- 锚链导缆滚轮
42- 甲板锚链孔
43- 舱口
44- 系船缆
45- 艏旗杆

46- 舷撑条
47- 鱼雷运送轨
48- 操舵链
49- 艏桥舵轮驾驶台
50- 炊事房
51- 科普克型帆布艇
52- 填煤口
53- 椭圆形舱口
54- 机舱采光口及导流板
55- 艉桥舵轮驾驶台
56- 无线电通讯室
57- 艉部布雷斜板
58- 霍尔锚

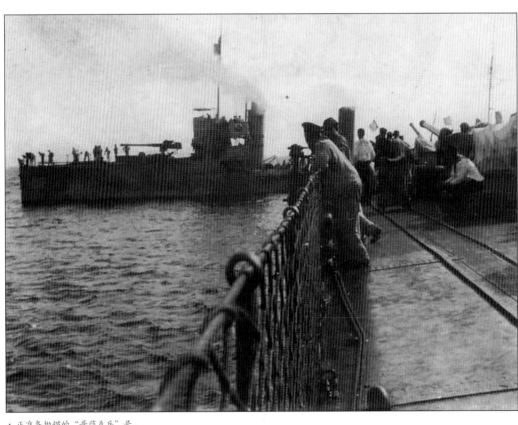

▲ 正准备抛锚的"哥萨克兵"号。

▲ "哥萨克兵"号侧面特写。

"乌苏里人"号

一战期间参加了里加湾和文茨皮尔斯附近地区的防御作战和布雷任务。1917年10月参与了在蒙松德海峡的攻击行动。1917年该舰官兵参加了二月革命和十月革命，随后加入了红海军；之后被编入奥涅加湖区舰队。1919年6月底该舰参加了维德利察河的登陆行动。1921年4月重新编入波罗的海舰队；1922年3月转入训练支队作为训练舰使用；12月底更名为"罗沙"号（Рошаль）。1923年2月在喀琅施塔得开始长期封存。1926年11月开始解体并于1927年4月从海军除籍。

▲ "乌苏里人"号侧面近照，除去舰艏明显换装了102毫米"奥布霍夫"火炮之外，注意原先舰部单独的那座无线电通讯室也已消失。

▼ "乌苏里人"号舰部特写，罗经舰桥两侧的57毫米速射炮已被拆去，注意顶楼两侧安装的探照灯。

"芬兰人"级（Финн）驱逐舰

主管筹款特别委员会的亚历山大大公曾于 1902 年 6 月亲自参加了俄海军"珍珠"号（Жемчуг）巡洋舰的开工仪式并对这艘战舰留下了较深的印象；而这艘巡洋舰就是以德国希肖船厂为俄国人建造的"诺维克"号（Новик）巡洋舰为基础而仿建的。故此当海军筹款特别委员会在成立后不久便筹得一笔数目可观的资金之后，他们随即与希肖船厂取得联系，希望德国人能以之前设计的"鲸鱼"号为原型，参考当时"诺维克"号的部分数据重新设计一级新型驱逐舰。经过希肖船厂随后的设计，新型驱逐舰的载煤量将被增大到 150 吨，排水量也提高到了 570 吨。但速度却比"鲸鱼"号慢了 2 节。机械动力仍旧保留先前的设计，只是将四台锅炉按照前后列布局分别安置于两间锅炉房内。特别委员会对于德国人的设计显得十分满意，于是后续签约工作正式开始。按照双方达成的协议，俄国海军将根据希肖船厂的设计方案建造四艘同型驱逐舰，分别由来自赫尔辛基的桑德维根斯船建公司（Sandvikens Skeppsdocka Och

Mekaniska Verkstads Ab）和圣彼得堡的普季洛夫造船厂（Путиловский Завод）负责完成两艘，由于俄国船厂不具备制造舰只辅助机械设备的能力，特别委员会同意将螺旋桨整体组件、动力机械辅助设备等部分关键组件交由希肖船厂负责完成。

1904 年 6 月"芬兰人"级开始正式建造。相比同属希肖公司设计的"机械师兹维列夫"级驱逐舰，该级驱逐舰显然在外形尺寸上做出了明显变化，舰长相比原型舰加长 8 米，舰宽扩大近 1.3 米，主甲板采用 5 毫米厚的合金钢进行铺设，水密舱壁将全舰内部划分成 11 个隔舱。而在武器配置上"芬兰人"级也做出了重大的改进：舰部安装一门 75 毫米"贾纳"火炮，原先被弃用的"哈奇开斯"速射炮也被重新安置，此外鱼雷发射管的口径也被重新调回至 457 毫米。为方便指挥和操作，该级舰在舰首舰桥和尾驾驶室同时配备驾驶盘、罗盘和无线电设备；而舱内设施更是俄国海军所有驱逐舰中最为考究的：船员舱室的日常起居设用品均用松木或铝合金材料打造，而军官室内的设施更是全套抛光胡

桃木装潢，同时配备沙发、专用水池和衣橱柜等。全舰的排水设备也更为完善，甚至在一些船员室内也装备了小型抽水泵以备不需之用。

"芬兰人"级的前期建造工作相对顺利，至 1905 年 6 月已经全部进入了试航阶段，但由于希肖厂同时开始建造"机械师兹维列夫"级驱逐舰，致使"芬兰人"级驱逐舰的配套组件未能按照计划如期交付俄国船厂，加之俄国内不断的游行罢工和蓄意破坏活动，最终除了"布哈拉汗王"号之外的其余三艘均拖期至 1906 年下半年才陆续进入波罗的海舰队服役。一年后刚服役没多久的"布哈拉亲王"号、"芬兰人"号就因建造过程中的监督不利和偷工减料而被迫重新换装传动设备中的白合金轴承，也让该级驱逐舰的建造质量备受指责。

"芬兰人"级的四艘驱逐舰在日后的实战中可谓毁誉参半："志愿者"号在一战中就早早地触雷沉没，"莫斯科人"号则在俄国内战中被白匪军击沉，倒是剩余的两艘驱逐舰还算争气，"芬兰人"号还因表现突出被授予红旗勋章。

▲ 正在进行分甲板吊装拼焊工作的"布哈拉汗王"号，照片摄于 1904 年 11 月。

▲ 建造中的"莫斯科人"号，照片摄于 1904～1905 年间。

▼ "志愿者"号的舯部特写。

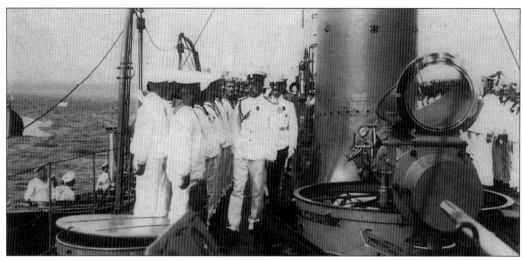

▲ "志愿者"号二号烟囱附近近照。

俄文舰名	译名	建造船厂	开工日期	下水日期	服役日期	隶属舰队
Финн	芬兰人	桑德维根斯	1904.06	1905.04.04	1906.08.17	波罗的海舰队 / 里海 – 亚速海区舰队 伏尔加河 – 里海区舰队 / 里海区舰队
Эмир Бухарский	布哈拉汗王	桑德维根斯	1904.06	1905.01.12	1905.08.14	波罗的海舰队 / 里海 – 亚速海区舰队 伏尔加河 – 里海区舰队 / 里海区舰队
Москвитянин	莫斯科人	普季洛夫	1904.06	1905.05.20	1906.07.03	波罗的海舰队 / 里海 – 亚速海区舰队
Доброволец	志愿者	普季洛夫	1904.06	1905.06.11	1906.07.05	波罗的海舰队
基本技术性能						
基本尺寸	舰长 72.1 米，舰宽 7.16 米，吃水 2.74 米					
排水量	正常 660 吨 / 满载 720 吨					
最大航速	25.5 节					
续航能力	1150 海里 / 11 节					
动力配置	三缸式直立往复蒸汽机 2 台 2 轴功率 6500 马力，4 座 "索尼克罗夫特" 型锅炉					
最大载煤量	150 吨					
武器配置	2×75 毫米 "贾纳" 火炮，6×57 毫米 "哈奇开斯" 速射炮，4×7.62 毫米 "马克沁" 机枪，3×457 毫米鱼雷发射管，20 颗水雷					
人员编制	91 名舰员 +9 名军官					

1910 年经过改装后的 "芬兰人" 级驱逐舰线图

芬兰人" 级的初次改进其
实仅改动了些武器配置，
包括换用 102 毫米 "奥布
霍夫" 火炮，拆除不中用
的 57 毫米 "哈奇开斯"
速射炮等。

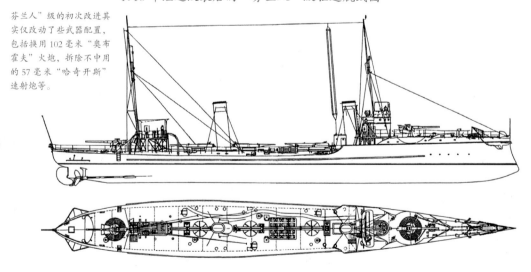

1912年冬停泊在利巴瓦港口内的"莫斯科人"号和"布哈拉汗王"号。

"芬兰人"号

一战期间参加了里加湾和文茨皮尔斯附近地区的防御作战。1917年10月参与了在蒙松德海峡的攻击行动。1917年该舰官兵参加了二月革命并于十月革命后加入红海军。1918年11月被编入里海－亚速海区舰队。1919年2月更名为"卡尔·李卜克内西"号（Карл Либкнехт）以纪念这位德国无产阶级革命领袖；5月5日该舰成功地俘获了白匪军的"列拉"号（Лейла）炮艇；7月底转入伏尔加河－里海区舰队，第二年7月并入黑海舰队。1920年4月24日被中央执行委员会授予荣誉红旗勋章；5月在对安扎里附近海域的作战行动中担任俄海军攻击编队的旗舰。1925年12月从海军除籍后解体。

"布哈拉汗王"号

一战期间参加了里加湾和库尔兰地区的防御作战和巡逻任务。1917年10月参与了在蒙松德海峡的攻击行动。同年该舰官兵参加了二月革命并于十月革命后加入红海军。1918年11月被编入里海－亚速海区舰队。1919年4月更名为"雅科夫·斯维尔德洛夫"号（Яков Свердлов）以纪念这位俄国早期无产阶级领导人；7月底转入伏尔加河－里海区舰队。1919～1920年间参加了察里津附近海域抗击白匪军的行动；7月并入黑海舰队。1923年1月在巴库开始长期封存。1925年12月从海军除籍后解体。

▲ 执行巡逻任务的"芬兰人"号。舰艏已经换成了102毫米火炮，舷侧和艇部的57毫米速射炮也早被拆除。

▲ 正在进行炮击训练的"布哈拉汗王"号，注意先前的57毫米"哈奇开斯"速射炮已被拆去，舰艏处也已经换成了102毫米口径火炮。

▲ 刚进入服役不久的"布哈拉汗王"号，清晰可见探照灯下侧的 7.62 毫米机枪。

"志愿者"号

一战期间参加了里加湾和文茨皮尔斯附近地区的防御作战和布雷任务。1916 年 9 月 3 日在伊尔别海峡南部准备抛锚时不慎触雷，舰体在七分钟内即遭沉没，包括舰长彼得·维列尼乌斯（П. А. Вирениус）中校在内的 71 名舰员丧生。

"莫斯科人"号

1915 年 8—9 月间参加了在伊尔别海峡附近的攻击行动。1917 年 10 月参与了在蒙松德海峡的攻击行动。同年该舰官兵参加了二月革命并于十月革命后加入红海军。1918 年 4 月在从赫尔辛基撤回后即进入封存，后于 11 月被编入里海－亚速海区舰队。1919 年 5 月 21 日在秋布－卡拉干湾附近水域被白匪军击沉。1920 年 1 月 20 日该舰被白匪军打捞上岸，由于时间仓促，该舰在经过简单的修理改装之后就作为浮动炮台继续投入使用；3 月 28 日在白匪军从彼得罗夫斯克撤退的行动中被红军沿岸火炮再次击沉。

▲ 刚进入服役不久的"志愿者"号。

▲ 编队航行中的"莫斯科人"号。

▲ 返回港口的"莫斯科人"号，摄于 1910 年。注意舰桥顶已发生了细微变化，但两侧的 57 毫米速射炮仍旧保留．注意艏舰桥和罗经舰桥顶部两侧的四座 7.62 毫米机枪。

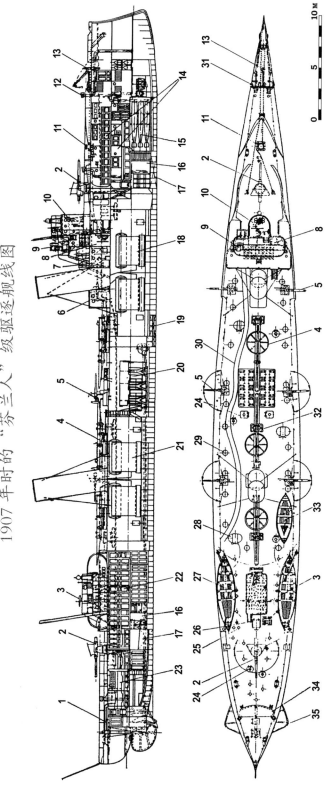

1907 年时的 "芬兰人" 级驱逐舰线图

10 м

5

0

1 - 舵柄　　　　　　　　　　 2 - 75 毫米 "贾纳" 火炮　　　 3 - 7.62 毫米 "马沁" 机枪　　 4 - 457 毫米鱼雷发射管　　　 5 - 57 毫米 "哈奇开斯" 速射炮　 6 - 无线电通讯室
7 - 炊事房　　　　　　　　　 8 - 舵轮室　　　　　　　　　 9 - 探照灯　　　　　　　　　 10 - 船舰桥　　　　　　　　　 11 - 绞盘机　　　　　　　　　 12 - 通风导流口
13 - 吊锚架　　　　　　　　　 14 - 船员舱　　　　　　　　　 15 - 鱼雷储存室　　　　　　　 16 - 弹药舱　　　　　　　　　 17 - 淡水存储舱　　　　　　　 18 - 锅炉房
19 - 给水箱　　　　　　　　　 20 - 机舱　　　　　　　　　　 21 - 鱼雷储存室　　　　　　　 22 - 军官室　　　　　　　　　 23 - 士官室　　　　　　　　　 24 - 舱口盖
25 - 军官室采光口　　　　　　 26 - 过渡舱　　　　　　　　　 27 - 救生船　　　　　　　　　 28 - 锅炉房通风帽　　　　　　 29 - 燃煤通风口　　　　　　　 30 - 鱼雷导轨
31 - 锚　　　　　　　　　　　 32 - 锅炉房房采光口　　　　　 33 - 救生艇　　　　　　　　　 34 - 操舵室　　　　　　　　　 35 - 螺旋桨防护栅

武器配置改进情况
1910 年（布雷达尔王号）：−2×75 毫米 "贾纳" 火炮、6×57 毫米 "哈奇开斯" 速射炮、2×762 毫米 "马克沁" 机枪、2×37 毫米 "奥布霍夫" 火炮、+2×102 毫米 "奥布霍夫" 火炮、1×37 毫米 "哈奇开斯" 速射炮
1911 年（芬兰人、英斯科者号）：−2×75 毫米 "贾纳" 火炮、6×57 毫米 "哈奇开斯" 速射炮、+2×102 毫米 "奥布霍夫" 火炮
速射炮
1920 年（维村夫·斯捷尔德洛夫等号）：−2×37 毫米 "哈奇开斯" 速射炮、3×457 毫米 "马克沁" 机枪、2×762 毫米鱼雷导发射管、+1×40 毫米 "维克斯" 防空炮
1920 年（卡尔·李卜克内西号）：−1×37 毫米 "哈奇开斯" 速射炮、3×457 毫米 "马克沁" 机枪、2×762 毫米鱼雷导发射管；+1×40 毫米 "维克斯" 防空炮

"乌克兰"级（Україна）驱逐舰

当日耳曼船厂和希肖船厂开始相继为俄国海军大量建造战舰之际，德国另一家大型船厂、曾经为清政府建造过"定远"、"镇远"等多艘战舰的伏尔铿公司（AG Vulcan）也于1902年完成了俄海军"勇士"号（Богатырь）巡洋舰的建造工作。1903年7月海军筹款特别委员会为此和伏尔铿公司商讨合作事宜，希望他们以"勇士"号为基础设计一型具备足够火力的驱逐舰。

和海军技术委员会近乎苛刻的技术指标要求相比，亚历山大大公却赋予船厂方面足够的自由，除了希望保证战舰的火力配置不能过于削弱之外，他几乎未给船厂指定任何一项条条框框加以限制。1903年底伏尔铿公司很快就将改进后的方案呈交特别委员会的专家组进行审阅。德国人的整体方案基本得到了俄方的首肯，但俄国人希望在武器数量、部件选材以及载煤量等细节问题上再做适当的修改，同时坚持驱逐舰必须得改用诺曼型燃煤水管锅炉。一个月后德方的最终方案被敲定，谈判工作也据此展开：特别委员会中的不少成员倾向于让该型驱逐舰由建造能力更为成熟的德国人来建造，但亚历山大大公仍希望由俄国内船厂负责完成；最后地理位置靠近西欧，来自里加的朗格家族造船厂（Завод "Ланге И Сын"）成为首选。1904年3月特别委员会和船厂方面签署协议，由这家拉脱维亚船厂建造四艘排水量500吨的新型"乌克兰"级驱逐舰，单艘造价74.8万卢布，要求在1905年1月至4月期间每月初交付一艘；由于俄国内船厂的零部件制造能力仍显不足，特别委员会又与伏尔铿船厂完成协议，由德国人负责完成驱逐舰中的起重机、螺旋桨整体组件、全套动力机械装置以及各个辅助机械设备的制造并派出专家和技术人员前往里加负责指导和监督建造工作；为此特别委员会又为伏尔铿公司交付了共计200万卢布的费用。8月初筹款特别委员会再次筹措到大笔资金，于是决定在原先的合同上再增订四艘驱逐舰。

"乌克兰"级驱逐舰最大程度地保留了"勇士"号巡洋舰的布局特点，但相比同属德国人设计的"骠骑"级，该级舰在舰桥上安装了两盏探照灯，舱内通风设备也更加完善，供热设施可以保证舱内35度的最高温度。在武器配置上，"乌克兰"级与"骠骑"级基本一致，但前者仅装备单、双联装381毫米鱼雷发射管各一具。但在后续试航中发现最大巡航速度未能达到最低25节的要求且舰身存在纵向振动的情况；德国人为此不得不牺牲载煤室、储水室等辅助舱房的容积。而135吨的载煤量也让续航能力成了该型的最大缺陷，即使在最为经济的12节航速下也仅能保证1100海里的航程。尽管该型首舰"乌克兰"号直至1905年5月才进入波罗的海舰队，但因伏尔铿公司后续提出的改进方案，剩余的五艘直到1906年5月才得以交付使用。由于船厂建造设备相对陈旧，建造材料经常发生脱期，加之持续不断的游行罢工，该级驱逐舰的质量问题其实从建造伊始就屡受各方面的质疑与指责。

除在一战中被德军潜艇击沉的"喀山人"号之外，其余的七艘多数参加了俄国内战，其中"乌克兰"号、"军队"号和"土库曼人"号在连科兰地区的清剿反革命武装行动表现突出，其服役时间更是长达50余年之久。然而有限的续航距离以及不臻完美的适航能力也使得"乌克兰"级驱逐舰多在近海处游弋，实是难堪举鼎之任。

▲ 已接近建造完成的两艘"乌克兰"级驱逐舰。

▲ 下水试航前的"乌克兰"号。

俄文舰名	译名	建造船厂	开工日期	下水日期	服役日期	隶属舰队
Украйна	乌克兰	朗格家族	1904.04	1904.10.04	1905.05.18	波罗的海舰队 / 里海区舰队
Войсковой	军队	朗格家族	1904.04	1904.11.26	1905.06.18	波罗的海舰队 / 里海区舰队
Казанец	喀山人	朗格家族	1904.04	1905.05.11	1906.05.16	波罗的海舰队
Стерегущий	守护	朗格家族	1904.09	1905.07.04	1906.05.17	波罗的海舰队
Страшный	惧怕	朗格家族	1904.09	1906.01.05	1906.05.22	波罗的海舰队
Туркменец	土库曼人	朗格家族	1904.09	1905.02.18	1905.07.10	波罗的海舰队 / 伏尔加区舰队 伏尔加河 - 里海区舰队 / 里海区舰队
Донской Казак	顿河哥萨克人	朗格家族	1905.11	1906.03.10	1906.07.20	波罗的海舰队
Забайкалец	外贝加尔人	朗格家族	1905.11	1906.04.27	1906.08.02	波罗的海舰队

基本技术性能	
基本尺寸	舰长 73.2 米，舰宽 7.24 米，吃水 3.35 米
排水量	正常 730 吨 / 满载 880 吨
最大航速	26.4 节
续航能力	1100 海里 / 12 节
动力配置	三缸式直立往复蒸汽机 2 台 2 轴功率 7000 马力，4 座"诺曼"型锅炉
最大载煤量	135 吨
武器配置	2×75 毫米"贾纳"火炮，4×57 毫米"哈奇开斯"速射炮，2×7.62 毫米"马克沁"机枪（喀山人、守护、惧怕号为 4 挺），2×457 毫米鱼雷发射管（乌克兰、军队、土库曼人号为单，双联 381 毫米鱼雷发射管各一座），16 颗水雷（除乌克兰、军队、土库曼人号）
人员编制	90 名舰员 +10 名军官

▲▼早期的"乌克兰"级驱逐舰艏部特写，注意两侧的 57 毫米速射炮依旧保留。

"乌克兰"级关键肋位剖视图

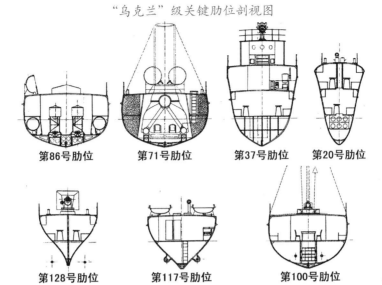

第86号肋位　　　第71号肋位　　　第37号肋位　　　第20号肋位

第128号肋位　　　第117号肋位　　　第100号肋位

▲▼ "顿河哥萨克人"号艉部鱼雷发射管特写。注意两侧57毫米速射炮因效果不佳已被拆除，原先两侧的吊艇架也被移除。

1910 年改进后的"乌克兰"级驱逐舰线图

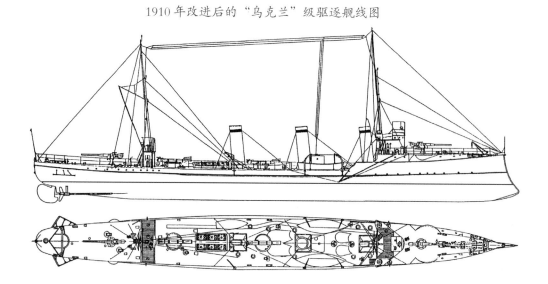

"乌克兰"号

1909 年 3 月 29 日被授予近卫舰艇称号。一战期间主要负责里加湾的布雷和反潜工作，1915 年参加了库尔兰地区的防御战；1917 年 10 月又参与了在蒙松德海峡的攻击行动。1917 年该舰官兵参加了二月革命并于十月革命后加入了红海军。1920 年 6 月更名为"卡尔·马克思"号（Карл Маркс）；7 月被编入里海区舰队，12 月参加了清剿连科兰地区反革命武装的行动。1922 年 12 月再次易名"马尔金"号以纪念在国内战争中殉职的伏尔加河区舰队政委尼古拉·马尔金（Н. Г. Маркин）；1923 年 3 月重新命名为"乌克兰"号；1924 年 2 月第三次更名为"巴库工人"号（Бакинский Рабочий）。1926 年 8 月经过改装后被重新划为炮舰。二战期间主要在里海地区负责运输工作。1949 年 7 月从海军除籍并被巴库市全苏支援海军志愿协会（ДОСФЛОТ）收编作为训练舰使用。1961 年 7 月作为靶舰被击沉在巴库附近海域；1964 年 8 月打捞上岸并最终解体。

"军队"号

一战期间主要负责护航和反潜工作，同时在里加湾东南部海域负责布雷任务；1915 年参加了库尔兰地区的防御战；1917 年 10 月又参与了在蒙松德海峡的攻击行动。1917 年该舰官兵参加了二月革命并在十月革命后加入红海军；1918 年 4 月自赫尔辛基撤回喀琅施塔得后随即进入封存。1920 年 6 月更名为"弗里德里希·恩格斯"号（Фридрих Энгельс）；1920 年 7 月被编入里海区舰队，12 月参加了清剿连科兰地区反革命武装的行动。1923 年 3 月再次易名"马尔金"号。1926 年 8 月经过改装后被重新划为炮艇。二战期间主要在里海地区负责运输工作。1949 年 7 月从海军除籍并被斯大林格勒市全苏支援海军志愿协会收编作为训练舰使用。1958 年 6 月底最终解体。

"喀山人"号

一战期间主要负责布雷和反潜工作，1915 年参加了库尔兰地区的防御战和在伊尔别海峡附近的攻击行动。1916 年 10 月 28 日在护送"哈巴罗夫斯克"号（Хабаровск）运输舰前往雷瓦尔的途中在沃尔姆西岛附近海域被德海军上尉卡尔·维斯珀（Karl Vesper）指挥的 UC-27 号潜艇所发射的鱼雷击沉，该舰官兵后多数被"乌克兰"号救起。

"守护"号

一战期间主要负责里加湾的布雷和反潜工作，1915 年参加了库尔兰地区的防御战；1917 年 10 月又参与了在蒙松德海峡的攻击行动。1917 年该舰官兵参加了二月革命并于十月革命之后加入了红海军。1924 年该舰遭解体；1925 年 11 月从海军除籍。

"惧怕"号

一战期间主要负责里加湾的布雷和反潜工作，1915 年参加了库尔兰地区的防御战；1917 年 10 月又参与了在蒙松德海峡的攻击行动。1917 年该舰官兵参加了二月革命并在十月革命后加入了红海军。1924 年该舰遭解体；1925 年 11 月从海军除籍。

▲ "乌克兰"号近照，舰艏火炮已被防水油布罩住，但从炮管长度推测此时俄军已经换上了102毫米"奥布霍夫"型火炮。

▲ "军队"号，注意救生船的位置和舰桥两侧十分明显的探照灯。

▲ 一战刚开始的"守护"号。该舰和"惧怕"号一样都沿用"猎鹰"级两艘被击沉的驱逐舰名字，但这两艘舰的战绩却并无多少出彩的地方。

▲ 雷瓦尔港口外的"喀山人"号，照片摄于 1912 年。艏部火炮已换成 102 毫米火炮，一侧的 57 毫米速射炮也被撤去。

▼ 改进后的"惧怕"号，一侧的 57 毫米速射炮已被拆除，但舰桥一侧清晰可见新增的 7.62 毫米机枪。

"顿河哥萨克人"号

一战期间主要负责里加湾的布雷和反潜工作，1915年参加了库尔兰地区的防御战；1917年10月又参与了在蒙松德海峡的攻击行动。1917年该舰官兵参加了二月革命并于十月革命后加入了红海军。1924年该舰遭解体；1925年11月从海军除籍。

"土库曼人"号

1908年10月更名为"斯塔伏罗波尔土库曼人"号（Туркменец-Ставропольский）。一战中主要提供护航和反潜工作，并在里加湾东南部海域负责布雷任务；1915年参加了库尔兰地区的防御战；1917年10月又参与了在蒙松德海峡的攻击行动。1917年该舰官兵参加二月革命并于十月革命后加入红海军。1918年11月加入伏尔加河区舰队；1919年7月转入伏尔加河－里海区舰队；1920年7月被编入里海区舰队，7～9月间参加了清剿连科兰地区反革命武装的行动。1920年6月为纪念波斯吉朗苏维埃共和国领袖库切克汗（میرزا کوچک خان）而更名为"库切克汗"号（Мирза Кучук）；由于这个苏维埃政权很快就被反对派推翻，为避讳不利该舰重新改称"斯塔伏罗波尔土库曼人"号。1922年12月再次更名为"阿尔特法特"号以纪念因心脏病过世的苏联第一任海军司令瓦西里·阿尔特法特（В. М. Альтфатер）。1926年

8月经过改装后被重新划为炮舰。二战中该舰主要在里海地区负责运输工作。1945年5月再次易名为"苏维埃达吉斯坦"号（Советский Дагестан）。1949年7月从海军除籍并被阿斯特拉罕市全苏支援海军志愿协会收编为训练舰使用；1962年7月最终解体。

"外贝加尔人"号

一战期间主要负责里加湾的布雷和反潜工作，1915年参加了库尔兰地区的防御战；1917年10月又参与了在蒙松德海峡的攻击行动。1917年该舰官兵参加了二月革命并在十月革命之后加入了红海军。1923年该舰遭解体；1925年11月从海军除籍。

▲ 刚服役后的"外贝加尔人"号，船艉可见尚未换装的75号毫米火炮。

▲ 刚完成更名工作后的"斯塔伏罗波尔土库曼人"号，照片摄于1908年底。注意艇部尚未经过任何变化。

第一次改装后的"斯塔佛波依罗素主席曼人"号，主炮已全部换为102毫米口径。注意舰桥两侧的两挺7.62毫米口径机枪。该舰在整个服役期间曾先后五次更名，很有可能这是整个俄海军舰只中更名次数最为频繁的一艘了。

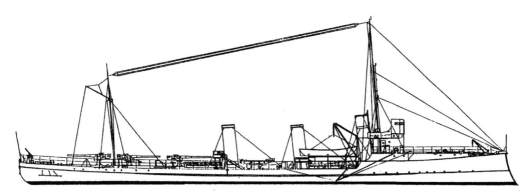

▲ 1916 年经过第二次改装后的"斯塔伏罗波尔土库曼人"号，在实战中该舰官兵反映重心偏向在舰艏附近，于是俄国人有些矫枉过正地将三门 102 毫米火炮全部安装至艉部，同时增加的 40 毫米防空炮也被设置在艉部。

▲ 改进前的"顿河哥萨克人"号。

▼ "顿河哥萨克人"号，此时的改装工作已经完成，最为明显之处在于原先艉部的两艘救生艇已被移至二号烟囱附近。

1906年时的"乌克兰"级驱逐舰线图

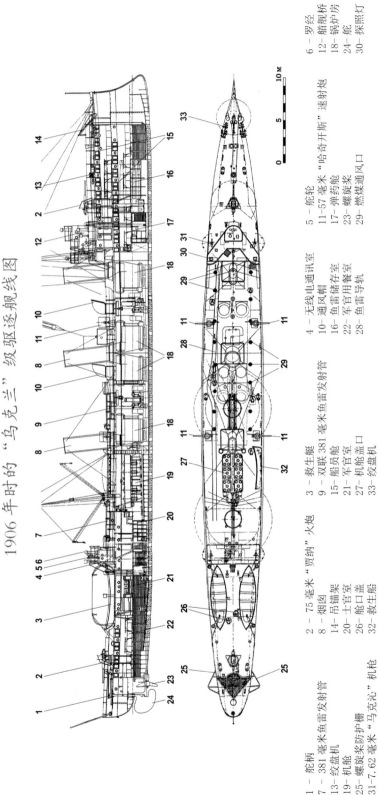

1 - 舵柄
2 - 75毫米 "贾纳" 火炮
3 - 救生艇
4 - 无线电通讯室
5 - 舵轮
6 - 罗经
7 - 381毫米鱼雷发射管
8 - 烟囱
9 - 双联381毫米鱼雷发射管
10- 通风帽
11- 57毫米 "哈奇开斯" 速射炮
12- 舰桥
13- 绞盘机
14- 吊锚架
15- 船贝舱
16- 鱼雷储存室
17- 弹药舱
18- 锅炉房
19- 机舱
20- 士官室
21- 军官室
22- 军官用餐室
23- 螺旋桨
24- 舵
25- 螺旋桨防护栅
26- 舱口盖
27- 机舱盖口
28- 鱼雷导轨
29- 燃煤通风口
30- 探照灯
31- 7.62毫米 "马克沁" 机枪
32- 救生船
33- 鱼雷导轨

武器配置改进情况：

1910年（乌克兰，军队，斯塔伏罗什尔库曼人号）：-2×75毫米"马克沁"机枪，2×457毫米鱼雷发射管，25颗水雷
1910年（零山人，守护号）：-2×75毫米"贾纳"火炮，4×57毫米"哈奇开斯"速射炮；+2×102毫米"奥布霍夫"火炮，1×37毫米"哈奇开斯"速射炮
1910年（狼沟号）：-2×75毫米"贾纳"火炮，4×57毫米"哈奇开斯"速射炮；+2×102毫米"奥布霍夫"火炮
1910年（顿河哥萨克人，外贝加尔人号）：-2×75毫米"贾纳"火炮；+1×102毫米"奥布霍夫"火炮，2×7.62毫米"马克沁"机枪
1916年（乌克兰，军队，斯塔伏罗什尔库曼人号）：-2×7.62毫米"马克沁"机枪，1×37毫米"哈奇开斯"速射炮
1916年（外贝加尔人号）：-2×7.62毫米"马克沁"机枪，1×40毫米"维克斯"防空炮
1916年（狼沟号）：-2×7.62毫米"马克沁"机枪；+1×102毫米"奥布霍夫"火炮，1×37毫米"哈奇开斯"速射炮
1927年（马克沁，阿尔特法特号）：-1×40毫米"维克斯"防空炮，2×457毫米鱼雷发射管；+1×76.2毫米8K防空炮，1×7.62毫米"马克沁"机枪
1932年（巴库工人号）：-1×40毫米"维克斯"防空炮；+1×76.2毫米8K防空炮，1×7.62毫米"马克沁"机枪
1942年（马尔金，巴甫洛夫特号）：-1×76.2毫米21K防空炮，1×7.62毫米机枪；+2×45毫米21K防空炮，2×37毫米70K防空炮，4×12.7毫米DShK防空机枪

特别介绍

二战中的"乌克兰"级炮舰（驱逐舰）

作为对抗高加索地区反革命力量的生力军，"乌克兰"级中的三艘驱逐舰"卡尔·马克思"号、"弗里德里希·恩格斯"号与"库切克汗"号于1920年7月从内陆水道抵达阿斯特拉罕并加入了重新组建的红海军里海区舰队。清剿行动结束之后，这三艘驱逐舰于1926年8月开始各自接受大修和改装工作并同时被舰队方面划归为炮舰使用。考虑到当时里海对面的波斯与苏联的外交关系也大体较好（尽管在捕鱼归属权上偶有冲突），苏联人于是拆除了舰上的鱼雷发射管，仅仅替换了一门新型的76.2毫米8K防空炮；这一改进一直沿用到苏联战争爆发也未曾改变，尽管苏联与伊朗的外交关系从1935年之后已经出现了明显的转变。

这三艘"半路出家"的炮舰尽管依旧拥有远海作战的能力，但在当时却显得很是格格不入：苏联人其实在二战爆发之前建造了大量的适应内陆航道和湖泊水域作战的炮艇和炮舰，尽管这套建设思路并不算不对，但当敌人真正出现在他们面前的时候，他们才发现一点，那就是苏联海军中基本没有适合于远海作战的炮舰，这就意味着他们即便有这个机会，也已经无法从海上组织起第一道防线。但对于这三艘炮舰来说，他们所处的环境至少比苏联西部和南部要好得多，也就为他们创造了充裕的改进时间。于是从1941年9月开始，苏联人借鉴当年"斯塔夫罗波尔土库曼人"号的改进方案，对这三艘同型驱逐舰进行了长达半年之久的改进；他们将舰艉部分设备全部拆除，并在艉部安装了三门102毫米火炮和一座70K防空炮。这三艘炮舰至1942年4月重新交付舰队使用，亦有很多俄文资料将其称为"巴库工人"级炮舰。

不过尽管希特勒觊觎里海地区已有许久，但德军攻势却始终无法逼近阿斯特拉罕外围地区；除驱击了几架前来侦察的德军飞机之外，这三艘炮舰更多地承担了武装护送和物资运输的工作。至二战结束之时，这三艘炮舰共为前线部队提供了超过7000吨各类作战物资，同时成功完成了近100次护航工作。由于年事已高，加之建造伊始就存在的质量缺陷，这三艘炮舰于1949年7月就从舰队除籍，随后就移交给全苏支援海军志愿协会作为训练舰发挥余热。

▲ 卫国战争结束后的"巴库工人"号。

▼ 改进后的"巴库工人"级炮舰。

"巴库工人"级炮舰（1943年）	
基本尺寸	舰长73.2米，舰宽7.23米，吃水3.6米
排水量	标准624吨 / 满载760吨
最大航速	19节
续航能力	1300海里 / 12节
武器配置	3×102毫米"奥布霍夫"火炮，2×45毫米21K防空炮，2×37毫米70K防空炮，2×12.7毫米ДК防空机枪，2×12.7毫米双联"勃朗宁"防空机枪，1×Б-1深水炸弹投放器，1×M-1深水炸弹投放器
导航设备	2×127毫米磁罗经，1×"弧度-К"无线测向仪，1×ГО-3测程仪，1×ЭЛ测深仪
人员编制	101名舰员 +9名军官

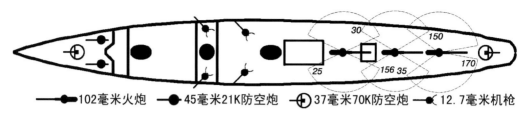

▲ 舰上火力配置。

▲ 在里海水域执行护送工作的"苏维埃达吉斯坦"号。

▼ "苏维埃达吉斯坦"号艉部特写。

"猎手"级（Охотник）驱逐舰

由于"乌克兰"级驱逐舰糟糕的适航性能和屡遭诟病的续航能力，由特别委员会下令建造的这批驱逐舰开始纷纷受到海军部不少人士的质疑。亚历山大大公当然不乐意自己招揽的活儿被人家横挑鼻子竖挑眼，更何况正与海军技术委员会明争暗斗的他们不想因这件事被对手牢牢地抓住话柄。通过反复论证，来自圣彼得堡军舰修造厂的工程师斯克沃尔佐夫（Д. В. Скворцов）认为"乌克兰"级过大的长宽比（10.1∶1）必须得减小，同时至少要将排水量要求提高至615吨以上。于是亚历山大大公要求伏尔铿公司根据要求尽快提供一份改进方案，并一再要求驱逐舰必须保证速度、结构强度和适航能力。

虽然尼古拉二世随后诏令特别委员会统一下辖至海军部管理，但两个对立的委员会似乎还是心存隔阂：一方面保守的亚历山大大公不太乐意海军部的人插手自己的工作，另一方面海军部碍于大公与沙皇之间特殊的姻亲关系也不太希望过多地招惹这位皇室子嗣，他们更多地只是恭维地提供了有关舰载武器的配置方案。根据德国人的改进方案，该级驱逐舰的最大航速仍旧保持25节，但载煤量却大大提高，而四台锅炉也被设计安装在独立的锅炉房内，功率也提升至7300马力。但在武器选择上，两家委员会似乎都不太乐意听取那些参加过日俄战争的海军军官的意见，依旧选择保留与"乌克兰"级几乎相同的配置。1905年1月特别委员选定桑德维格斯船建公司和科莱顿船厂分别为俄海军建造两艘驱逐舰，在三方签署的协议中要求全部四艘驱逐舰必须在1906年5月前进入波罗的海舰队服役。与建造"乌克兰"级的方式一样，德国公司此次仍旧负责各辅助机械设备的制造并派专员负责指导工作，但鱼雷发射管的制造此次则交由维堡机械制造厂（Выборгский Машиностроительный Завод）负责完成。

1905年3月"猎手"级驱逐舰正式开工建造。与"乌克兰"级不同的是，该级驱逐舰对于动力机舱进行了重新调整，载煤量也提高到了215吨；此外"猎手"级仅保留两根烟囱并适当增加一号烟囱与舰桥间的距离，而原先被布置于艉部的无线电通讯室也被位移至一号烟囱前。在辅助动力设备上，"猎手"级上的所有传输盘管均作表面镀锡处理，又额外配置了一座蒸发器和冷凝器以最大限度地保证能量的传输。在外形上该舰也有意地将舰艏、舰艉提高而降低舯部的干舷甲板高度，同时按照要求适当地扩大了舰船的宽度。在武器配置上，"猎手"级驱逐舰与"骠骑"级和"乌克兰"级基本一致，仅换装三门单联装457毫米鱼雷发射管。两家委员会曾经考虑过是否对该级舰改用涡轮发动机以提高航速，但由于亚历山大大公已在原设计图纸上签字落款，这一设想最终并未实施。该级舰于1906年1月前全部进入试航工作，不过由于国内罢工的影响，断断续续的试航工作直到3月才最终全部完成；直到同年6月该级驱逐舰的第一艘"康特拉琴科将军"号才开始交付波罗的海舰队服役。

作为以特别委员会名义下令建造驱逐舰的收官之作，"猎手"级驱逐舰从设计考虑上的确细致入微，但这并未给该型舰带来多少值得夸夸其谈的功绩。除了"西伯利亚射手"号勉强使用到50年代之外，剩余的三艘不是在一战中触雷沉没，就是在经历了内战浩劫之后无奈地从海军退役。

◀ 停靠在哥本哈根港的"康特拉琴科将军"号，图片中显示照片拍摄日期为1912年9月13日。

▲ "猎手"级驱逐舰舯部及艉部特写。

▼ 正在"边防战士"号视察战事的波罗的海舰队司令冯·埃森海军上将（中）。

俄文舰名	译名	建造船厂	开工日期	下水日期	服役日期	隶属舰队
Охотник	猎手	科莱顿	1905.03	1906.01	1906.08.14	波罗的海舰队
Генерал Кондратенко	康特拉琴科将军	桑德维根斯	1905.03	1905.08.31	1906.06.07	波罗的海舰队
Сибирский Стрелок	西伯利亚射手	桑德维根斯	1905.03	1905.09.19	1906.07.03	波罗的海舰队 / 拉多加湖区舰队
Пограничник	边防战士	科莱顿	1905.03	1906.01	1906.07.19	波罗的海舰队
基本技术性能						
基本尺寸	舰长 75.2 米，舰宽 8.2 米，吃水 2.44 米					
排水量	正常 750 吨 / 满载 840 吨					
最大航速	25.5 节					
续航能力	2200 海里 / 12 节					
动力配置	三缸式直立往复蒸汽机 2 台 2 轴功率 7300 马力，4 座"诺曼"型锅炉					
最大载煤量	215 吨					
武器配置	2×75 毫米"贾纳"火炮，6×57 毫米"哈奇开斯"速射炮，4×7.62 毫米"马克沁"机枪，3×457 毫米鱼雷发射管					
人员编制	95 名舰员 +9 名军官					

▲ 第一次改装前的"猎手"号，舰舶的 75 毫米火炮和舷侧的 57 毫米速射炮均未拆除。

"猎手"号

1915 年参加了在伊尔别海峡附近的攻击行动；随后参与了在蒙松德海峡的攻击行动。1917 年 9 月 29 日在伊尔别海峡执行巡逻任务时不慎触雷而被严重炸毁，后被德军战机发现并将其击沉。

"边防战士"号

一战期间主要在芬兰湾和波的尼亚湾负责扫雷和护航工作。1917 年 10 月参与了在蒙松德海峡的攻击行动。1917 年该舰官兵参加了二月革命并于十月革命之后加入了红海军。1918 年 4 月在喀琅施塔得开始长期封存。1924 年 9 月开始解体并于 1925 年 11 月从海军除籍。

"康特拉琴科将军"号

为纪念在日俄战争中殉职的罗曼·康特拉琴科海军中将（Р. И. Кондратенко）而命名此舰。一战期间主要在芬兰湾和波的尼亚湾负责扫雷和反潜工作。1915 年参加了在伊尔别海峡附近的攻击行动；随后参与了在蒙松德海峡的攻击行动。1917 年该舰官兵参加了二月革命并于十月革命之后加入了红海军。1918 年 4 月在喀琅施塔得开始长期封存。1924 年 9 月开始解体并于 1925 年 11 月从海军除籍。

▲ "边防战士"号驱逐舰

▲ 全速航行中的"边防战士"号，注意舰艏火炮已经更换。

▲ "康特拉琴科将军"号近照。注意艉部舰桥上新增的"哈奇开斯"速射炮

▲ 改进后的"康特拉琴科将军"号。注意一侧的 57 毫米速射炮已被悉数撤去。

"西伯利亚射手"号

一战期间主要在芬兰湾和波的尼亚湾负责扫雷和反潜工作。1915 年参加了在伊尔别海峡附近的攻击行动；随后参与了在蒙松德海峡的攻击行动。1917 年该舰官兵参加了二月革命并于十月革命之后加入了红海军。1921 年 4 月被重新编入波罗的海舰队，

1926 年 12 月更名为"设计者"号（Конструктор）；1925 年 和 1930 年期间两次接受重大修理；后于 1939 年 12 月参加了苏芬战争。二战期间被编入拉多加湖区舰队并主要在拉多加湖上负责运送物资的任务；1941 年 11 月在奥斯诺夫察附近水域被德军轰炸机炸沉，后被苏军打捞上岸；

1943 年 4 月在经过修理和改装后作为炮舰继续使用。1944 年 6 月在图洛克萨地区的两栖登陆行动负责运送兵员并提供火力支援。1945 年 1 月该舰被降级为拖引船；1956 年 5 月被改装成浮动供暖船（编号 OT-29）。1957 年 6 月除籍并最终解体。

▲ "西伯利亚射手"号侧后方特写。依稀可见一侧的 57 毫米速射炮并未拆除。

正在进行水雷补充准备工作的"西伯利亚射手"号。

▲ "西伯利亚射手"号。

　　"设计者"号在短暂地参与了苏芬战争之后于 1939 年 12 月 31 日临时借调成为苏联鱼雷－水雷科研所的试验船只，但在卫国战争爆发后，该舰于 1941 年 8 月 1 日被重新编入拉多加湖区舰队并划归为护卫舰。在此后的一个多月时间里，该舰参与了列宁格勒地区的人员和物资运送工作；在 10 月 7 日的一次运输任务中被德军轰炸机炸伤，但因战事紧急而并未进行全面的修理。11 月 4 日，该舰再次遭到德机重创，一颗炸弹将舰舯直接炸毁，31 名舰员和至少 120 名随舰士兵在空袭中丧生，而该舰随后也坐沉于奥斯诺夫察附近水域。苏联人随后将其打捞上岸并开始了漫长的修理工作，直至 1943 年 4 月 13 日该舰才被重新编入舰队服役。由于没有时间重新建造，"设计者"号被截去一段的舰舯部就显得极不协调。该舰在改进过程中重新配置了舰载武器，因此也被舰队重新作为炮舰使用，不过在接下来的日子里，这艘炮舰依旧从事单一的运输工作直至二战结束。

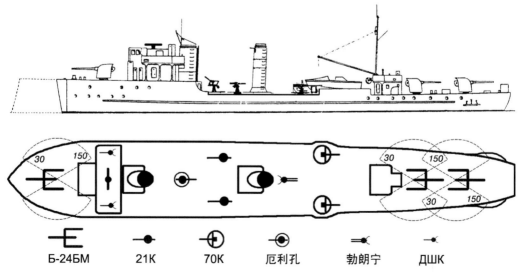

Б-24БМ　　　21К　　　70К　　　厄利孔　　　勃朗宁　　　ДШК

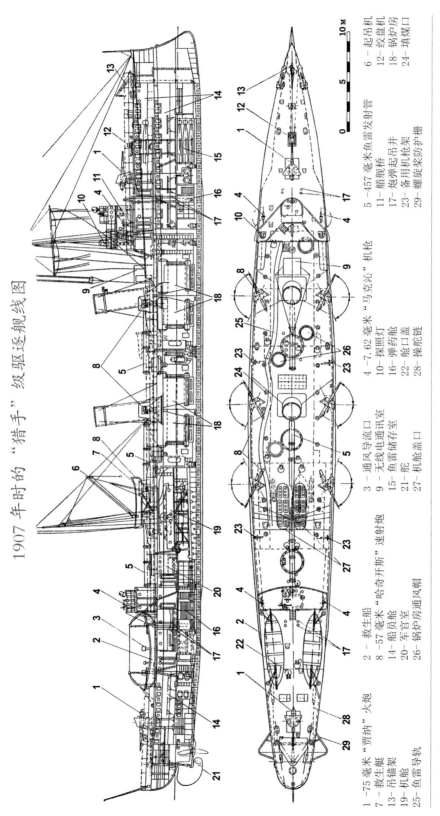

1907 年时的 "猎手" 级驱逐舰线图

1 - 75 毫米 "贾纳" 火炮
2 - 救生艇
3 - 通风导流口
4 - 7.62 毫米 "马克沁" 机枪
5 - 457 毫米鱼雷发射管
6 - 起吊机
7 - 75 毫米 "贾纳" 火炮
8 - 57 毫米 "哈奇开斯" 速射炮
9 - 无线电通讯室
10 - 探照灯
11 - 舰桥
12 - 绞盘机
13 - 吊锚架
14 - 船员舱
15 - 鱼雷储存室
16 - 弹药舱
17 - 炮弹起吊井
18 - 锅炉房
19 - 机舱
20 - 军官寝室
21 - 舵
22 - 舱口盖
23 - 备用机枪架
24 - 填煤口
25 - 鱼雷导轨
26 - 锅炉房通风帽
27 - 机舱盖口
28 - 操舵链
29 - 螺旋桨防护栅

武器配置及改进情况
1910 年：-2×75 毫米 "贾纳" 火炮，6×57 毫米 "哈奇开斯" 速射炮，+2×102 毫米 "奥布霍夫" 火炮，2×47 毫米 "哈奇开斯" 速射炮，25 颗水雷
1916 年（猎手、边防战士、西伯利亚正射手号）：-2×7.62 毫米 "马克沁" 速射炮，+1×102 毫米 "奥布霍夫" 火炮
1916 年（设计者号）：-2×47 毫米 "哈奇开斯" 速射炮，2×7.62 毫米 "马克沁" 机枪，+1×102 毫米 "奥布霍夫" 火炮
1941 年（设计者号）：+3×100 毫米 Б-24БМ 火炮，2×45 毫米 21K 火炮，1×7.62 毫米 "马克沁" 防空机枪
1943 年（设计者号）：-1×7.62 毫米 "马克沁" 防空机枪，+1×45 毫米 21K 防空炮，2×37 毫米 70K 防空炮，1×20 毫米 "厄利孔" 机炮，1×12.7 毫米双联 "勃朗宁" 防空机枪 2×12.7 毫米 ДШК 防空机枪

"西伯利亚射手"号（1912年）

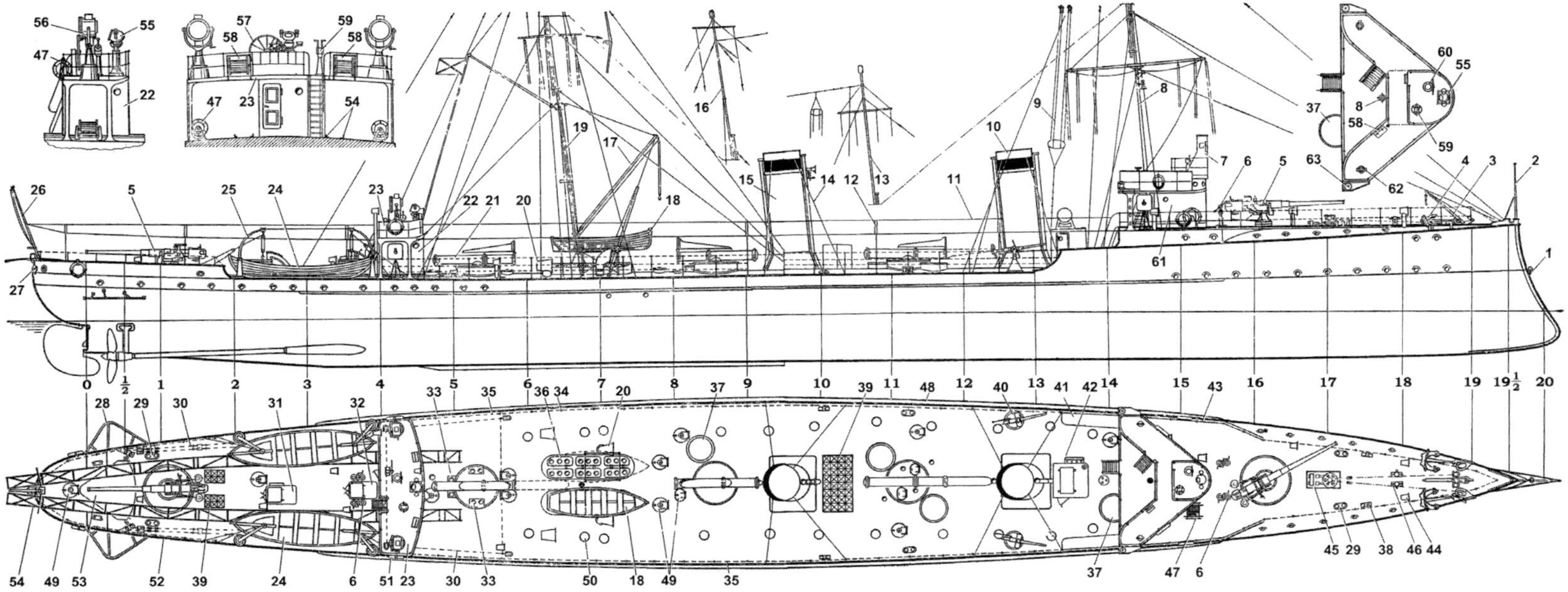

1- 系缆环
2- 舰旗杆
3- 吊旗柱
4- 霍尔锚
5- 102毫米"奥布霍夫"火炮
6- 手动（炮弹）吊运链
7- 遮幕舰桥
8- 前桅
9- 无线电天线
10- 烟囱护罩
11- 天幕支撑侧柱
12- 天幕支撑侧柱
13- 前中桅
14- 牵索
15- 烟囱护罩
16- 主上货柱
17- 吊货杆
18- 小艇
19- 主桅
20- 机舱通风导流口
21- 457毫米鱼雷发射管
22- 领航室
23- 舰舱舰桥
24- 六桨工作艇
25- 吊艇架
26- 旗杆

27- 舰名徽
28- 螺旋桨防护架
29- 系缆柱
30- 操舵柱
31- 轮值室升降口
32- 军官室休息室天窗
33- 军官室升降口
34- 栏杆索柱
35- 扶手索
36- 舰舱天窗
37- 锅炉通风口
38- 导索器
39- 吊网架

40- 47毫米"哈奇开斯"速射炮
41- 吊铺箱
42- 无线电通讯室
43- 侧扶手
44- 通风导流口
45- 蒸汽绞盘
46- 锚链系柱
47- 索卷车
48- 护舷木
49- 甲板舱口
50- 煤舱口
51- 救生圈

52- 防浪舷墙
53- 舵柄罩
54- 水雷导射机
55- 罗经
56- 探照灯
57- 备用舵轮
58- 信号旗存放箱
59- 舰舱传令钟
60- 舵轮
61- 指挥室
62- 分罗经支架
63- 舷侧识别灯

"谢斯塔科夫中尉"级（Лейтенант Шестаков）驱逐舰

早在1898年黑海舰队就曾向海军部提议为舰队补充一型速度与火力具备的巡洋舰，但由于当时的驱逐舰建造计划几乎都围绕远东战局而展开，故此海军部并未批准这项要求。直到1904年9月这项要求才在会议上被再次提出；两个月后技术委员会主管督查事务的维列尼乌斯少将（А.А. Вирениус）等人得到了最终批复，海军部同意按照之前会议的决议为黑海舰队建造一定数量的驱逐舰。

根据日俄战争中的实际经验，海军技术委员会认为区区300多吨的"猎鹰"级驱逐舰不足以适应海战的要求，而新型驱逐舰的吨位应该至少提高到600吨，同时应具备更为强大的火力；而技术委员会很快就想到了刚开始动工不久的"骠骑"级驱逐舰。在多方协商之后，设计建造这型驱逐舰的任务最终交由尼古拉耶夫海军造船厂完成，而乌克兰船厂方面也向海军部一再保证将在德国人设计的基础上加以适当改进，以建造一型"独一无二的新型战舰"；但实际上乌克兰船厂在设计中仍借鉴沿袭了"骠骑"级的部分内容。只是由于德方之后的设计方案遭到技术委员会的修改，设计小组才不得不弃用德国人的设计方案改而自行完成。根据要求，船厂方面将设计排水量提高到了650吨并改用性能更优的诺曼燃煤水管锅炉作为动力首选；不过在驱逐舰设计上仍尚

显稚嫩的俄国人仍然在航速、船体吨位和航程等关键参数上陷入僵局，其方案也两次遭到技术委员会的驳回。于是设计小组只得转而求助资历颇丰的伯克列夫斯基；靠着这位有着多年海外造船实践经验的工程师的反复修改，设计方案最终于1905年5月得以通过；6月中旬海军部随即和海军造船厂完成合约签署，由后者为俄海军建造四艘新型驱逐舰，单艘造价79万卢布，并于两年内全部交由黑海舰队服役。

虽然技术委员会在艉部结构和武器配置这两点上始终对船厂的设计表示不满并要求船厂加以修改，但该型驱逐舰于2月初就在尼古拉耶夫开始了前期的船体建造工作。舰体分有13个隔舱，用148根肋骨加以固定；在外观上"谢斯塔科夫中尉"级依旧带有些许"骠骑"级的痕迹，但艏甲板与主甲板之间的设计因其突兀的干舷过渡落差也显得极不自然，当然该型驱逐舰的尺寸相比"骠骑"级更大，排水量也增大到了780吨。在武器选择上，俄国人基本保留了先前德国人的设计，但原先安装的57毫米速射炮由于让人诟病的作战性能最终也被撤去，取而代之的是四门7.62毫米机枪。在主炮选择上，该级舰继续采用75毫米"贾纳"火炮但数量骤增到五门，其中两门还特别安置在艏舷两侧特别增开的半敞式

炮位上；不过由于在后来的实战中发觉由于极易遭到海水浸蚀而损坏，故此在一战爆发后的改装中相继撤去。考虑到投入使用后主要负责水面舰艇攻击，"谢斯塔科夫中尉"级并未保留之前的布雷装置。

这四艘驱逐舰均于1907年8月至10月间陆续进入后期的试航工作，但在试航工作中却发现了一系列问题，包括最大航速过低、螺旋桨吃水过浅、主桅高度偏低等；当船厂方面花了一年多时间重新改进之后，技术委员会又发觉该级舰救生船数量偏少、舱内木质设施过多易腐烂、警示灯时常失灵等细节问题而再次要求船厂加以改进。直到1909年10月，经过一番折腾的"谢斯塔科夫中尉"级才最终进入黑海舰队服役。该级舰服役后不久，始终对火力强度感到些许不满的俄国人马上就在舰艉部安装了一门120毫米"贾纳"火炮；一战开始后第二门120毫米火炮也很快就成了该级舰的舰艏火炮。

"谢斯塔科夫中尉"级的四艘驱逐舰均以俄土战争期间俄海军的阵亡舰长加以命名，其用心可见一斑。但与之前"机械师兹维列夫"级的表现一样，这四艘驱逐舰在服役之后也没有多少值得大书特书的战迹：一艘触雷沉没，两艘因担心被俘而自行炸沉，还有一艘更是几经易主并最终落魄于他乡。

▲ 建造中的"谢斯塔科夫中尉"级驱逐舰，摄于1907年2月。

▲▼ 下水准备前的"萨肯舰长"号。

开始最终舾装的"萨肯长舰"号。

▲ 返回塞瓦斯托波尔港的"巴拉诺夫大尉"号。

"谢斯塔科夫中尉"号

为纪念第十次俄土战争中阵亡的"太子"号（Цесаревич）鱼雷艇副艇长亚历山大·谢斯塔科夫舰长（А. П. Шестаков）而命名此舰。一战期间主要负责攻击土耳其和罗马尼亚沿岸并负责阻击敌军的运输舰只。1917 年 12 月加入红海军。1918 年 6 月 18 日因害怕落入德军手中而被"刻赤"号击沉于采梅斯湾。1927 年 12 月被打捞上岸并最终解体。

"萨肯舰长"号

以纪念在第六次俄土战争中被土军包围却誓死不降的赫里斯托弗·奥斯特－萨肯舰长（Х. И. Остен-Сакен）而命名此舰。一战期间主要负责巡逻和布雷任务。1915 年 1 月在锡诺普附近海域与"巴拉诺夫大尉"号一起成功地击沉了土耳其海军的"格奥格尔斯"号（Georgios）运输舰。1917 年 12 月加入红海军。1918 年 5 月被德军俘虏并被编入德国海军服役（编号 R-4）；11 月被英法干涉军俘虏。1920 年 10 月转交给白匪军并在俄国南部地区作战；11 月该舰随弗兰格尔残部撤退至比泽特时被法国政府扣留。1930 年该舰开始解体。

▲ 进入服役的"谢斯塔科夫中尉"号，两舷侧的半敞式炮位十分显眼。

▲ "谢斯塔科夫中尉"号，距离水面不足 4 米的半敞式炮位在随后的服役中饱受海水侵蚀之苦。

▲ 一战中的"萨肯舰长"号，注意舷弦两侧的炮位已经消失。

"巴拉诺夫大尉"号

为纪念第十次俄土战争中被击沉的"女灶神"号（Веста）舰长尼古拉·巴拉诺夫大尉（Н. М. Баранов）而命名此舰。一战期间主要负责攻击土耳其和罗马尼亚沿岸并负责阻击敌军的运输舰只。1915年1月在锡诺普附近海域与"萨肯舰长"号一起成功地击沉了土耳其海军的"格奥尔格斯"号（Georgios）运输舰。1917年12月加入红海军。1918年6月18日由于害怕落入德军手中而被"刻赤"号击沉于采梅斯湾。1927年12月被打捞上岸并最终解体。

"扎查廖尼中尉"号

为纪念前波罗的海舰队"战舰"号（Броненосец）舰长伊斯梅尔·扎查廖尼（И. М. Зацарённый）而命名此舰。一战期间主要参与封锁土耳其港口和攻击敌军军事目标的任务。1916年4月参加了进攻特拉布宗港口的行动。1917年6月30日在距离蛇岛不足半海里处触雷沉没，包括舰长帕维尔·施蒂尔伯格（П. Г. Штильберг）上尉在内的 44 名舰员阵亡。

▲ 返回塞瓦斯托波尔的"扎查廖尼中尉"号，同时注意舷侧的半敞式炮位已被水兵用防水毡布遮住。

▼ 返回塞瓦斯托波尔港内的"萨肯舰长"号。

俄文舰名	译名	建造船厂	开工日期	下水日期	服役日期	隶属舰队
Лейтенант Шестаков	谢斯塔科夫中尉	海军造船厂	1906.02.06	1907.08	1909.10.01	黑海舰队
Капитан Сакен	萨肯舰长	海军造船厂	1906.02.06	1907.09	1909.10.13	黑海舰队
Капитан-лейтенант Баранов	巴拉诺夫大尉	海军造船厂	1906.02.06	1907.11.05	1909.10.13	黑海舰队
Лейтенант Зацарённый	扎查廖尼中尉	海军造船厂	1906.02.06	1907.10.29	1909.10.16	黑海舰队
基本技术性能						
基本尺寸	舰长 74.1 米，舰宽 8.28 米，吃水 2.59 米					
排水量	正常 635 吨 / 满载 850 吨					
最大航速	25.5 节					
续航能力	1900 海里 / 12 节					
动力配置	三缸式直立往复蒸汽机 2 台 2 轴功率 6500 马力，4 座"诺曼"型锅炉					
最大载煤量	200 吨					
武器配置	5×75 毫米"贾纳"火炮，4×7.62 毫米"马克沁"机枪，3×457 毫米鱼雷发射管，25 颗水雷					
人员编制	85 名舰员 +6 名军官					

1909 年时的 "谢斯塔科夫中尉" 级驱逐舰线图

1－水雷投放口　　2－船员舱　　3－120毫米火炮炮位　　4－遮篷架　　5－探照灯　　6－7.62毫米"马克沁"机枪
7－罗经　　8－操舵机　　9－457毫米鱼雷发射管　　10－舱口盖　　11－75毫米"贾纳"火炮　　12－绞盘机
13－锚链舱　　14－弹药舱　　15－弹药储存室　　16－锅炉房　　17－机舱　　18－军官室
19－舵　　20－舵柄　　21－舷台　　22－军官室采光口　　23－填煤口　　24－机舱盖口
25－锅炉房通风帽　　26－螺旋桨防护栅　　27－八桨救生船　　28－十桨救生船

武器配置改进情况
1909 年：+1×120 毫米 "贾纳" 火炮
1915 年（萨普舰长、谢斯塔科夫中尉号）：－5×75 毫米 "贾纳" 火炮，2×7.62 毫米 "马克沁" 机枪；+1×120 毫米 "贾纳" 火炮，2×47 毫米 "哈奇开斯" 速射炮，40 颗水雷
1916 年（巴扎诺夫大尉、扎多鲁尼中尉号）：－5×75 毫米 "贾纳" 火炮，2×7.62 毫米 "马克沁" 机枪；+1×120 毫米 "贾纳" 火炮，2×47 毫米 "哈奇开斯" 速射炮，50 颗水雷

第三章
百废待兴：重组舰队 1918 ~ 1932
Восстановление Красного Флота: Поднимаясь Из Пепла

航行中的"邵武勉"号，远处是"茯龙芝"号

随着"阿芙乐尔"号巡洋舰隆隆的炮声，俄国革命也在俄历 10 月 25 日达到了最高潮。然而在从临时政府手中夺取并巩固了控制权之后，布尔什维克党人却极不情愿地发现自己原本就不算庞大的武装力量正一点点地受到来自外部的蚕食：趁火打劫的德国人强行与俄国之间签署了迦太基式的《布列斯特－里托夫斯克合约》，随后乌克兰、芬兰和波罗的海诸国也相继脱离俄国控制，更糟的是波兰人也希望趁着俄国内忧外患之际向北延伸其国境线以收复历史上他们所失去的土地。可以说，一个新兴的苏维埃国家从一开始就受到了来自国内外的种种打压，而这个国家的海军力量更是首当其冲。

在波罗的海上，布尔什维克党人首先要应付和德国人签订不平等条约之后带来的一个棘手问题。由于和约中规定芬兰和波罗的海地区的保护权转交给德国人，这就意味着如果布尔什维克党人未能在 1918 年开春前将尚停泊在这些地区港口内的各艘军用舰只抢救出来的话，那么这批战舰均将被德国俘

获或者解除武装。由于海军缺少必要的维护工作加上队伍士气低落，革命党人不得不求助于沙俄海军旧臣夏斯内少将（А. М. Щастный）。经过一路上德军空袭和芬兰白军的袭扰，这支营救队伍最终冲破厚厚的冰层成功地返回了喀琅施塔得。在这场被史学家称为"破冰之旅"（Ледовый Поход）的营救行动中，布尔什维克党人一共抢救回 200 余艘各类船只，其中包括 59 艘驱逐舰，当然至少有 14 艘驱逐舰最终还是被德国人所俘虏；此外他们还抢回了 6 艘战列舰，5 艘巡洋舰和 12 艘潜艇。

夏斯内最终还是被布尔什维克党人以"破坏革命活动"为由而遭枪决，但他确实是俄国人在波罗的海上保存了最后一丝实力。不过直到 1918 年 5 月前，革命党人甚至还凑不满基本的水兵人数以配备全部作战舰艇。在这段时间内俄国驱逐舰除了配合红军在地面上的各次进攻行动以外，真正的攻击行动实在是寥寥无几，偶有的几次攻击行动还又损兵折将：1918 年 12 月"阿夫特拉伊尔"号和"斯巴达克"号

曾对塔林港口发起了一次示威性的突袭，然而他们很快就在数艘英军战舰的钳击下被俘并转交爱沙尼亚海军服役；喜出望外的英国人还发现他们居然俘获了刚成为波罗的海舰队政委没多久的拉斯柯尔尼科夫（Ф. Ф. Раскольников）。第二年开春，布尔什维克党人开始艰难地在波罗的海地区组建了一支队伍并装备了 6 艘驱逐舰。由于燃料有限加之实力悬殊，这批驱逐舰大部分时间都用在布设水雷和外围巡逻上。即便如此，他们还是取得了一定的战果：英军的 L-55 号潜艇被"阿扎德"号击沉，"维鲁拉姆"号（HMS Verulam）驱逐舰也因触及俄军驱逐舰布设的水雷而沉没。

在布尔什维克党人积极投身内战的同时，在波罗的海舰队内部也出现了些许裂痕：可以说舰队内部有部分军官和水兵实际上并不是革命的积极分子，他们更多的只是无奈地盲从，而布尔什维克党人一些偏激武断的做法更是让他们无法接受；于是在这期间的海军队伍中不乏一些企图反悔的人，这其中就包括了他们的驱逐舰支队：1919 年

▲ "破冰之旅"中的红海军驱逐舰编队。

▲ "破冰之旅"中的"坚韧"号。

▼ 阿里克谢·米哈伊洛维奇·夏斯内（1881～1918），先后担任"边防战士"号驱逐舰舰长和波罗的海舰队旗舰舰长。国内战争中成功完成"破冰之旅"营救行动，至少抢回230艘各类舰只，但仍于7月下旬遭布尔什维克党人枪决，罪名是"蓄意破坏革命，无端煽动舰队官兵和苏维埃政权之间的敌对矛盾"。

10月，由于对布尔什维克党人的很多做法深感不满，由原沙俄海军军官指挥的"加夫里尔"号、"康斯坦丁"号和"自由"号三艘驱逐舰决定向英军投降，然而最终他们都误入英军雷区而触雷沉没。事后调查发现，真正让这批已经倒戈的沙俄海军降兵再次变节很大程度上都要归结于斯大林曾莫须有地公开指责海军中的很多军官暗中蓄意下令向红军部队开火；这件事给了斯大林一次不小的打击，为此他不惜处决了60余名海军军官以肃军律。这段秘密在当时并不为波罗的海舰队官兵所了解，很多人都认为这三艘驱逐舰是在执行偷袭任务中被击沉的，他们甚至群情激昂地为此喊出口号"Погибли три эсминца, но живет душа Балтийского флота"（三舰虽沉，其魂尤存）。虽然这段历史长期以来都遭到极大的怀疑，但海军内部存在一批蠢蠢欲动的企图变节的人却是不争的事实。

在南部的黑海战场上，布尔什维克党人的处境也是岌岌可危，当然这个威胁不是来自海上，而来

自陆地。1918年4月当德国人和乌克兰人兵不血刃地占领克里米亚时，布尔什维克军队早已先期撤离了此地；于是原本已遭黜职的米哈伊尔·萨布林少将（М. П. Саблин）得以重新执权，而这位在雅尔塔土生土长的乌克兰将军却让他的水兵将乌克兰人民共和国国旗悬挂在各艘战舰的桅杆上。这番行为遭致了舰队内部联合革命委员会的强烈不满，以至于他们把其中的十四艘驱逐舰和部分补给船开往了新罗西斯克。为防止布尔什维克党人带走更多的舰只，德国人遂决定继续向塞瓦斯托波尔方向推进。预感到形势不对的萨布林于是下令剩余的舰船全部离开港口并派米哈伊尔·奥斯特罗格拉斯基少将（М. М. Остроградский）负责炸毁那些无法撤走的舰只；但事实是他们仅仅损失了一艘"愤怒"号驱逐舰就被德国人全部俘虏了，因为奥斯特罗格拉斯基根本没有炸毁这批战舰而是选择向德军投诚。

另一方面逃往新罗西斯克的这批驱逐舰名义上已归至库班－黑海

苏维埃共和国所有，但由于缺少一位具备相当经验的海军将领指挥海军，他们最终还是邀请萨布林前来高就。萨布林在就任后的第二周就收到了德国人的一份通牒信，信上要求他的舰队必须在三周内全部返回塞瓦斯托波尔港接受投降，否则德军将继续推进并全歼舰队。虽然萨布林回复德方表示愿意采取协商解决的办法，但掌握着主动权的德国人根本就不再理会任何折衷的意见，相反开始派出飞机和潜艇监视俄军舰艇的一举一动。由于不支持

列宁提出的自沉舰队的主张，萨布林风尘仆仆地赶往莫斯科试图劝服列宁回心转意；布尔什维克党人并没采纳萨布林的任何一点意见，由于对于这位不太愿意听从管束的海军将领的很多做法已是怀恨在心，他们于是干脆将其投入了监狱。6月28日群龙无首的舰队全体水兵通过投票后决定仍旧采纳列宁的主张，除去1艘战列舰、1艘巡洋舰和6艘驱逐舰前往塞瓦斯托波尔接受投降之外，其余的各艘战舰均将留在港内接受最终命运的安排。

▲ 刚从"破冰之旅"中被抢救回来的"机械师兹维列夫"级驱逐舰群，从左至右依次是"仔细"号、"坚韧"号和"机械师兹维列夫"号。

▼ 被英军停房后移交给爱沙尼亚海军服役的"飞行"号（即原"阿夫特拉伊尔"号）和"瓦博拉"号（即原"金斯贝亨舰长"号），右边的"波浪"号（Laine）是爱沙尼亚海军正式入编的第一艘军舰，不过该舰就是1914年4月被德军"海鸥"（SMS Möwe）号武装商船俘获的俄海军"同伴"号（Спутник）炮艇。

随后"刻赤"号驱逐舰载满炮弹和鱼雷将这批战舰逐一击沉，剩余的一些小型船只则打开底阀自沉于港内。

到了1918年11月，随着德国在一战中的失败，他们不仅丧失了《布列斯特和约》的解释权，更是从塞瓦斯托波尔惶惶撤兵；取而代之的是以英国人、法国人和一部分希腊人组成的干涉军。德国人在撤退前并没有将他们俘获的全部舰船交给布尔什维克党人，相反却悉数转交给了白匪军，其中包括2艘战列舰、1艘巡洋舰、10艘驱逐舰以及20余艘小型作战舰只；不过这批舰船显然没有得到白军的充分利用，它们大都缺乏必要的维护和弹药燃料补给，更多的时候只是在很小的一个水域里有限地抵挡红军的进攻。最终的局势也没能朝着有利于他们的方向发展下去，仅仅过了半年红军就开始收复克里木半岛的部分地区，而布尔什维克党人的宣传攻势再次得到了有效的发挥。在他们不断向协约国水兵灌输进步思想之后，停泊在塞瓦斯托波尔的法国舰队水兵终于4月20日举行起义，宣布不再武装干涉苏俄并要求返回国内。看到难以继续军事干涉的英国人和希腊人于是也相继撤出南部地区。在高尔察克被俘和邓尼金（А. И. Деникин）的反攻失败之后，这批辗转易主数次的战舰最后统一交由"黑男爵"彼得·弗兰格尔（П. Н. Врангель）指挥。1920年11月，大势已去的弗兰格尔命令科德罗夫少将（М. А. Кедров）组成了一支名义上的"沙俄舰队"（Русская Эскадра）决定向土耳其君士坦丁堡撤离，其中包括2艘战列舰、2艘巡洋舰、11艘驱逐舰、5艘炮艇和4艘潜艇。船上除了海军军官和士兵之外，还有约15万名不愿接受布尔什维克党人统治的难民。在顺利抵达土耳其后，舰队随后得到了法国政府的允许得以前往北非安置，于是在贝伦斯少将（М. А. Беренс）的指挥下，这支舰队又远渡突尼斯。不过这批舰船在抵达比泽特港后除了其中的4艘被法国海军接管之外，其余的大部分船只却无人问津并最终烂成了一堆废铁。

在远东太平洋地区，十月革命的火焰直到一个多月后才慢慢地在这片地区蔓延开来。1918年初日本和英国人的军舰就开进了符拉迪沃斯托克港口，几个月后"快速"、"端庄"号等15艘驱逐舰也相继被日军俘虏：这几乎就是俄国人在远东地区的全部驱逐舰数量。不过

▲ 米哈伊尔·帕夫洛维奇·萨布林（1869～1920），曾是"美慕"号驱逐舰的舰长，随后在一战中担任战列舰"罗斯季斯拉夫"号（Ростислав）舰长，后担任黑海舰队的总指挥并成为乌克兰人民共和国的首任舰队司令。

▼ 刚刚抵达比泽特港口的俄国驱逐舰群，等待这批战船的最终命运不是解体就是腐蚀变烂。

日本人并没对这批俘虏的老式驱逐舰委以重用，他们更多地只是充当防御使用的浮动炮台。到 1922 年当日本人从俄国撤兵时，这批驱逐舰又大都被严重损毁。

布尔什维克党人在里海地区一度建起了一支并不算十分强大的红色部队，但这里的局势却由于格鲁吉亚、亚美尼亚和阿塞拜疆三个高加索国家空前猛烈的民族独立运动而显得更为复杂。1918 年 8 月英国派莱昂内尔·邓斯特维尔少将（L. C. Dunsterville）击退了红军部队并建立了一个由白匪军组成的傀儡政权；不过实际上在英国人从这里撤走前当地的白军指挥拉扎尔·比恰拉霍夫少将（Л. Ф. Бичерахов）就已自行组建了一支规模尚可的舰队用以对抗布尔什维克在这里的残余水上力量：一支由驱逐舰和炮艇组成的小型舰队。1919 年 5 月在英军的协同配合下，布尔什维克的这支水上部队遭到白军伏击，虽然他们仅损失了一艘"莫斯科人"号驱逐舰和数艘小型舰只，但在很大一段时间内都让红军水兵士气低落，一些企图投降白军的布尔什维克党人也多数遭到无情的枪决。然而红海军的队伍随着战事的发展却变得越来越强大：到 1920 年他们已经将驱逐舰的数量扩充至 14 艘，另外还有 10 艘鱼雷艇和 4 艘潜艇作为支援。比恰拉霍夫开始逐渐失去对这片水域的控制：从巴库到彼得罗夫斯克，藏无可藏的白军最后被迫撤至波斯的安扎里。不依不饶的布尔什维克党人意图趁热打铁，于是他们在拉斯柯尔尼科夫这位让红军用了 17 名英军军官战俘作为交换条件才赎回的海军政委的指挥下临时组成了一支以"芬兰人"号驱逐舰为旗舰的特别攻击舰队，下辖三艘驱逐舰、五艘鱼雷艇和一艘潜艇，浩浩荡荡地杀抵波斯港口。驻守安扎里的英军部队略作抵抗后很快就全部撤退，而布尔什维克党人则轻而易举地缴获了白军的全部舰船——他们随后势如破竹地占领了波斯北部的吉兰省，并于 6 月初扶植亲共的当地森林军领袖马尔扎·库切克汗成立了一个蜉蝣命短的"波斯苏维埃社会主义共和国"。

而远在北冰洋和白海地区，俄国人在海上的力量也显得无比羸弱。随着英法干涉军在摩尔曼斯克和阿尔汉格尔斯克登陆，"尤拉索夫斯基舰长"和"谢尔盖耶夫中尉"号等四艘俄国人在这片地区仅有的驱逐舰随即被协约国俘获。除"无声"号在内战结束后返还苏联政府之外，其余 3 艘驱逐舰均在 1920 年 2 月布尔什维克党人的反攻行动中得以重新缴回并在日后编入了白海区舰队。

至于俄国内陆的各条江河湖泊地区，布尔什维克党人在作战初期显然不具有什么优势，于是在拉多加湖、奥涅加湖、伏尔加河、卡马河和阿穆尔河等地方，他们对驱逐舰等作战船只的使用也显得更为小心谨慎：除去在卡马河和维阿特卡河交汇口和白军大打一仗之外，红海军只是将驱逐舰用作为地面部队提供火力支援的浮动炮台。

直至 1922 年，俄国内战终以布尔什维克党人的胜利而告终，但整个俄国海军的实力却随着接二连三的战事而早已损耗殆尽。一战爆发前俄国人拥有至少 100 艘各型驱逐舰，而如今除去在战事中被击沉、俘虏之外，布尔什维克党人手中的驱逐舰锐减至一半，这其中的大部分还是饱经战争磨难而伤痕累累，真正能够即刻投入实战的仅存 15 艘；还有将近 20 艘尚未完工的驱逐舰船体被遗弃在

▲ 费奥多·费尔多洛维奇·拉斯柯尔尼科夫（1892～1939），原名费奥多·伊林（Фёдор Ильин）。国内战争期间先后担任过伏尔加河区舰队指挥和波罗的海舰队政委，苏联成立之后先后担任苏联驻丹麦、爱沙尼亚和保加利亚大使馆的馆长。1939 年 4 月因不满斯大林的诸多做法而在收到调令后拒绝回国。10 月死于肺炎，但很多资料都认为他死于人民内务委员会所派特工的暗杀。

▲ 拉扎尔·费奥多洛维奇·比恰拉霍夫（1882～1952），一战中曾是巴拉托夫将军麾下哥萨克骑兵团的指挥官。国内战争期间在英国人的扶植下在高加索地区组建了一支规模尚可的舰队，被击败后逃亡至英国，后辗转至德国。二战期间返回苏联担任北高加索地区俄罗斯人民解放军的指挥官，二战结束后回到德国直至病亡。

▲ 被红军击沉后的"莫斯科人"号。这是内战期间布尔什维克党人在里海地区损失的唯一一艘大型驱逐舰。

各家船厂的船台上无人问津。在布尔什维克党人最终建立起一个地域辽阔的国家之后，他们决定重组海军。由于苏联人并未参加限制各国海军发展的《华盛顿条约》等裁减会议，这让他们得到了难得的喘息之机。1925 年 11 月，伏龙芝在对工人阶级政治领导干部的一次会议中就曾一针见血地指出"革命军事委员会已经强烈地意识到建设海军的迫切性和必要性……摆在我们面前的各种情况让我们觉得有必要立刻着手建造新型舰只的方案"，而

一个月后在苏共第十四届代表大会正式确立国家社会主义工业化的整体方针政策以后，海军重建工作就在无形中建立起了一道牢固的基础保障：苏联人开始着手修复满目疮痍的造船工业设施，改善各大港口的设备，兴建遍布全国的采矿厂和炼钢厂并将无数原先在田埂中耕作的农户改造成了拥有生产技能的工厂工人……；在强化基础建设的同时，对于海军建设影响最大的还有专业队伍人才的培养工作。尤其是当喀琅施塔得爆发水兵叛乱之后，

苏联高层更是认为灌输普及共产主义的工作远凌驾于任何一件事；至 1927 年以后，约有超过 1.6 万名满怀革命热情和共产理想的有志青年被充实到这支海军队伍中并成为日后卫国战争中海军的骨干力量：这其中就包括了日后的海军总司令尼古拉·库兹涅佐夫和他随后的继任者谢尔盖·戈尔什科夫。

与此同时苏联海军（实际上到 1946 年前应该称其为"苏联红海军"更准确，这里为保证行文前后流畅一致，统一用"苏联海军"表

▲ 废弃在新舰造船厂内的"基西拉岛"号。绝大多数在十月革命前未能完工的驱逐舰都在苏联成立后不久即遭解体。

述，下册亦此）的自身定位问题再次被摆到了桌面上。海军军事学院中的大多数授课军官无一例外地秉承了他们沙俄时代的尊师，诸如尼古拉·科拉多（Н. Л. Кладо）、米哈伊尔·彼得罗夫（М. А. Петров）等人古典派作战思想的套路，极力崇尚和灌输战列舰和巡洋舰等大型作战舰只应该作为海军队伍的核心力量，强调完全的海面封锁和防御。这一主导思想在内战结束后甚嚣尘上并不乏一批拥趸，其观点甚至深深地影响到了苏维埃的最高领导人斯大林。然而在第一个五年计划中，由于相对陈旧的技术和建造水平，苏联人建造大型作战舰只甚至航母的黄粱美梦只能暂时被搁置，而建设的重心则更多地放在建造运输舰和机动船的任务上，而对于原先占得海军大多数比例的驱逐舰，苏联人则大多采取了淘汰报废的处理办法，只有少部分驱逐舰得以重新修理改进并陆续投入各支舰队服役；至1930年，苏联海军的驱逐舰数量缓慢地增加至22艘——其中有17艘是"诺维克"型驱逐舰。

1928年5月革命军事委员会通过了海军建设的总体方针路线，确立了依靠轻型水面舰艇和潜艇活动与海岸阵地防卫相配合的防御理论，也就是我们所熟知的"小规模战争理论"。但主张大舰主导海军的思想直到1931年初才有所显著扭转：当时还在伏龙芝军事学院担任教职工作的亚历山大·亚历山大洛夫（А.

П. Александров）着手撰写了一篇长达二十六页的研究报告，在报告中他对当前海军建设所面临的误区进行了彻底的批判分析，并着力强调制海权的获得与单位火力并无必然联系，海军必须要与沿岸防御部队，必要时还有空军队伍相配合，再一味地强调封锁在如今已经没有任何意义。那些反应较慢的战列舰可能无法适应这样多变的海战要求，而驱逐舰、潜艇及其他灵活攻击敌舰的小型舰艇才是真正掌控主动的要素所在——这一崭新的观点不乏大人物级别的支持者，包括前后两任海军总司令维亚切斯拉夫·佐夫上将（В. И. Зоф）、罗穆亚德·穆克列维奇上将（Р. А. Муклевич）以及诸多年轻而又思维活跃的海军人士。1931年6月接替穆克列维奇成为新任海军司令的弗拉基米尔·奥尔洛夫上将（В. М. Орлов）公开批评了那些仍主张大型舰只主导舰队的保守者，而他的前任已在早些时候召开的苏共第十六次全国代表大会上正式提出这一全新的海军建设思路并开始被越来越多的人所接受，当然这似乎并不包括苏维埃斯大林。

苏联在第一个五年计划中唯一设计建造的驱逐舰只有"列宁格勒"级驱逐舰，或者从吨位排量和武器配置角度应该更为准确地称其为"驱逐领舰"。事实上很多军史学家都愿意把"列宁格勒"级作为俄国国内当时革新派和古典派两种对立观点相抵触所诞生的结果。该型

▲ 亚历山大·彼得洛维奇·亚历山大洛夫（1900～1946），1927年从伏龙芝军事学院毕业后曾短期在"马拉"号（Марат）战列舰上担任军官，后成为"阿芙乐尔"号（Аврора）巡洋舰的政委。参加过西班牙内战，随后在二战中先后担任多个舰队基地指挥。1946年死于空难。

驱逐舰最早由海军科学技术委员会（НТК）与海军管理局（УВМС）于1928年5月提出，目的旨在逐步替代剩余的十来艘已有些日趋老态的"诺维克"型驱逐舰。11月修改方案通过之后，设计师尤里安·希曼斯基（Ю. А. Шиманский）借鉴英、法、德等国同时期的诸多驱逐舰，最终敲定以法国"沃克兰"级（Vauquelin）驱逐舰为样板完成了"列宁格勒"级的初期设计工作。1929年革命军事委员会决定建造3艘该型驱逐舰以编入重建中的波罗的海舰队和黑海舰队，该研发方案也被正式编为1号工程；随着苏联人于1932年开始着手建造"列宁格勒"级驱逐领舰，苏联社会主义时代的驱逐舰建造工作也由此拉开了序幕……

◀ 塞瓦斯托波尔港外的"邹武勉"号，附近是三架海军航空部队的МБР-2型水上飞机。虽然苏联人在重建海军时认真考虑过与空军协同作战的重要性，但与其他国家不同的是，他们在建设初期更多地使用仅配备数挺机枪的水上飞机作为两个兵种间的承接工具。

▶ 苏联成立后不久的黑海舰队驱逐舰群。从左至右依次是"伏龙芝"号、"清贫"号、"邵武勉"号和"彼得洛夫斯基"号。这几乎就是当时这支孱弱的黑海舰队全部的驱逐舰数量了。

▼ 苏联成立后不久的黑海舰队驱逐舰"清贫"号与"彼得洛夫斯基"号。

▶ 1925 年初的"珍珠"号，由于寒冷的天气让喀琅施塔得港口内都结起了一层厚厚的冰层。注意该舰官兵在冰面上写下了"春天快来"的字样；他们盼望的不仅仅是温暖回春，更期待着这支舰队、这个国家的春天快些来到。

"诺维克"级（Новик）驱逐舰

对马海战中的惨重失利不仅让俄国在一夜间就将多半海军主力损失殆尽，更是将俄国驱逐舰反应慢、防护差、火力弱等诸多弊病——暴露了出来；由于同时期的英国、德国、法国，甚至是刚和自己干过一仗的日本都在驱逐舰的建造与运用上取得了长足的进度，这也让俄国海军上下各层开始不断反思到底何种驱逐舰真正适合俄国人自己。考虑到特别委员会仍剩余将近 220 万卢布，俄国人打算利用这笔余额好好地建造一级最新型驱逐舰。

1905 年 12 月在船舶专家布勃诺夫的主持下，特别委员会和海军技术委员会下辖各个部门的专员齐集在海军部会议室，重点商讨有关建造新型驱逐舰的事宜。在对鉴英、德等国家驱逐舰的发展趋势和对马海战中俄国海军所暴露出的各种问题之后，会议逐渐形成了两派观点：第一种改良派的观点倾向于建造一型火力强、速度快、机动性好的驱逐舰，兼备巡洋舰适合远海作战的特点；而对立的保守派观点则认为吨位小、适合近海防御的驱逐舰更加适合目前俄国的形势。最终参加会议的 23 人通过投票表决后有 14 人同意第一种观点；1906 年 1 月委员会将初拟方案提交海军

总参谋部，该方案明确这艘战舰应当具备 30 节航速、3000 海里的续航能力，配备一定数量的 57、75 和 120 毫米火炮和三具鱼雷发射管。方案起初受到了参谋部保守派等人的质疑和反对，在长达一年多的搁置和周转后，该计划最终于 1907 年得以批准实施。

经过对比筛选后，俄国人认为英国皇家海军"鞑靼"号（HMS Tartar）驱逐舰的整体设计思路与他们的很多要求非常吻合，遂决定向建造这艘战舰的英国索尼克罗夫特造船公司提出购买意向。1908 年 2 月技术委员会总负责人维列尼乌斯少将和船舶建造总管科里洛夫（А. Н. Крылов）正式将该采购方案呈交海军部；但一个月后这个方案却遭到了贸易工业大臣希洛夫（И. П. Шилов）的公开反对，他并不希望英国人完成全部的建造工作，最多只愿意向英国人寻求技术援助；于是在 1908 年年底，临时授命的工程师施列辛格（Г. Ф. Шлезингер）参考"鞑靼"号将一份完善的评估分析和设计改进方案交由委员会呈总参谋部审阅，两个多月后这套方案核审批准。1909 年 7 月底委员会和普季洛夫船厂达成协议，由这座位于圣彼得堡的造船厂负责在 28

个月内完成舰只的设计和建造工作。船厂方面当即授权船舶设计师瓦西列夫斯基（Б. О. Василевский）担任主体设计工作，而机械动力布局工作则交由机械师杜布尼茨基（Д. Д. Дубницкий）完成；1910 年 3 月依照设计尺寸 1：22.5 等比缩小的船体模型在伏尔铿公司下属船厂的船模试验池中开始模拟试验。由于最终试验结果十分理想，俄国人后续的动力设计与改进工作也随即展开。起初海军部建议使用索尼克罗夫特公司的舒尔茨型（Schulz-Thorneycroft）锅炉作为新舰的动力首选，但最终由于尺寸修改和造价费用等分歧俄国人还是选择了伏尔铿公司的燃油锅炉并最终谈妥一切细节条件要求；只是或许由于太过突然，毫无前期准备的德国人在最初设计中居然发生了严重的计算偏差，这也最终让建造任务延后了近一年时间。

1910 年 8 月造船工作正式开始，整个建造工作由工程师捷尼松（К. А. Теннисон）整体负责。为确保建造过程中万无一失，科里洛夫特地委派海军中校列斯尼科夫（Н. В. Лесников）和上尉科斯坚科（В. П. Костенко）监督整个建造过程，而经验丰富的机械工程师博列契金

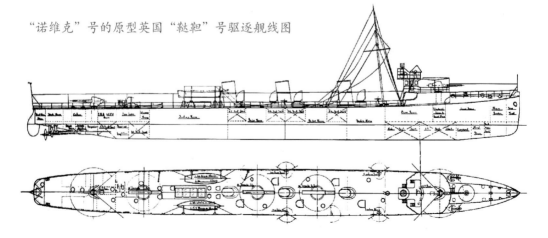

"诺维克"号的原型英国"鞑靼"号驱逐舰线图

◀ 钢板画样落料工作。

▼ 铺设龙骨工作。

▲ 安装肋骨，照片摄于 1910 年 10 月。

▲ 铺设上甲板，照片摄于 1910 年 12 月。

▲ 准备开工，照片摄于 1910 年 7 月。

▲ 下水中的"诺维克"号舰体，照片摄于 1911 年 7 月。

▲ 架设直立龙骨，照片摄于 1910 年 8 月。

▲ 下水试航中的"诺维克"号，照片摄于 1911 年 8 月。

（О. И. Поречкин）和海军上尉克拉夫琴科（Г. К. Кравченко）则负责监督指导该舰的机械安装调试工作。根据船厂的最终设计，全舰整体布局趋近于巡洋舰风格，总舰总长超过 102 米，采用传统的艏部并列烟囱的双桅布局，理论输出功率竟高达 4.2 万马力，几乎相当于同时期开始建造的"甘古特"级战列舰设计的主机功率，而在海试时达到的 37.3 节最高航速也让当时任何一艘驱逐舰都望尘莫及；船体设计通过 184 根肋骨加以固定，共分为十个隔舱并全部安装之字型侧支柱二次加固。在武器配置方面，该舰在艏艉共配备四门 102 毫米火炮并首次尝试在非大型战舰上安装一具盖斯勒机械火炮指挥仪，此外在两座烟囱之间和舰艉分别布设四座双联装 457 毫米鱼雷发射管，由埃里克森机械鱼雷射击指挥仪负责控制攻

击。1911 年 7 月初该舰正式下水，按照格里高洛维奇海军中将（И. К. Григорович）向尼古拉二世的请求，这艘船被命名为"诺维克"号，以纪念在日俄战争中表现英勇的同名巡洋舰。1913 年 9 月"诺维克"号正式加入波罗的海舰队服役。

作为俄国驱逐舰发展史上具有里程碑意义的一级舰艇，耗资近 220 万卢布的"诺维克"号在俄国内引起轰动，同时也对当时的欧洲列国造成了不小的影响。在一战中"诺维克"号显出了超出同类驱逐舰能力的巨大优势；甚至在与德军轻巡洋舰"芯提斯"号（SMS Thetis，1914 年 11 月 5 日）、"慕尼黑"号（SMS München，1915 年 5 月 6 日）和"吕贝克"号（SMS Lübeck，1915 年 6 月 28 日）的直接交战中不落任何下风。1915 年 8 月在伊尔别海峡的激战中"诺维

克"号不仅单枪匹马地将德军 V-99 号驱逐舰击沉，还与"康特拉琴科将军"号和"猎手"号一起击伤了德军 V-191 号驱逐舰和 G-193、G-194 号两艘鱼雷艇。11 月 19 日夜"诺维克"号又与另外七艘驱逐舰组成的特遣队在温达瓦附近海域成功地偷袭了一支德军巡逻舰队，尽管德国人的援兵来得十分迅速，但"诺堡"号（SMS Norburg）辅助巡逻船还是被俄国人击沉。1916 年起"诺维克"号成了波罗的海舰队驱逐舰支队的旗舰；6 月 10 日"诺维克"号与另两艘驱逐舰在哈林亨岛附近发现了一支德军武装商船队，由于担心护航德军舰只的实力强大，这三艘驱逐舰在成功地击沉了德军辅助巡洋舰"赫尔曼"号（SMS Hermann）后便鸣金收兵。1917 年该舰官兵参加了二月革命；10 月"诺维克"号作为沙俄海军的一员参加了在蒙松德海峡的最后一次攻击行动。

十月革命之后"诺维克"号便加入红海军。不过随后该舰长期处于封存状态直至 1925 年。1926 年 7 月该舰开始接受修理和改进并正式更名为"雅科夫·斯维尔德洛夫"号（Яков Свердлов）；1935 年 1 月被编入波罗的海舰队。经过改装后"诺维克"号减少了一座鱼雷发射装置，但将原先双联装全部调整为三联装，同时增加一门 70K 防空炮和两座深水炸弹导轨用以配备苏联最早自行研制的 ББ-1 和 БМ-1 深水炸弹。另外该舰还同时配备"大角星"（Арктур）水声站和"弧度 -K"型（Градус-К）无线测向仪。二战爆发初期在帕尔迪斯基和塔林的防御战役中负责运输兵员；1941 年 8 月 28 日"诺维克"号在掩护"基洛夫"号（Киров）巡洋舰撤退时在墨赫尼岛附近不慎触雷沉没。

◀ 正在"诺维克"号上视察的尼古拉二世（左），右边是一起陪同的格里高洛维奇海军中将。

◀ 在众人簇拥下登上"诺维克"号进行视察的尼古拉二世。左边是海军中将格里高洛维奇，右边是舰队参谋长尼洛夫（К. Д. Нилов），而在沙皇身后的则是海军中将卢辛（А. И. Русин），照片摄于 1912 年 8 月。

▲ 缓慢下水中的"诺维克"号。

◀▼ 在赫尔辛基港外海航行的"诺维克"号。

▼ 航行中的"诺维克"号特写。实际上"诺维克"号不论在外形设计还是在火力配置上都远远超出当时一艘标准驱逐舰的衡量范畴，这也是为何该舰能在随后开始的一战中屡建战功的首要因素。

"诺维克"号舰舰艄特写

▲ 停泊在涅瓦河畔盖格鲁码头的"诺维克"号，照片摄于 1913 年 9 月，此时该舰刚进入服役不久。虽然舰上布局经过了明显调整和变动，但该舰仍旧带有强烈的英式舰船风格。

▲ 试航中的"诺维克"号，照片摄于 1913 年。

"诺维克"号关键肋位剖视图

    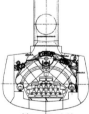

| 第42号肋位 | 第57号肋位 | 第66号肋位 | 第128号肋位 | 第88号肋位 |

俄文舰名	译名	建造船厂	开工日期	下水日期	服役日期	隶属舰队
Новик	诺维克	普季洛夫	1910.08.02	1911.07.04	1913.09.09	波罗的海舰队
基本技术性能						
基本尺寸	舰长 102.43 米，舰宽 9.53 米，吃水 3.53 米					
排水量	正常 1280 吨 / 满载 1595 吨					
最大航速	36.92 节					
续航能力	1470 海里 / 21 节					
动力配置	"通用"汽轮机 3 台 3 轴功率 35100 马力，6 座"伏尔铿"型锅炉					
最大载油量	418 吨					
武器配置	4×102 毫米"奥布霍夫"火炮，4×7.62 毫米"马克沁"机枪，4×457 毫米双联鱼雷发射管，80 颗水雷					
辅助配置	"盖斯勒 M-1911"机械火炮指挥仪，"埃里克森 M-1"机械鱼雷射击指挥仪，"巴尔－斯特劳德"测距仪					
人员编制	104 名舰员 +13 名军官					

▲▼ 改进后的"雅科夫·斯维尔德洛夫"号。注意艇艏桅杆上所增加的探照灯台。

尽管"雅科夫·斯维尔德洛夫"号接受了多次改进，但该舰仍于1940年4月23日编入了海军中校斯皮里多诺夫（А. М. Спиридонов）指挥的驱逐舰训练支队。但在卫国战争开始后的第二天，该舰就被临时调入了波罗的海舰队第三驱逐舰支队并在一周后就参加了掩护战列舰"十月革命"号（Октябрьская Революция）从塔林撤退的行动；8月3日该舰对帕尔迪斯基地区的苏军部队提供了火力支援。8月28日下午4时，该舰作为掩护"基洛夫"号巡洋舰撤退的第一批先头舰船从塔林港出发；8点50分左右，该舰在墨赫尼岛以北10海里处不甚触雷，6分钟后就沉入海中。

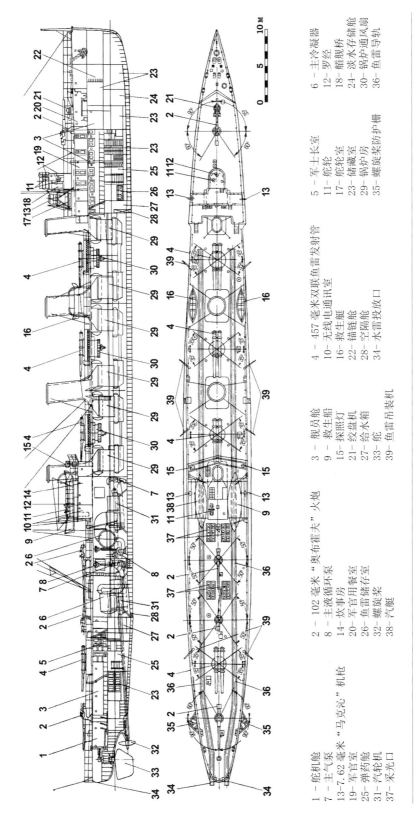

1914 年时的 "诺维克" 级驱逐舰线图

6 – 主冷凝器　　12 – 罗经　　18 – 舰桥
24 – 淡水存储舱　30 – 锅炉通风扇　36 – 鱼雷导轨

5 – 军士长室　　11 – 舵轮　　17 – 舵轮室
23 – 储藏室　　29 – 锅炉房　　35 – 螺旋桨防护栅

4 – 457 毫米双联鱼雷发射管
10 – 无线电通讯室　16 – 救生艇　22 – 锚链舱
28 – 空隔舱　34 – 水雷投放口

3 – 舰员舱　　9 – 救生船　15 – 探照灯
21 – 绞盘机　27 – 给水箱　33 – 舵
39 – 鱼雷吊装机

2 – 102 毫米 "奥布霍夫" 火炮
8 – 主液循环泵　14 – 炊事房　20 – 军官用餐室
26 – 鱼雷储存室　32 – 螺旋桨　38 – 汽艇

1 – 舵机舱
7 – 主气泵　13 – 7.62 毫米 "马克沁" 机枪
19 – 军官室　25 – 弹药舱　31 – 汽轮机
37 – 采光口

4 – 5 军士室　23 – 36 舵机

武器配置改进情况
1915 年：+1×76.2 毫米 8K 防空炮
1930 年：-4×457 毫米双联鱼雷发射管，22 颗水雷；+1×37 毫米 21K 防空炮，+1×45 毫米 21K 防空炮，3×457 毫米三联鱼雷发射管
1933 年：-1×37 毫米 "马克沁" 防空炮，2×12.7 毫米 ДК 防空机枪，4×12.7 毫米 70K 防空炮
1940 年：-4×7.62 毫米 "马克沁" 机枪，2×12.7 毫米 ДК 防空机枪；+2×37 毫米 "马克沁" 机炮，8×ББ-1 深水炸弹，20×БМ-1 深水炸弹

"无理"级（Дерзкий）驱逐舰

根据 1911 年拟定的重建黑海舰队的计划，海军总参谋部打算以"诺维克"号为原型再行建造一定数量的驱逐舰以装备黑海舰队，切实替代弥补该舰队缺少巡洋舰的窘境；该年年底，参加设计竞标的普季洛夫、朗格家族、涅瓦、科莱顿等六家船厂均按照要求提交了他们的改进方案。通过比较，技术委员会选中了建造"诺维克"号的普季洛夫船厂的设计方案；道理很简单，这家来自圣彼得堡的船厂是当时俄国内唯一有过建造涡轮动力舰船经验的船厂；但在决定是否让普季洛夫船厂建造这批驱逐舰的问题上，委员会经过讨论后却仅仅在竞标中位列第四的尼古拉耶夫海军造船厂建造这批驱逐舰中的大部分，原因是他们所保证的建造周期是所有船厂中最短的。乌克兰人的承诺并非空头支票；靠着索尼克罗夫特公司的帮忙，海军造船厂将车间面积扩大了近一倍，用于建造中、小型船

只的船台数量也扩充到七个，另有一座室内双船台则已具备建造当时任何吨位船只的能力。于是 1914 年 2 月底海军部与其中的四家造船厂代表签订协议，其中海军造船厂将单独为黑海舰队建造四艘驱逐舰，单艘耗价 200 万卢布，要求在 1914 年 8 月前完成试航工作并在 10 月前交付使用。

建造工作于 1912 年 10 月初正式开始，按照计划船厂将这四艘驱逐舰分为两批完成。由于减少了一座锅炉，该级驱逐舰和"诺维克"号最为显著的区别就在于其减少了一根烟囱。虽然与"诺维克"号相比"无理"级在最大航速上略有下降，舰长也所有缩短，但在武器配备上两者之间却是各取所长："无理"级省去了原型舰部的一门 102 毫米火炮，将另一门火炮移至舰部桥塔延伸的上层建筑上，但却增加一座双联装 457 毫米鱼雷发射管。第一批建造的两艘驱逐舰于 1914 年 10

月底完工并下水开始试航工作，而后续的两艘也居然在短短的四个半月后即告下水，其进度之快在当时的俄国诸多船厂中也是不多见的，当然这一切都归功于船厂方面前期充分的准备工作和新近从英国引进购买的大吨位起吊机等机械设备。不过由于"不安"号在后来的试航工作中出现二号锅炉房起火的状况，船厂方面不得不对该级舰进行全面的检查测试以彻底排除机械隐患，这也使"无理"级比原先交付俄海军的底限晚了足足两个月时间。

"无理"级驱逐舰在一战中可以说是履立战功，由于主要在博斯普鲁斯海峡和瓦尔纳附近海域负责布雷和攻击土耳其商船任务，仅这四艘驱逐舰就在一系列行动中击沉了共计 130 余艘各型作战舰只。不过随着俄国内战的爆发，"无理"级的命运却急转直下，除一艘被自行炸沉之外，其余三艘都随弗兰格尔残部逃亡外国并被法方扣留接管。

▼ 下水中的"愤怒"号，摄于 1913 年 10 月。

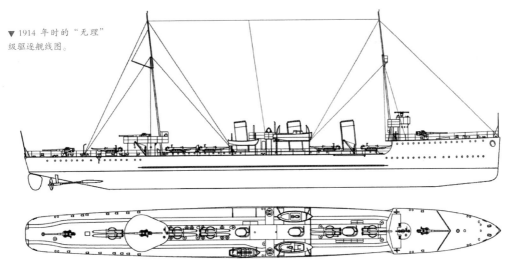

▼ 1914 年时的"无理"级驱逐舰线图。

▲ 正在接受沙皇尼古拉二世视察的"无理"号全舰官兵，照片摄于 1916 年 5 月，远处是"喀琅施塔得"号修理船。舰部炮台上的 102 毫米火炮清晰可见。

俄文舰名	译名	建造船厂	开工日期	下水日期	服役日期	隶属舰队
Дерзкий	无理	海军造船厂	1913.10.31	1914.03.15	1914.10.29	黑海舰队
Пронзительный	尖锐	海军造船厂	1913.10.31	1914.03.15	1914.10.29	黑海舰队
Беспокойный	不安	海军造船厂	1912.10.03	1913.10.31	1914.10.29	黑海舰队
Гневный	愤怒	海军造船厂	1912.10.03	1913.10.31	1914.10.29	黑海舰队
基本技术性能						
基本尺寸	舰长 93.8 米，舰宽 9.1 米，吃水 3.35 米					
排水量	正常 1070 吨 / 满载 1450 吨					
最大航速	34.5 节					
续航能力	1720 海里 / 21 节					
动力配置	"帕森斯"汽轮机 2 台 2 轴功率 25500 马力，5 座"索尼克罗夫特"型锅炉					
最大载油量	280 吨					
武器配置	3×102 毫米"奥布霍夫"火炮，2×7.62 毫米"马克沁"机枪，5×457 毫米双联鱼雷发射管，80 颗水雷					
辅助配置	"盖斯勒 M-1911"机械火炮指挥仪，"埃里克森 M-1"机械鱼雷射击指挥仪，"巴尔－斯特劳德"测距仪					
人员编制	100 名舰员 +11 名军官					

▲ 正在运送水雷至艉部的俄军水兵。

▲ 编队航行中的"无理"号驱逐舰，拍摄点是另一艘驱逐舰"尖锐"号。

"无理"号

1915 年 12 月 11 日成功击沉奥斯曼海军"石桥"号（Taşköprü）和"约斯加"号（Yozgat）炮艇；12 月 31 日又击沉德军 UC-13 号潜艇。1916 年 8 月 21 日与"尖锐"号一起俘获了"土尔其斯坦"号（Turkestan）商船。1916 年 11 月 29 日与"热烈"号一同击沉了德军 UB-46 号潜艇。1917 年 12 月 29 日编入红海军，随后参加了剿灭骑兵上将卡列金（А. М. Каледин）的武装叛乱和巩固顿河苏维埃政权的斗争；1918 年 1 月又参加了维尔科沃地区与罗马尼亚军队的战斗。1918 年 4 月 29 日为担心被德军俘获而撤至新罗西斯克，后于 6 月返回塞瓦斯托波尔港并遭德军扣押。1918 年 12 月被英国干涉军俘虏并送往马耳他接受修理工作；1920 年 3 月 9 日重返塞瓦斯托波尔并由俄国南方武装力量组织的黑海舰队使用。1920 年 11 月 14 日随弗兰格尔的残部撤至比泽特时被法国政府扣留。1930 年该舰遭解体。

"尖锐"号

1915 年 12 月 11 日曾与"无理"号一起在科夫肯岛附近海域先后成功击沉了土耳其海军的"石桥"号和"约斯加"号炮艇，后于 12 月 31 日击沉了德军的 UC-13 号潜艇。1917 年 12 月 20 日被编入红海军黑海舰队，后于 1918 年 1 月在费奥多西亚参加了与当地反革命和民族独立势力的战斗；4 月 29 日为担心被德军俘获而撤至新罗西斯克，由于该舰官兵拒绝接受德国人提出的投降要求，该舰于 6 月 18 日被"刻赤"号击沉于采梅斯湾附近水域。苏联政府曾于 1926 年试图打捞该舰但并未获得成功，后于 1939～1940 年打捞起部分机械设备；直至 1965 年该舰才被整体打捞上岸。

▲ 正在接受修理的"无理"号，此前该舰刚在一次海战中被奥斯曼海军巡洋舰"米蒂利"号（Midilli）轻微击伤。

▲ 刚投入服役后不久的"尖锐"号。

驶出塞瓦斯托波尔港的"无畏"号。

"不安"号

　　1915 年 12 月曾与"无理"号一起先后成功击沉了土耳其海军的"石桥"号和"约斯加"号炮艇以及德军的 UC-13 号潜艇。1916 年 9 月在康斯坦察附近海域执行布雷任务时不慎触及罗马尼亚海军布设的水雷而严重受损并不得不返回尼古拉耶夫港进行修理。1918 年 4 月 29 日为担心被德军俘获而撤至新罗西斯克，后于 6 月返回塞瓦斯托波尔港并随即遭到德军扣押。1918 年 12 月被英法干涉军俘虏并编为驱逐舰 R-1 号继续使用。1920 年 3 月 9 日转交由俄国南方武装力量组织的黑海舰队使用。1920 年 11 月 14 日随弗兰格尔的残部撤至比泽特时被法国政府扣留。1933 年该舰遭解体。

▲ 进入黑海舰队服役的"不安"号。改进后的所有"诺维克"型驱逐舰均摒弃了原型的四烟囱结构改用更为紧凑的三烟囱设计布局。注意舰舰桥安装的巴尔－斯特劳德型测距仪，直到苏联时期换上国产的 ДМ 型测距仪之前，俄国人始终将其作为首选测距设备。

▲ 停靠在君士坦丁堡内的"不安"号，照片摄于 1919 年。此时该舰实际上已由法国人所控制，注意艇舷侧清晰可见的 R.1 编号。

▲ 全速航行中的"愤怒"号。

▼ 在德军炮火攻击下坐沉于塞瓦斯托波尔港的"愤怒"号。

"愤怒"号

1915 年 6 月 11 日被德奥斯曼海军巡洋舰"米蒂利"号击伤后长期在塞瓦斯托波尔接受修理。1917 年底被编入红海军。1918 年 4 月 29 日在从塞瓦斯托波尔撤离时被德军炮火击中而遭弃用，德军将其修理后编入为 R-3 号驱逐舰继续使用。1918 年 12 月被英法干涉军俘虏，后交由俄国南方武装力量组织的黑海舰队使用。1920 年 11 月随弗兰格尔的残部撤至比泽特时被法国政府扣留。1933 年该舰遭解体。

▲ 正准备逃往突尼斯的"愤怒"号。

▲ 弃留在比泽特港内的俄军驱逐舰，从左至右依次为"无理"号、"热烈"号与"不安"号。

特别介绍

102 毫米"奥布霍夫"火炮

1907 年时任波罗的海舰队大型驱逐舰支队指挥官的冯·埃森提出原先驱逐舰所用的 75 毫米"贾纳"型火炮已经无法满足眼下海战的需要，驱逐舰主炮口径必须增加。于是奥布霍夫工厂在英国维克斯工厂（Vickers）的技术支持下迅速设计出了一款 102 毫米口型的新型火炮，1909 年 8 月通过各项试验之后开始在奥布霍夫工厂大批量生产并最早配备于"志愿者"系列驱逐舰。至 1916 年该型火炮共生产了 225 门，由于其良好的技术性能这种火炮一直被使用到 50 年代。

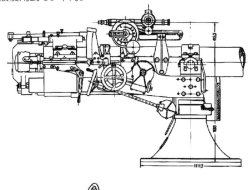

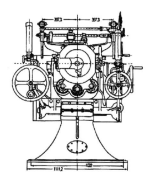

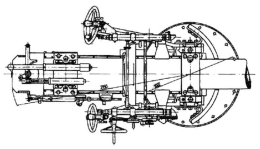

技术参数
炮口直径：105.6 毫米
炮管长度：6.28 米
仰角范围：−6° ~ 30°
炮程：16300 米（30° 仰角）
供弹速度：12 ~ 15 发 / 分钟
射速：830 米 / 秒

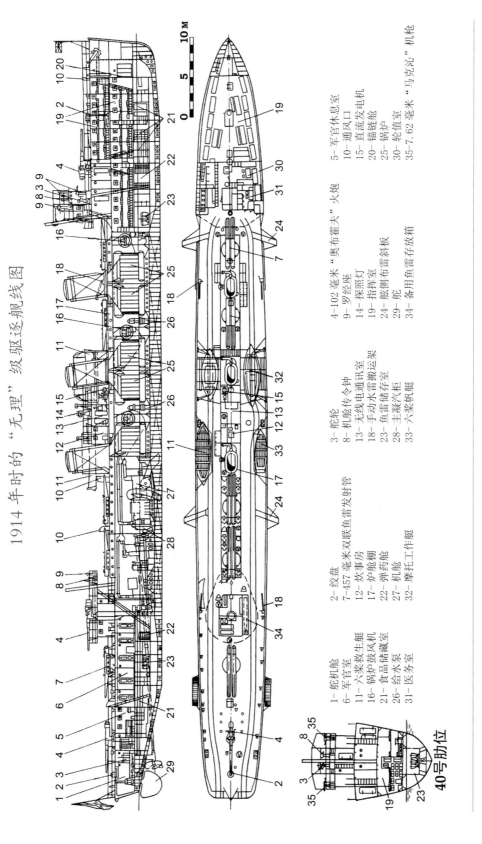

1914 年时的 "无理" 级驱逐舰线图

40号肋位

1- 舵机舱
2- 绞盘
3- 舵轮
4- 102毫米 "奥布霍夫" 火炮
5- 军官休息室
6- 军官室
7- 457毫米双联鱼雷发射管
8- 机舱传令钟
9- 罗经座
10- 通风口
11- 六桨救生艇
12- 炊事房
13- 无线电通讯室
14- 探照灯
15- 直流发电机
16- 锅炉鼓风机
17- 炉舱棚
18- 手动水雷搬运架
19- 指挥室
20- 锚链舱
21- 食品储藏室
22- 弹药舱
23- 鱼雷储存室
24- 舷侧布雷斜板
25- 锅炉
26- 给水泵
27- 机舱
28- 主藏汽室
29- 舵
30- 轮值室
31- 医务室
32- 摩托工作艇
33- 六桨帆艇
34- 备用鱼雷存放箱
35- 7.62毫米 "马克沁" 机枪

武器配置改进情况
1916年: +2×7.62 毫米 "马克沁" 机枪, 2×47 毫米 "哈奇开斯" 速射炮

"幸福"级（Счастливый）驱逐舰

按照沙皇和杜马批准的建造计划，黑海舰队在1914年必须装备九艘以"诺维克"号为原型的驱逐舰，而通过1911年底的竞标之后，尼古拉耶夫的海军造船厂最终得到了这笔订单的大额，而计划建造的另外五艘则分别交由普季洛夫船厂、涅瓦船厂和科尔皮诺钢铁制造厂（Колпинский Металлический Завод）完成。按照1912年2月底三方船厂与海军部签署的协议，每艘驱逐舰的造价为200万卢布，普季洛夫船厂负责完成一艘，而涅瓦船厂和科尔皮诺钢铁制造厂分别建造两艘；涡轮发动机设备则仍由伏尔铿公司提供。为了鼓励俄国内其他各船厂的发展，煞费苦心的海军部还得不偿失地决定由赫尔松的瓦顿船厂（Завод Ваддона）和尼古拉耶夫的军舰修造厂各自完成三艘和两艘的最终组装工作。

除了在舰长上略作加长之外，"幸福"级和"无理"级实际上就是同型驱逐舰。海军部原本认为三管其下的建造速度应该很快，但他们却错打了如意算盘：由于要对船体和舰桥设计进行部分修改，普季洛夫船厂拖到8月底才最终敲定设计方案；涅瓦船厂也受此影响，足足等待了半年后他们才得以开工。最糟糕的要数科尔皮诺厂：在接到订单时船厂方面刚完成扩建车间的工作，不过他们在涅瓦河和伊若拉河交汇口搭建的新型建造船台此刻却仍未完工。但科尔皮诺工厂在船舶配套机械设备上却颇具心得，早在1907年他们就已和法国人合作制造小型涡轮机组。由于9月他们通过了德国通用公司（Allgemeine Elektrizitas Gesellschaft）和伏尔铿公司的审核即刻具备生产该两家公司涡轮机组配套设备的条件，于是海军部决定由科尔皮诺厂负责提供锅炉和机械配套设施而不再向德方购买。实际上因为汉堡－斯德丁一带地区蔓延开的罢工活动，德国人的第一套涡轮机、锅炉设备直到1913年8月才刚刚运抵俄国，而进度最慢的"迅速"号和"热烈"号也因为一战交恶而转向索尼克罗夫特和布朗·勃维利（Brown Boveri's）两家公司购买。1913年5月，涅瓦负责的两艘驱逐舰运抵尼古拉耶夫开始后续建造；但瓦顿船厂却麻烦不断，由于前期准备工作很不充分，他们直到10月底才开始第一艘驱逐舰的组装；12月中旬第一套锅炉及配套设施运抵赫尔松，由于缺少建造涡轮设备舰船的经验而不断出现安装工作问题，以至于派往瓦顿船厂的德方技术人员多次向科尔皮诺厂的特派工程师柯尼洛维奇（В. Н. Корнилович）建议更换船厂。随着一战爆发，德方撤走了全部技术人员，从圣彼得堡至黑海之间的所有运输航线会因为时时出没的德军舰只而变得不再安全。俄海军部经过考虑后决定将原先计划在瓦顿船厂完工的"幸福"号驱逐舰转至军舰修造厂，同时颇费周折地采用铁路运输将机械设施运抵尼古拉耶夫进行总装。直到1915年5月初该级驱逐舰才交由黑海舰队服役。

"幸福"级驱逐舰进入黑海舰队之后参与了一系列作战行动且表现优异，然而该级舰却有着和"无理"级如出一辙的命运：除了"迅速"号之外，其余四艘均在俄国内战中损失殆尽。

▲ 在瓦顿船厂完成组装之后，"热烈"号正在第聂伯河上进行试航工作。

"幸福"号

1915 年 12 月 11 日与"无理"号成功击沉了土耳其海军的"石桥"号和"约斯加"号炮艇；12 月 31 日又共同击沉了德军 UC-13 号潜艇。1916 年 1 ～ 2 月间参加了进攻土耳其埃尔祖鲁姆防线的行动。1917 年底被编入红海军，1918 年 5 月被德军俘虏，8 月 7 日编入德海军服役（编号 R-1）；后于 12 月 12 日被英国干涉军俘虏。1919 年 10 月 24 日在利姆诺斯岛附近海域遭遇风暴而沉没。

"迅速"号

1916 年 1 ～ 2 月间参加了进攻土耳其埃尔祖鲁姆防线的行动。1917 年 11 月 1 日与"热烈"号一起击沉了奥斯曼海军驱逐舰"阿米德－阿巴德"号（Ahmed Abad）。1918 年 5 月被德军俘虏，后于 8 月 7 日编为 R-2 号驱逐舰进入德军服役。1919 年 2 月 6 日被英国干涉军俘虏并转交俄国南方武装力量使用。1919 年 4 月底曾被红军夺回但于两个月后就再次被白匪军俘虏。1920 年 11 月 15 日在随弗兰格尔残部撤退时被红军俘获；

随后就开始接受彻底修理。1925 年 2 月 5 日更名为"伏龙芝"号（Фрунзе）以纪念红军统帅和军事理论家米哈伊尔·伏龙芝（M. B. Фрунзе）；1927 年 12 月重新编入黑海舰队服役，曾出访伊斯坦布尔（1928.5.27 ～ 6.7）和那不勒斯（1929.8.31 ～ 9.12）。二战期间主要负责敖德萨地区的兵员运输工作；1941 年 9 月 21 日在坦德拉角附近海域遭遇德军数架 Ju-87 空袭，该舰被 5 枚炸弹击中后沉没，50 名舰上官兵阵亡；10 月 6 日从苏联海军除籍。

▲ 航行中的"迅速"号，照片摄于 1916 年。

▼ 一战中的"幸福"号，注意其涂装的菱形碎块迷彩。

▲ 重新投入服役后不久的"伏龙芝"号，此时舰艇已增加了一门 102 毫米火炮和一座 8K 防空炮。

▲ "伏龙芝"号舰艏特写，舷名十分清晰。艏舰桥顶部仍旧安装巴尔－斯特劳德型测距仪，1939 年它被苏联国产的 ДМ-3 型测距仪所取代。

▲ "伏龙芝"号艉部特写，照片摄于 30 年代初。由于舰桥延伸而出的炮台，苏联人不得不将原先舰桥前后的各一座鱼雷发射管拆除。

重新投入使用的"优势芝"号，照片摄于1928年。

▲ "伏龙芝"号舰艏特写。

从卫国战争开始的第一天起，"伏龙芝"号就在敖德萨地区积极参加和德军的作战。1941年8月28日在与炮舰"红色格鲁吉亚"号（Красная Грузия）对敖德萨东部伊

利因卡村附近沿岸实施火力攻击的作战任务中突遭德军岸防火力猛烈反击，其中一枚炮弹直接击中机舱左舷附近，另一枚则在靠近舰舰桥附近爆炸，包括舰长巴维尔·波博罗夫尼科夫（П. А. Бобровников）大尉在内的4名舰员身负重伤。为配合第3海军步兵旅在格里戈里耶夫卡附近地区的登陆行动，"伏龙芝"号与巡洋舰"红色高加索"号、炮舰"红色亚美尼亚"号（Красная Армения）和另3艘驱逐舰所组成的支援编队于9月21日清晨7时从塞瓦斯托波尔出发驶向目的地，但舰队行踪不久后就被德军侦察机发现；下午3时左右，隶属德军第77俯冲轰炸机大队第一大队的9架Ju-87轰炸机在上尉赫尔穆特·布鲁克（Helmut Bruck）的指挥下对舰队展开空袭，"红色亚美尼亚"号率先中弹起火，"伏龙芝"号在试图救援的过程中也遭到德机的轮番袭击，这艘不胜防空能力的老式驱逐舰在短短10分钟内就连中4枚炸弹，其中一颗直接命中舰桥，包括舰长谢尔盖·伊万诺夫（С. И. Иванов）上校和政委迪米特里·佐尔金（Д. С. Золкин）在内的数名指挥人员当场阵亡，舰队指挥官列夫·弗拉基米尔斯基（Л. А. Владимирский）少将也身负重伤。拖轮ОП-8号随后加入救援工作，另一艘ОП-2号则试图将驱逐舰拖离战场，但在行驶至坦德拉基角附近海域时再度遭到德机空袭而最终沉没。全舰160人共50人阵亡，另有110人获救。

▲ 二战爆发后不久的"伏龙芝"号。防空能力的严重不足让该舰在数月过后即在德军斯图卡机群的狂轰滥炸下倾覆沉没。

▲ 在塞瓦斯托波尔港内接受修理的"洪亮"号。

"洪亮"号

一战中主要负责布雷和巡逻任务。1916 年 1～2 月间参加了进攻土耳其埃尔祖鲁姆防线的行动。1917 年底被编入红海军，1918 年 4 月 29 日因担心被德军俘虏而从塞瓦斯托波尔撤离；6 月 17 日因为拒绝德军的投降要求而被该舰官兵自沉于新罗西斯克附近海域。

▲ 停泊在塞瓦斯托波尔港口内的"洪亮"号。虽然和"无理"级实为一型驱逐舰，但这两型还是存有些细微的区别，比如"幸福"级在一、二号烟囱两侧装有显眼的通风帽。

▲ 正在军舰修造厂进行后续组装的"仓促"号（右），左边是该船厂为俄海军建造的另三艘舰艇，从左至右分别是"海象"号（Морж）、"海豹"号（Тюлень）和"斑海豹"号（Нерпа）。

"热烈"号

1916 年 1～2 月间参加了进攻土耳其埃尔祖鲁姆防线的行动；11 月 29 日与"无理"号一同击沉了德军的 UB-46 号潜艇。12 月 28 日因遭遇风暴而严重受损，后返回港口接受修理。1917 年 11 月 1 日与"迅速"号一起击沉了土耳其海军驱逐舰"阿米德－阿巴德"号。1917 年 12 月 28 日被编入红海军，次年 6 月在返回塞瓦斯托波尔港后被德军俘虏；12 月底再次被英国干涉军俘虏。1919 年 2 月 6 日该舰被移交给俄国南方武装力量使用，但随后就在塞瓦斯托波尔港接受修理。1920 年 11 月在随弗兰格尔残部撤退至比泽特时被法国政府扣留。1933 年遭最终解体。

"仓促"号

1916 年 8 月 25 日在对瓦尔纳沿岸目标进行炮击时遭遇空袭而严重受损并不得不返回接受长期的修理。1917 年底被编入红海军，第二年 6 月 19 日被德军俘虏，后于 12 月底被英国干涉军缴获，后于 2 月 6 日转交俄国南方武装力量使用。1920 年 11 月在随弗兰格尔残部撤退至比泽特时被法国政府扣留。1933 年遭最终解体。

▼ "仓促"号近照。

▲ 被德军扣押的"洪亮"号与"无理"号。

▼ 停靠在塞瓦斯托波尔港内的"幸福"号，注意此时该舰已悬挂起德国海军旗。

俄文舰名	译名	建造船厂	开工日期	下水日期	服役日期	隶属舰队
Счастливый	幸福	普季洛夫 / 瓦顿 / 军舰修造厂	1912.08	1914.03.29	1915.05.01	黑海舰队
Быстрый	迅速	科尔皮诺钢铁 / 瓦顿	1912.08	1914.06.07	1915.05.01	黑海舰队
Пылкий	热烈	科尔皮诺钢铁 / 瓦顿	1912.11	1914.07.28	1915.06.06	黑海舰队
Громкий	洪亮	涅瓦 / 军舰修造厂	1912.11	1913.12.18	1915.05.04	黑海舰队
Поспешный	仓促	涅瓦 / 军舰修造厂	1912.11	1914.04.04	1915.09.29	黑海舰队
基本技术性能						
基本尺寸	舰长 98 米，舰宽 9.3 米，吃水 3.41 米					
排水量	正常 1110 吨 / 满载 1450 吨					
最大航速	34.9 节					
续航能力	1800 海里 / 16 节					
动力配置	"通用"汽轮机 2 台 2 轴功率 23000 马力 (迅速、热烈号为"帕森斯"汽轮机)，5 座"伏尔铿"型锅炉 (迅速、热烈号为"索尼克罗夫特"型锅炉)					
最大载油量	390 吨					
武器配置	3×102 毫米"奥布霍夫"火炮，2×7.62 毫米"马克沁"机枪，5×457 毫米双联鱼雷发射管，80 颗水雷					
辅助配置	"盖斯勒 M-1911"机械火炮指挥仪，"埃里克森 M-1"机械鱼雷射击指挥仪，"巴尔－斯特劳德"测距仪					
人员编制	100 名舰员 +11 名军官					

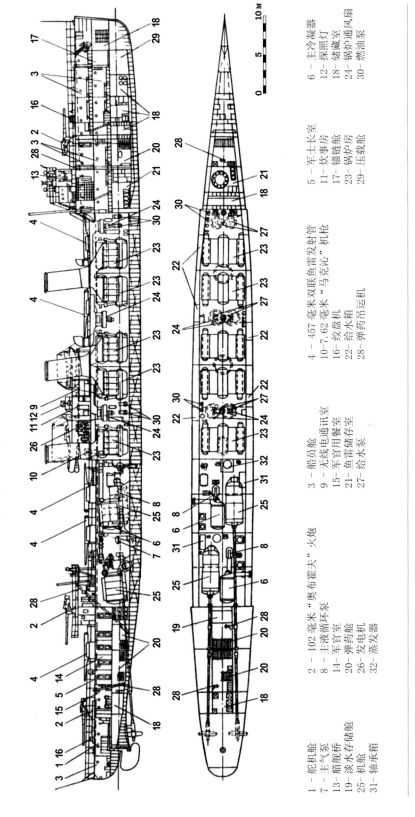

1915 年时的"幸福"级驱逐舰线图

1 - 舵机舱
7 - 主气泵
13- 舰桥
19- 淡水存储舱
25- 机舱
31- 轴承箱

2 - 102 毫米"奥布霍夫"火炮
8 - 主液循环泵
14- 军官室
20- 弹药舱
26- 发电机
32- 蒸发器

3 - 船员舱
9 - 无线电通讯室
15- 军官用餐室
21- 鱼雷储存室
27- 给水泵

4 - 457 毫米双联鱼雷发射管
10- 7.62 毫米"马克沁"机枪
16- 绞盘机
22- 给水箱
28- 弹药吊运机

5 - 军士长室
11- 炊事房
17- 锚链舱
23- 锅炉房
29- 压载舱

6 - 主冷凝器
12- 探照灯
18- 储藏室
24- 锅炉通风扇
30- 燃油泵

武器配置改进情况

1916 年：+2×7.62 毫米"马克沁"机枪，2×47 毫米"哈奇开斯"速射炮
1927 年（伏龙芝号）：-2×47 毫米"哈奇开斯"速射炮，4×7.62 毫米"马克沁"机枪，5×457 毫米双联鱼雷发射管，40 颗水雷；+1×102 毫米"奥布霍夫"火炮，1×76.2 毫米 8K 防空炮，1×37 毫米"马克沁"防空炮，3×457 毫米三联鱼雷发射管
1940 年（伏龙芝号）：-1×45 毫米 21K 防空炮，2×12.7 毫米 ДШК 防空机枪，16×ББ-1 深水炸弹，22×БМ-1 深水炸弹

"俄耳甫斯"级（Орфей）驱逐舰

在完成了为黑海舰队重建九艘驱逐舰的计划任务之后，海军部很快就把重心放到了波罗的海舰队的身上。在为舰队建造新型驱逐舰的招标过程中，技术委员会收到了多达十家船厂的设计方案，不过最终普季洛夫船厂还是成为了赢家；他们根据"无理"级和"幸福"级为基础所修改设计的驱逐舰无论在适航性能还是在输出功率上都远胜过其他船厂的性能指标。考虑到科尔皮诺钢铁厂的各项设施建设工作均已到位，又兼备建造发动机配套设备的能力，海军部遂提出合作意向：1913年1月双方达成一致，由科尔皮诺钢铁厂建造八艘新型"俄耳甫斯"级驱逐舰，单艘造价240万卢布。

科尔皮诺钢铁厂随后与普季洛夫船厂就设计方案进行进一步的研讨修改，并于1913年11月正式开始建造工作。"俄耳甫斯"级在外形尺寸上与为黑海舰队建造的另九艘驱逐舰并无太大的区别，但在武器配置上却做出了重大调整：为突出单次鱼雷攻击效果，"俄耳甫斯"级除去了原先舰艉的一门102毫米火炮，但鱼雷发射管由原来的五座双联装换成了四座三联装。在动力布局设计上俄国人得到了德国博隆福斯船厂（Blohm & Voss）方面的技术支持，该级舰虽减少了一座锅炉，但却独立安装在四座锅炉房内，而蒸汽轮机的总功率仍旧达到了30000马力。建造工作进展得十分顺利，但随着一战爆发，德国人取消了后续四艘"飞人"、"捷斯纳"、"阿扎德"和"参孙"号所需的动力配套设备、低磁铬钢、螺旋桨传动轴等材料零部件的供应，科尔皮诺钢铁厂只得根据德方已经提供的成品进行复制工作。由于战事所需，海军部要求全部八艘驱逐舰在1915年底前进入海军服役，科尔皮诺钢铁厂遂决定将一部分舰只的试航工作放在赫尔辛基和喀琅施塔得完成，不过波罗的海冬季恶劣的天气加之赫尔辛基港口厚厚的结冰还是让海军部的设想变为了泡影，除去"胜利者"号和"挑衅者"号外，其余六艘直到1916年初夏才交付波罗的海舰队并被编入第一、第二驱逐舰支队服役。

服役之后的"俄耳甫斯"级很快就接受了第一次改进工作。考虑到德国舰队并不打算在波罗的海上投入重兵，俄国人遂将该级舰的一座三联装鱼雷发射管拆除，同时在舰艉部加装了两门102毫米火炮；随后又针对德军空袭适当增加了一门防空炮。作为整个"诺维克"系列总服役寿命最长的一级驱逐舰，"俄耳甫斯"级中一共有五艘参加了卫国战争。而至该级舰为止的三型驱逐舰也被普遍认为是第一代"诺维克"级驱逐舰。

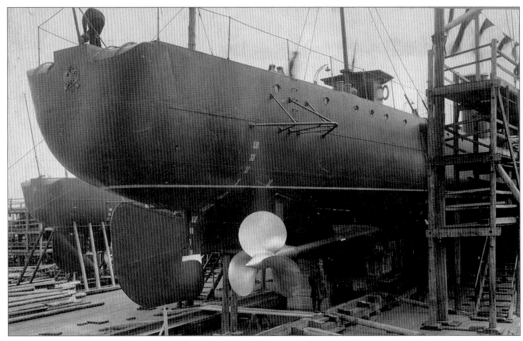

▲ 下水试航前的"俄耳甫斯"号，左侧则是"雷电"号。

▲ 试航中的"雷电"号，在其左后方应该是另一艘同日下水的"俄耳甫斯"号。

▲ 正在科尔皮诺钢铁厂进入最终舾装工作的"飞人"号，照片摄于 1916 年 3 月。

俄文舰名	译名	建造船厂	开工日期	下水日期	服役日期	隶属舰队
Орфей	俄耳甫斯	科尔皮诺钢铁	1914.11.05	1915.06.28	1916.05.17	波罗的海舰队
Победитель	胜利者	科尔皮诺钢铁	1913.11	1914.11.05	1915.11.07	波罗的海舰队
Забияка	挑衅者	科尔皮诺钢铁	1913.11	1914.11.05	1915.11.24	波罗的海舰队 / 北方舰队
Гром	雷电	科尔皮诺钢铁	1913.11	1915.06.28	1916.05	波罗的海舰队
Летун	飞人	科尔皮诺钢铁	1914.11.05	1915.10.18	1916.07.24	波罗的海舰队
Десна	捷斯纳	科尔皮诺钢铁	1914.11.05	1915.11.07	1916.08.29	波罗的海舰队
Азард	阿扎德	科尔皮诺钢铁	1915.07.13	1916.06.05	1916.10.23	波罗的海舰队
Самсон	参孙	科尔皮诺钢铁	1915.07.13	1916.06.05	1916.12.04	波罗的海舰队 / 太平洋舰队
基本技术性能						
基本尺寸	舰长 98 米，舰宽 9.34 米，吃水 3.25 米					
排水量	正常 1260 吨 / 满载 1520 吨					
最大航速	35.5 节					
续航能力	1800 海里 / 16 节					
动力配置	"通用"汽轮机 2 台 2 轴功率 30000 马力，4 座"伏尔铿"型锅炉					
最大载油量	350 吨					
武器配置	2×102 毫米"奥布霍夫"火炮，2×7.62 毫米"马克沁"机枪，4×457 毫米三联鱼雷发射管，80 颗水雷					
辅助配置	"盖斯勒 M-1911"机械火炮指挥仪，"埃里克森 M-1"机械鱼雷射击指挥仪，"巴尔-斯特劳德"测距仪					
人员编制	100 名舰员 +13 名军官					

▲▼ 第一次改进前后的"俄耳甫斯"号，照片摄于 1916 年。

"俄耳甫斯"号

一战中主要负责布雷和巡逻任务。1917 年 7 月 17 日该舰护送波罗的海舰队中央委员会与该舰革命委员会的 76 名成员前往彼得格勒参加了工人、士兵、农民代表的中央执行会议。同年 11 月该舰参加十月革命并加入红海军，但因在 12 月的一次行动中触雷受损而前往赫尔辛基接受修理；1918 年 4 月由"纤夫"号（Бурлак）运输船拖回喀琅施塔得，后在港内长期处于封存状态。1922 年 5 月该舰被降级为训练舰并于 1929 年 9 月开始解体工作，完好的舰艏部分被用于艏部损毁的"沃罗达尔斯基"号上；1931 年 1 月被海军最终除籍。

"胜利者"号

一战中主要在波罗的海东部海域负责布雷和巡逻任务。1917 年 10 月参加了在蒙松德海峡的攻击行动。同年该舰参加二月革命，十月革命后加入红海军并参加了对抗克伦斯基和克拉斯诺夫组织的反攻，1918 年 4 月从赫尔辛基撤回后即被封存。1921 年 4 月重新编入波罗的海舰队；1922 年 12 月底为纪念化名为沃罗达尔斯基（В. Володарский）的革命领袖莫伊谢·戈尔茨坦（М. М. Гольдштейн）而更名此舰；1923 年和 1934 年间该舰两次接受大修。1934 年 9 月初曾造访格但斯克。苏芬战争中负责对芬兰沿岸驻军实施炮火压制；二

战开始后参加了里加防御战并配合布雷舰"马蒂"号（Марти）完成了一系列布雷工作；1941 年 8 月 27 日夜间在从塔林撤退的行动中不慎触雷，后因引发弹药舱爆炸而在墨赫尼岛附近海域沉没。

"雷电"号

1917 年该舰参加了二月革命；10 月 27 日与炮舰"勇敢"号（Храбрый）对蒙松德海峡的巡逻中遭遇德军战列舰"凯撒"号（SMS Kaiser）的攻击，由于机舱部位被击中而丧失机动能力；德军驱逐舰 B-98 号曾试图俘获该舰，但因难以拖回而最终将其击沉。

▲ 一战中的"胜利者"号，照片摄于1916年。依稀可见舰艉102毫米火炮数量已经增加为2门。而第三门火炮则取代了原先的靠近舰桥处的四号鱼雷发射管。

▲▼ 第一次改进后的"雷电"号和"胜利者"号（下），艉部的武器配置改进情况一目了然，照片摄于1917年前后。注意"雷电"号靠近舰桥处已增设一座防空炮炮台，而"胜利者"号的艉端也已增加了一门8K防空炮。

▲ 第一次改装后的"雷电"号，注意舰桥上的巴尔－斯特劳德型测距仪。"雷电"号是第一艘被击沉的"俄耳甫斯"级驱逐舰，也是该级驱逐舰在整个一战中唯一的一艘损失。

"捷斯纳"号

1917 年 10 月参加了在月亮峡湾的攻击行动。同年该舰官兵参加了二月革命并于十月革命之后加入了红海军，随后参加了波罗的海舰队从赫尔辛基撤退的行动，但于 1918 年 10 月进入封存。1922 年 12 月底更名为"恩格斯"号（Энгельс）1925 年该舰接受全面的修理工作并于 1935 年重新编入波罗的海舰队。苏芬战争中负责对芬兰沿岸驻军实施炮火压制。二战开始后参加了里加防御战；1941 年 8 月 7 日遭到德军空袭并被一颗 250 公斤炸弹直接命中，由于锅炉等机械设备受损严重，该舰于 8 月 17 日撤出塔林转往喀琅施塔得接受全面修理工作，8 月 24 日下午 5 时左右在尤明达海角附近海域触雷受损，后在破冰船"十月"号（Октябрь）的拖引下试图撤离，但不久就不慎触碰到第二颗水雷。由于舰船下沉速度加快，舰长瓦列里·瓦西里耶夫（В. П. Васильев）少校随后下令全舰官兵撤离至扫雷艇 ТЩ-45 号，而猎潜艇 МО-201 号则将舰上机密文件和行动资料悉数转移，6 时 15 分左右该舰最终沉没。

▲ 停靠在喀琅施塔得的"捷斯纳"号。

▼ 作战指挥室。

▼ 发电机室。

▼ 鱼雷操作位。

"捷斯纳"号舰上特写

◀ 艇部火炮。

▲ 锅炉。

▼ 机舱传令钟。

▲ 舵轮驾驶室。

▲ 无线电通讯室。

▼ 艏部特写。

▼ 舯部特写。

▲ "挑衅者"号近照，照片摄于 1916 年。

▼ 停靠在喀琅施塔得港的"乌里茨基"号，此时正处于半封存状态，照片摄于 1925 年。注意舰桥前端已经损坏的 102 毫米火炮。

"挑衅者"号

一战中主要负责布雷和巡逻任务。1917 年 10 月参加了在蒙松德海峡的攻击行动。同年该舰官兵参加了二月革命并于十月革命后加入了红海军，随后参加了克伦斯基和克拉斯诺夫组织的反攻，之后被封存。1922 年 12 月底为纪念彼得格勒革命防卫委员会委员莫伊谢·乌里茨基（M. C. Урицкий）而改名为"乌里茨基"号；1925 年该舰接受全面的修理工作并于 1933 年 8 月编入北方区舰队（后为北方舰队）。二战期间主要在科拉湾和雷巴奇半岛附近海域负责布雷和巡逻任务；后期曾安装英国人提供的 291V 型雷达。1951 年 3 月改装成电子设备舰并更名为"列乌特"号（Реут）；

1956 年 12 月降级为训练舰（编号 УТС-22），一年后试验击沉于新地岛附近海域。1958 年 1 月除籍。

"飞人"号

1916 年 10 月 25 日在完成布雷任务后在伍尔夫岛附近海域不幸触及德军布设的水雷而严重受损，之后在赫尔辛基接受长期修理，随后该舰被封存。1922 年 5 月从海军除籍，1927 年 9 月开始解体。

"阿扎德"号

1917 年该舰参加了二月革命并于十月革命后加入红海军。1918 年 12 月在阿捷里－昆达地区参加了与德军和爱沙尼亚军团的作战行动。1919 年 8 月 5 日

击沉了英军 L-55 号潜艇。1922 年 12 月底以共产国际执行委员会主席格里戈里·季诺维耶夫（Г. Е. Зиновьев）之名改称此舰；1925 年该舰接受全面的修理；1928 年 11 月为纪念死于高速推进火车试验事故的中央执行委员会委员"阿尔乔姆同志"费奥多·谢尔盖耶夫（Ф. A. Сергеев）而再次更名为"阿尔乔姆"号（Артём）；1935 年重新编入波罗的海舰队。之后参加了苏芬战争并参加了数次对芬兰沿岸目标的炮击行动。二战期间主要负责护航工作；1941 年 8 月 28 日在墨赫尼岛附近海域触及德军水雷而沉没，在舰桥上指挥撤离工作的第二驱逐舰支队指挥列夫·斯多罗夫（Л. Н. Сидоров）中校最终不幸殉职。

▲ 改装后的"乌里茨基"号。注意舰艉和原先的一座鱼雷发射管已换成120毫米火炮,最尾端还增设一门76.2毫米8K防空炮。

◀ 正在进行升旗仪式的"阿扎德"号,注意舰部依旧只有一门102毫米火炮。

▲ 国内战争结束后接受第二次改装后的"沃罗达尔斯基"号，原先的主桅高度已相应降低很多，舰舰桥结构外形也发生了相应变化。

▼ 二战爆发前的"阿尔乔姆"号。

▲ 已编入太平洋舰队的"斯大林"号，阳光照耀下的舷名缩写依旧可以辨认。由于相对平缓的远东局势和刻意避讳苏维埃最高领导人的同名舰不被击沉，整个二战期间该舰都无多大亮点可言。

▼ "斯大林"号舰艏特写。

▲ 正在进行炮管吊装工作的"恩格斯"号舰员。

▲ 完成就位后的 305 毫米火炮。为了此次试验，"恩格斯"号的艉部结构不仅进行了反复加固，其舰上设备也被悉数拆除。

▲ 试验工作正对炮管进行发射药填装。

▼ 对火炮固定发射角进行机械校正。

30 年代初期为配合海军舰载武器质量的提升，苏联人有些急功近利地进行了诸多不切实际的荒诞试验。1934 年 2 月底，时任副国防人民委员的图哈切夫斯基在与海军军械局召开的一次座谈会上首次提出为了满足正在建造中的驱逐领舰和像"甘古特"级战列舰这样大型作战舰艇所需的火力改装，海军可以考虑研制一型具备强大破坏力的新型火炮；于是苏联国内著名的枪炮设计师列昂尼德·库尔切夫斯基（Л. В. Курчевский）根据这些要求设计出了一型 305 毫米口径的无后座力火炮。仅仅三个月后库尔切夫斯基的设计图稿就被送往列宁格勒的布尔什维克机械厂进行试验生产；与此同时"恩格斯"号被最终选定作为该型火炮的舰载平台。9 月底，安装在"恩格斯"号艉部的这门 305 毫米火炮开始了长达五天的试验工作。除了得到一些看起来毫无参考价值可言的参数数值之外，这款 305 毫米火炮似乎并未取得令苏联人感到满意的结果。同年年末，海军设计局拟想出一个更为疯狂的建议：他们拟定在建造的一型 4000 吨以上排水量的新型战舰上装备 4 门 500 毫米大口径主炮。甚至当专门设计的 305 毫米火炮还在进行后续改进时这门 500 毫米火炮已经在隆隆作响的布尔什维克机械厂车间内进入了生产阶段。于是 305 毫米火炮的后续计划开始逐渐放缓，而步其后尘的 500 毫米试验用火炮被安装到"卡尔·马克思"号上，不过最终的试验也以失败而告终。1936 年图哈切夫斯基因涉嫌"反革命间谍和叛国"的罪名而拘捕入狱，库尔切夫斯基也因怀疑是图哈切夫斯基等人的党羽帮凶而于一年后批捕收押。至此这个从一开始就显得有些可笑的设计计划最终胎死腹中。

▼ 准备就绪的 305 毫米火炮，硕长的炮身显得极不协调。

1914 年时的 "俄耳甫斯" 级驱逐舰线图

武器配置改进情况
1914 年（挑衅者，雷电，俄耳甫斯号）：-1×457 毫米三联鱼雷发射管；+2×102 毫米 "奥布霍夫" 火炮
1916 年（挑衅者，雷电，俄耳甫斯，阿扎德号）：+1×40 毫米 "维克斯" 防空炮；+1×76.2 毫米 8K 防空炮
1917 年（挑衅者，俄耳甫斯，雷电，多弥）：+1×76.2 毫米 8K 防空炮
1924 年（捷斯纳，阿扎德，多弥）：+1×40 毫米 "维克斯" 防空炮
1933 年（沃罗斯希洛基号）：-1×63 毫米 "奥布霍夫" 防空炮；+1×76.2 毫米 8K 防空炮，1×7.62 毫米 "马克沁" 机枪
1936 年（恩格斯，斯大林号）：-1×40 毫米 "维克斯" 防空炮，22 颗水雷；+1×76.2 毫米 8K 防空炮，10×ББ-1 深水炸弹，15×БМ-1 深水炸弹
1940 年（斯大林号）：-1×40 毫米 "维克斯" 防空炮，22 颗水雷；+2×45 毫米 21K 防空炮，5×7.62 毫米 "马克沁" 机枪
1941 年（沃罗斯希洛基号）：+4×12.7 毫米 ДШК 防空机枪
1942 年（乌里茨基号）：+2×37 毫米 70K 防空炮，3×12.7 毫米 ДШК 防空机枪，2×37 毫米 70K 防空炮，10×ББ-1 深水炸弹，15×БМ-1 深水炸弹，22×БМ-1 深水炸弹
1944 年（乌里茨基号）：+1×76.2 毫米 8K 防空炮，1×12.7 毫米 "厄利孔" 机枪，1×12.7 毫米双联 "勃朗宁" 防空机枪，24×ББ-1 深水炸弹，22×БМ-1 深水炸弹
1945 年（斯大林号）：-2×45 毫米 21K 防空炮，3×7.62 毫米 "马克沁" 机枪，1×12.7 毫米 ДШК 防空机枪；+2×37 毫米 70K 防空炮，1×12.7 毫米 ДШК 防空机枪

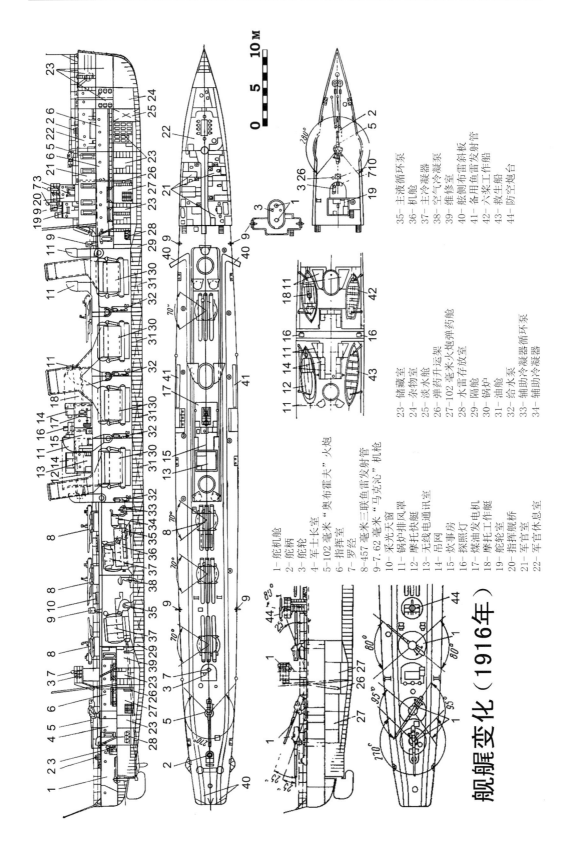

舰艇变化（1916年）

1- 舵机舱
2- 舵柄
3- 舵轮
4- 军士长室
5-102 毫米 "奥布霍夫" 火炮
6- 指挥室
7- 罗经
8-457 毫米三联鱼雷发射管
9-7.62 毫米 "马克沁" 机枪
10- 采光天窗
11- 锅炉排风罩
12- 摩托快艇
13- 无线电通讯室
14- 吊货网
15- 探照灯
16- 炊事房
17- 煤油发电机
18- 摩托工作艇
19- 舵轮室
20- 指挥舰桥
21- 军官室
22- 军官休息室
23- 储藏室
24- 杂物室
25- 淡水舱
26- 弹药升运架
27-102 毫米火炮弹药舱
28- 水雷存放室
29- 隔舱
30- 锅炉
31- 油舱
32- 给水泵
33- 辅助冷凝器循环泵
34- 辅助冷凝器
35- 主液循环泵
36- 机舱
37- 主冷凝器
38- 空气冷凝泵
39- 维修室
40- 舷侧布雷斜板
41- 备用鱼雷发射管
42- 六桨工作船
43- 救生船
44- 防空炮台

"伊林中尉"级（Лейтенант Ильин）驱逐舰

普季洛夫船厂虽然并未获得多少第一代"诺维克"级驱逐舰的订单，但他们依旧是为俄海军建造战舰的主要船厂。1912年船厂决定全面改进，他们不仅吞并了毗邻的普丘船厂，更是对泊位、船台、修理房和各项辅助设施加以重建；一年半后焕然一新的普季洛夫船厂开始重起炉灶：同时具备建造两艘战列舰或四艘巡洋舰能力的新船厂此时已经一跃成为俄国北部地区设施条件首屈一指的大型船厂；而该厂很快就再度获得青睐：1913年1月初海军部要求他们对"俄耳甫斯"级加以改进，并在1月10日与船厂方面签订合约，要求这家俄国造船业龙头为海军建造八艘驱逐舰；按照合同中的要求，改进型驱逐舰的最大航速不得低于35节，且其中的两艘驱逐舰必须要在1914年8月15日前开始试航工作，其余舰只必须在1915年9月1日前交付海军。

虽然修改工作直到1913年11月才宣告完成，但前期的制造工作早在7月初就已经展开。与第一代"诺维克"级驱逐舰相比，"伊林中尉"级的外形尺寸并无多少变化，不过普季洛夫船厂仍针对先前几艘驱逐舰在试航中所暴露出舰身晃动的现象进行了特别改进，他们在肿部适当增设了防止横摇的法拉姆式平衡减摇水舱，最大油液可注入重量达440吨，这也使得"伊林中尉"级的满载排水量相比前作至少增加了100吨。在武器配置上该级驱逐舰又有所加强，除了将102毫米火炮数量提高到四门之外，三座三联装鱼雷发射管仍旧保留，但射角变得更宽，加上工程师冈察洛夫（Л. Г. Гончаров）的机械改进，其填装速度也变得更快；另外为了应付德军可能的空袭，船厂方面为该级驱逐舰配备了一门防空炮。

由于一战爆发的原因，布朗·勃维利公司比原定计划晚了三个多月才将轮机运抵彼得格勒，而按照合同要求负责配套件供应的科洛姆纳工厂（Коломенский Завод）和奥布霍夫工厂也大都发生了延期。更让海军部焦头烂额的是，船厂的大部分工人在布尔什维克党人不断的宣传和鼓动下，于1916年2月起开始了长达一个多月的大罢工，而零星的罢工示威活动在这之后也从未停歇。

1916年6月，"伊兹梅捷夫舰长"号通过试航工作并于一个月后编入波罗的海舰队服役，尽管比合约要求晚了足足一年之久，但直到俄国内战全面打响前，该级驱逐舰仅有三艘进入海军服役（苏联成立后又有两艘经过改进后编入波罗的海舰队）。除了"金斯贝亨舰长"号早早被俘之外，其余的四艘均活跃至二战结束。

▲ 摄于1915年11月的普季洛夫船厂，此时的"伊兹梅捷夫舰长"号和"伊林中尉"号已接近完工，注意右侧的"别利舰长"号、"科恩舰长"号、"金斯贝亨舰长"号和"科侬·佐托夫舰长"号，诸多客观因素让这四艘舰的建造进度变得极为缓慢。

停靠在彼得格勒港内的"伊林中尉"号（中）和"伊兹梅捷夫舰长"号（外），内侧的驱逐舰可能同为"诺维克"型。照片摄于1918年3月。

"伊林中尉"号

为纪念在 1770 年切斯马海战中表现英勇的迪米特里·伊林中尉（Д. С. Ильин）而命名此舰。一战中主要负责布雷和反潜任务。1917 年该舰官兵参加了二月革命和十月革命；之后加入了红海军。1919 年 7 月更名为"加里波第"号（Гарибальди）；1922 年 12 月底再次更名为"托洛茨基"号（Троцкий）；1928 年 2 月为纪念在华沙遇刺的革命领袖彼得·沃伊科夫（П. Л. Войков）而第三次更名。1936 年 7 月前往符拉迪沃斯克

加入太平洋舰队。1945 年 8 月参加了在元山津和清津地区的登陆行动；9 月 17 日该舰被授予红旗勋章。1949 年 9 月被符拉迪沃斯托克市全苏支援海军志愿协会收编作为训练舰使用；1953 年 11 月再度编入太平洋舰队并被改装成浮动营房（编号 ПКЗ-52）。1956 年 5 月从海军除籍并于 8 月开始解体。

"伊兹梅捷夫舰长"号

为纪念 1854 年彼得巴甫洛夫斯克保卫战中表现英勇的舰长伊万·伊兹梅捷夫（И. Н.

Изыльметьев）而命名此舰。一战中主要负责布雷、反潜和护航等任务。1917 年该舰官兵参加了二月革命并于十月革命之后加入了红海军；1922 年 12 月底更名为"列宁"号（Ленин）。1939 年该舰参加了苏芬战争并于 1940 年 5 月作为海军学校的训练教学舰使用。二战爆发后参与了在利巴瓦的防御战；6 月 25 日因担心被德军俘获而被该舰官兵自行炸沉。德军随后将其打捞起来但在拖引途中再次沉没。1953 年该舰被打捞上岸并最终解体。

▲▼ 刚服役不久后的"伊林中尉"号（上）和"伊兹梅捷夫舰长"号（下）。

▲ 国内战争结束后不久的"列宁"号，舰上布局尚未发生任何改变。

▼ 停泊在喀琅施塔得港口内的"列宁"号，舰艏的"伪装波浪"迷彩涂装可让敌军在判断航速时发生偏差。

▲ 一战中的"伊兹梅捷夫舰长"号，注意二号烟囱所用的方形截面通风帽与大多数"诺维克"型驱逐舰使用的扁圆形截面通风帽有所不同。

"别利舰长"号

为纪念在 1805 年第二次远征爱琴海作战中表现优异的舰长格里戈里·别利（Г. Г. Белли）而命名此舰。由于十月革命爆发，该舰在试航后就一直封存在喀琅施塔得港口内。1924 年开始接受全面的后续建造工作；1926 年 7 月更名为"卡尔·李卜克内西"号（Карл Либкнехт）；1928 年 3 月被重新编入波罗的海舰队。1933 年 9 月加入北方区舰队（后为北方舰队）。1938 年 2 月负责将在"北极－1"漂移观测站上从事科考活动的站长伊万·帕帕宁（И. Д. Папанин）等四人接回国内。1939 年 12 月在苏芬战争中多次炮击了雷巴奇半岛沿岸的芬兰驻军。1940 年 2 月 7 日至 19 日在基利金岛以西斯科尔别耶夫湾附近海域参加打捞因触礁而沉没的 Щ-421 号潜艇。二战期间主要负责北冰洋地区的巡逻和护航任务；后期曾安装英国人提供的 291V 型雷达。1945 年 4 月 22 日击沉德军 U-286 号潜艇。1955 年 6 月被海军除籍并在新地岛改建成浮动码头（编号 ППР-63）。

▲ 重新服役后的"卡尔·李卜克内西"号，主桅被略微降低，但基本武器配置和舰上布局未发生明显变化。

▲ 返回喀琅施塔得港的"日柯夫"号，照片摄于 1929 年 8 月。注意三号鱼雷发射管后的一座 37 毫米"马克沁"防空炮台。资料显示在 1927 年的设备更新中该舰舰桥上已安装了一具无线电测向仪。

"科恩舰长"号

为纪念在克里米亚战争中表现优异的舰长费奥多·科恩（Ф. C. Керн）而命名此舰。由于十月革命爆发，该舰在试航后就一直封存在喀琅施塔得港口内。1924年开始接受全面的后续建造工作；1925年3月底以苏联第二任人民委员会主席阿列克谢·日柯夫（А. И. Рыков）之名改为"日柯夫"号；

1928年3月被重新编入波罗的海舰队。1933年8月加入北方区舰队（后为北方舰队）。1937年2月为纪念被反革命分子暗杀的苏联监察委员会主席瓦列里安·古比雪夫（В. В. Куйбышев）而再次更名。二战期间主要负责北冰洋地区的巡逻和护航工作，曾在1942年7月上旬期间参加了搜寻盟军PQ-17船队的救援工作。1943年7月24

日被授予红旗勋章，后期曾安装英国人提供的286M型雷达。战后作为海军的试验舰使用，并于1955年9月期间作为舰船破坏基准参加了在新地岛的核试验工作。尽管该舰并未在试验中遭受较大的破坏，但由于已遭到严重的核污染（试验中距离爆炸震中仅1200米），该舰仍于1956年12月从海军除籍并于1958年最终解体。

▲ 执行护航工作的"古比雪夫"号，照片摄于1942年。注意其舷侧所涂装的"浅色碎块迷彩"，此时主炮和37毫米防空炮台均被移去，原先的舰桥也加长加宽成70K防空炮台，注意二、三号烟囱间的第二门70K防空炮。

▼ 卫国战争中的"古比雪夫"号。

"金斯贝亨舰长"号

曾以对马海战中英勇殉职的"乌沙科夫海军上将"号（Адмирал Ушаков）岸防炮舰舰长弗拉基米尔·米克卢霍（В. Н. Миклуха）而命名"米克卢霍－尼古拉海军上校"号（Капитан I Миклуха-Маклай），后为纪念第五次俄土战争中在俄国海军服役的荷兰籍舰长扬·范·金斯贝亨（J. H. van Kinsbergen）而改名此舰。服役后不久就加入红海军，后

于1918年12月更名为"斯巴达克"号（Спартак）；同月28日在塔林附近海域与英军的交火中被俘虏；一个月后被转交给爱沙尼亚海军，随后该舰就接受了修理工作并重新命名为"瓦博拉"号（Wambola），海军中尉蒂杜·科勒（Tiidu Kore）成为该舰首任舰长。4月29日该舰在基格萨雷地区的布雷工作中不慎碰毁舰艏。完成修理之后配合英军参加了对彼得格勒外海的进攻行

动，后于10月13日配合爱沙尼亚第一师对红山炮台要塞实施了炮击。爱沙尼亚独立战争之后该舰成为这个国家海军力量的骨干，后于1933年8月被转卖给秘鲁海军并更名为"比亚尔海军上将"号（Almirante Villar）。二战期间作为秘鲁海军边防巡逻舰使用，后于1948年10月封存，又于1952年7月重新改造为训练舰使用。1955年9月从秘鲁海军除籍。

▲▼接受修理的"瓦博拉"号，舰上布局和配置未发生明显变化。注意独立爱沙尼亚国旗已经悬挂在舰旗杆上。

"杜巴索夫中尉"号

以第十次俄土战争中"太子"号鱼雷艇艇长费奥多·杜巴索夫（Ф. В. Дубасов）命名该舰。1917 年由于国内革命形势的影响而长期封存于喀琅施塔得港口内，之后再未进入建造。苏联成立后不久即遭解体。

"科侬·佐托夫舰长"号

以 1719 年萨列马岛海战中表现英勇的海军少校科侬·佐托夫（К. Н. Зотов）命名该舰。1917 年由于国内革命形势的影响而长期封存于喀琅施塔得港口内，之后再未建造。苏联成立后不久即遭解体。

"科隆舰长"号

以西伯利亚舰队第一艘炮舰"海象"号（Морж）指挥官亚历山大·科隆（А. Е. Кроун）海军少校命名该舰。1917 年由于国内革命形势的影响而长期封存于喀琅施塔得港口内，之后再未建造。苏联成立后不久即遭解体。

▲ 被遗弃在码头边的"杜巴索夫中尉"号。

俄文舰名	译名	建造船厂	开工日期	下水日期	服役日期	隶属舰队
Лейтенант Ильин	伊林中尉	普季洛夫	1913.07.01	1914.11.28	1916.12.13	波罗的海舰队 / 太平洋舰队
Капитан Изыльметьев	伊兹梅捷夫舰长	普季洛夫	1913.10.29	1914.11.03	1916.07.23	波罗的海舰队
Капитан Белли	别利舰长	普季洛夫	1913.07.28	1915.10.23	1928.08.16	波罗的海舰队 / 北方舰队
Капитан Керн	科恩舰长	普季洛夫	1913.12.04	1915.08.27	1927.10.28	波罗的海舰队 / 北方舰队
Капитан Кингсберген	金斯贝亨舰长	普季洛夫	1914.11.15	1915.08.27	1917.12.27	波罗的海舰队
Лейтенант Дубасов	杜巴索夫中尉	普季洛夫	1913.07.28	1916.09.09	–	
Капитан Конон Зотов	科侬·佐托夫舰长	普季洛夫	1913.12.03	1915.10.23	–	
Капитан Кроун	科隆舰长	普季洛夫	1914.11.28	1916.07.26	–	
基本技术性能						
基本尺寸	舰长 98 米，舰宽 9.34 米，吃水 3.9 米					
排水量	正常 1260 吨 / 满载 1550 吨（科恩舰长、别利舰长号为 1720 吨 / 2020 吨）					
最大航速	34.6 节					
续航能力	1800 海里 / 16 节					
动力配置	"帕森斯"汽轮机 2 台 2 轴功率 30700 马力，4 座"伏尔铿"型锅炉					
最大载油量	410 吨					
武器配置	4×102 毫米"奥布霍夫"火炮，1×40 毫米"维克斯"防空炮（伊林中尉、卡尔·李卜克内西、日柯夫号为 1 门 76.2 毫米 8K 防空炮），3×457 毫米三联鱼雷发射管，2×7.62 毫米"马克沁"机枪，80 颗水雷					
辅助配置	"盖斯勒 M-1911"机械火炮指挥仪，"埃里克森 M-1"机械鱼雷射击指挥仪，"巴尔－斯特劳德"测距仪					
人员编制	138 名舰员 +12 名军官					

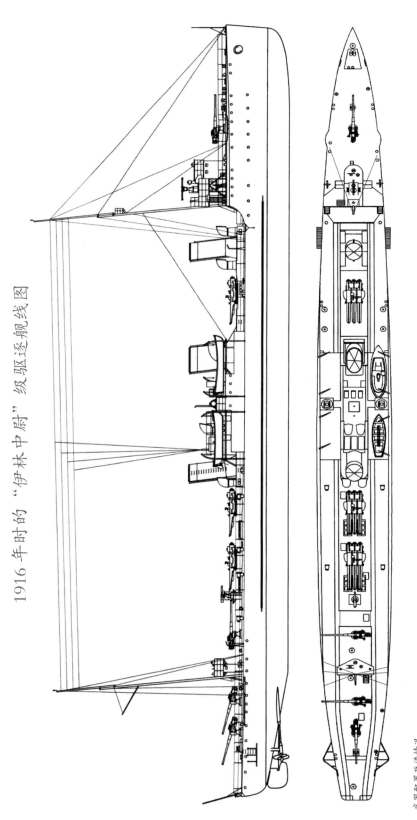

1916 年时的 "伊林中尉" 级驱逐舰线图

武器配置改进情况：
1926 年（列宁号）：－1×40 毫米 "维克斯" 防空炮、2×7.62 毫米 "马克沁" 机枪、22 颗水雷；＋1×76.2 毫米 8K 防空炮
1927 年（卡尔·李卜克内西、日柯夫）＋1×37 毫米 21K 防空炮
1934 年（沃伊科夫号）：＋2×45 毫米 "马克沁" 防空炮
1941 年（列宁、沃伊科夫、卡尔·李卜克内西号）：－2×7.62 毫米 "马克沁" 机枪、＋4×12.7 毫米 ДШК 防空机枪、24×ББ-1 深水炸弹、22×БМ-1 深水炸弹
1943 年（古比雪夫号）：－1×76.2 毫米 8K 防空炮、1×12.7 毫米 ДШК 防空机枪；＋2×45 毫米 21KM 防空机枪、2×37 毫米 70K 防空炮、2×20 毫米 "厄利孔" 机炮
1944 年（卡尔·李卜克内西号）：－1×76.2 毫米 8K 防空炮；＋4×37 毫米 21K 防空炮、2×12.7 毫米 ДШК 防空机枪
1945 年（沃伊科夫号）：－1×76.2 毫米 8K 防空炮、2×45 毫米 21K 防空炮；＋4×37 毫米 70K 防空炮

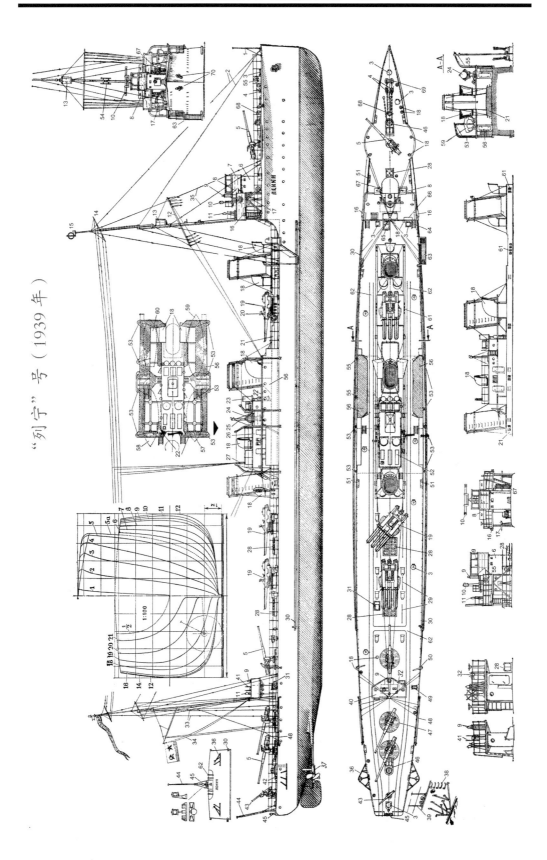

"列宁"号（1939年）

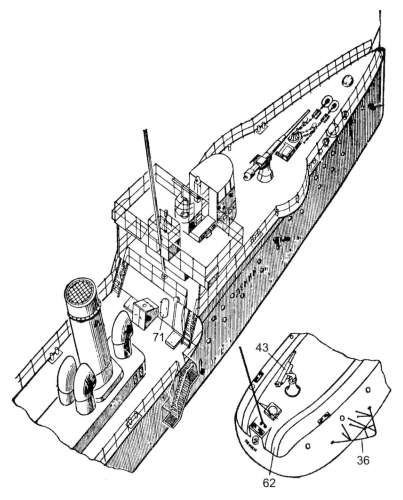

1- 舰旗杆	25- 炊事房烟囱	49- 卷缆车
2- 桅支索	26- 无线电通讯室	50- 水雷吊运架
3- 舱盖口	27- 天线引入线	51- 系缆柱
4- 锚链止动器	28- 采光天窗	52- 储柜
5-102 毫米"奥布霍夫"火炮	29- 鱼雷发射管围栏	53- 吊艇架
6- 舰舰桥	30- 护舷木	54- 超短波天线
7- 舵轮室	31- 鱼雷存放舱出入口	55- 救生圈
8- 海图桌	32- 机舱传令钟	56- 清洗池
9- 主航海罗经	33- 侧支索	57- 舰长用艇
10- 测距仪	34- 旗绳	58- 摩托工作艇
11- 鱼雷射击指挥仪	35- 反向侧支索	59- 四桨快艇
12- 桅桁	36- 螺旋桨防护架	60- 六桨工作艇
13- 桅楼	37- 螺旋桨轴毂	61- 通风口格栏
14- 天线横杆	38- 蚂蝗钉梯	62- 水雷导轨
15- 桅顶灯 / 无线电测向仪环状天线	39- 栏杆索柱	63- 舷梯
16- 识别灯	40- 舰舰桥	64- 舰桥梯
17-7.62 毫米"马克沁"机枪	41- 舵轮	65- 升降室
18- 通风导流口	42- 导索器	66- 信号旗存放箱
19-457 毫米三联鱼雷发射管	43-76.2 毫米 8K 防空炮	67- 挂式卷缆车
20- 鱼雷瞄准具	44- 舰旗杆	68- 锚链系柱
21- 锅炉顶层护罩	45- 舰灯	69- 锚孔
22- 放艇甲板	46- 绞盘	70- 锚
23- 蒸馏饮水箱	47- 火炮平台	71- 军官休息室走廊入口
24- 探照灯	48- 系艇杆	

"加夫里尔"级（Гавриил）驱逐舰

和普季洛夫船厂一样获得建造权的还有位于雷瓦尔的俄属波罗的海船厂（Русско-Балтийский Завод），他们从海军部那里获得了六艘驱逐舰的建造任务；不过这家成立于 1910 年的爱沙尼亚新厂虽然不久即获俄亚银行的资金赞助，工厂设施和车间面积也大大改善，但在建造驱逐舰上他们显然不具备足够的阅历，加上有经验的工人和工程师寥寥无几，这都让他们的建造工作变得前途未卜。

1913 年 11 月底，从普季洛夫船厂方面拿到整套"伊林中尉"级修改方案和图纸的爱沙尼亚人开始了建造工作。随着一战开始，建造工作也开始变得更为困难。由于缺少必要的合金钢材，负责为波罗的海船厂建造舰船建筑的科洛姆纳厂、制造涡轮机保护外罩的涅瓦船厂和制造螺旋桨传动轴的奥布霍夫厂都无法按时交货；但更加不利的消息则来自波罗的海船厂内部：由于前线兵员吃紧，一部分工人都被招募去了前线，而船厂方面向海军部申请增加用工人数的请求也被屡次驳回，原因是担心他们可能会无端受到布尔什维克党人的蓄意煽动。1915 年 12 月派驻船厂的海军部督导专员在向海军部的报告中明确指出，除了向德方事先购买的涡轮机之外，几乎所有蒸汽管、调节阀门等配套机械设施均未到位，故此该型舰在一年内不大可能交付海军服役。而事实上当该型的第一艘"加夫里尔"号进入波罗的海舰队时已是来年年底的事了。

由于该型驱逐舰只是以"伊林中尉"级的设计照葫芦画瓢，俄属波罗的海船厂日后建造中也未对该型驱逐舰进行过明显改动，"加夫里尔"级很大程度上也可以看成是与"伊林中尉"级的同型之作。但与后者命运不同的是，"加夫里尔"级最终仅有三艘交付俄海军服役，剩下的三艘则由于害怕落入德军手中而于 1917 年 10 月转往彼得格勒，在最终解体前它们长期处于封存状态。然而该级驱逐舰的服役生涯也可说是昙花一现：

根据苏联早期的文献记载，由于对布尔什维克党的诸多问题愈发感觉失望和不满，"加夫里尔"号舰长塞瓦斯季亚诺夫中尉（В. В. Севастьянов），这位曾经在国内战争初期战功彪炳并受到革命军事委员会通报表扬的驱逐舰舰长在与"康斯坦丁"号和"自由"号舰长密谋协商后决定向英军投降；1919 年 10 月 21 日这三艘

▲ 鸟瞰俄属波罗的海船厂。照片摄于 1916 年 4 月，此时船厂正在对"弗拉基米尔"号进行后续的舾装，而旁边"康斯坦丁"号也准备下水进行试航。

驱逐舰趁着夜色驶往英军驻守的港口，然而在驶至科波尔湾附近时却误入英军的水雷场而悉数沉没，三艘舰上共有485名官兵阵亡，仅25人获救（6人被白匪军俘虏后枪决），包括在"加夫里尔"号上的第一驱逐舰支队指挥罗斯托夫采夫（Л. Н. Ростовцев）和支队政委弗里亚金（В. Т. Флягин）以及"加夫里尔"号分管政委列别什金（Н.

П. Лепёшкин）、"康斯坦丁"号分管政委弗罗洛夫（С. А. Фролов）与"自由"号分管政委马里金（П. Я. Малыгин）亦在此次行动中殉职。

但是这段历史在经历了数十年之后越来越受到俄国史学家的质疑，他们认为这三艘驱逐舰是在执行突袭行动而绝非叛敌行为，而且参加当天行动的除去"加夫里尔"级的三艘驱逐舰之外，还有另一艘

驱逐舰"阿扎德"号，由于该舰处在编队阵型的最后，因此该舰侥幸躲过此劫。依照"阿扎德"号上很多舰员的事后回忆，这三艘驱逐舰的行动航线严格遵循事先规定，而"加夫里尔"号上的幸存者也表示舰上根本不曾出现过投敌的传闻——也就是说，这或许只是苏联海军建立初期中损失最大的一次悲惨意外。

▲ 建造中的"加夫里尔"号，照片摄于 1916 年。

俄文舰名	译名	建造船厂	开工日期	下水日期	服役日期	隶属舰队
Гавриил	加夫里尔	俄属波罗的海	1913.11.28	1915.01.05	1916.12.08	波罗的海舰队
Константин	康斯坦丁	俄属波罗的海	1913.12.07	1916.06.12	1917.05.19	波罗的海舰队
Владимир	弗拉基米尔	俄属波罗的海	1913.12.07	1915.08.18	1917.10.22	波罗的海舰队
Михаил	米哈伊尔	俄属波罗的海	1913.11.28	1916.05.31	—	
Сокол	猎鹰	俄属波罗的海	1915.01.18	1917.06.17	—	
Мечеслав	梅切斯拉夫	俄属波罗的海	1915.08.27	1917.07	—	
基本技术性能						
基本尺寸	舰长 98 米，舰宽 9.34 米，吃水 3.9 米					
排水量	正常 1260 吨 / 满载 1450 吨					
最大航速	34.4 节					
续航能力	1800 海里 / 16 节					
动力配置	"通用"汽轮机 2 台 2 轴功率 30000 马力，4 座"伏尔铿"型锅炉					
最大载油量	410 吨					
武器配置	4×102 毫米"奥布霍夫"火炮，1×40 毫米"维克斯"防空炮，3×457 毫米三联鱼雷发射管，2×7.62 毫米"马克沁"机枪，80 颗水雷					
辅助配置	"盖斯勒 M-1911"机械火炮指挥仪，"埃里克森 M-1"机械鱼雷射击指挥仪，"巴尔－斯特劳德"测距仪					
人员编制	138 名舰员 +12 名军官					

1916年9月准备交付海军服役的"康斯坦丁"号（左）和"加夫里尔"号。

▲ 第一次执行作战任务的"加夫里尔"号，照片摄于 1916 年 12 月。注意舰桥前端的防空炮台清晰可见，但由于工厂进度脱期，该舰此时并未安装防空炮。

"加夫里尔"号

投入服役后不久该舰官兵就参加了二月革命并于十月革命后加入了红海军。1919 年参加了保卫彼得格勒的行动；6 月 13 日在镇压红山要塞反革命兵变中提供火力支援；8 月 18 日在喀琅施塔得成功地击退了英国舰队的突袭并击沉三艘英军鱼雷艇。10 月 21 日在科波尔湾附近海域触及英军布设的水雷而沉没。包括舰长弗拉基米尔·塞瓦斯季亚诺夫中尉和副舰长弗拉基米尔·霍伊宁根－许纳（B. H. Гойниген-Гюне）中尉等在内的 150 余名官兵阵亡，仅 19 人得以获救。

▲ "加夫里尔"号

▼ 刚投入服役的"康斯坦丁"号。

"康斯坦丁"号

1917 年 10 月参加了在蒙松德海峡的进攻行动；11 月加入红海军。1919 年 10 月 21 日在科波尔湾附近海域触及英军布设的水雷而沉没。

"弗拉基米尔"号

1917 年 9 月改名为"自由"号（Свобода）；11 月加入红海军。1919 年 6 月在镇压红山要塞反革命兵变中提供火力支援；10 月 21 日在科波尔湾附近海域触及英军布设的水雷而沉没。

▲ 正在调试三联鱼雷发射管的"自由"号官兵。

▲ 遗弃在涅瓦河边的"梅切斯拉夫"号。

"米哈伊尔"号

一战开始后因担心被德军俘虏而拖往彼得格勒，直至十月革命爆发后舰体建造进度已完成95%，但该舰在1917年11月的试航过后由于不慎触礁而严重损坏，修理工作也因俄国内革命形势而进展缓慢。1922年舰体被重新拖往彼得格勒的波罗的海造船厂进行后续建造，但整体准备工作只完成了不足30%；一年之后就依照上层命令而停止建造工作。1924年该舰体遭解体。

"猎鹰"号

一战开始后因担心被德军俘虏而拖往彼得格勒，但后续工作始终无法顺利开展；直至十月革命爆发后舰体建造进度已完成95%，后长期封存于海军造船厂内。1922年舰体被重新拖往彼得格勒的波罗的海造船厂进行后续建造，但一年之后就依照上层命令而停止建造工作。1924年该舰体遭解体。

"梅切斯拉夫"号

曾以1787年第六次俄土战争中表现英勇的"捷斯纳河"号（Десна）大桨战船的法籍指挥朱利安·德-隆巴德（Julian de Lombard）中尉而命名为"隆巴德中尉"号（Лейтенант Ломбард），后于1915年6月27日更名为"梅切斯拉夫"号。一战开始后因担心被德军俘虏而拖往彼得格勒，但后续工作始终无法顺利开展；直至十月革命爆发后舰体建造进度仅完成70%，后长期封存于海军造船厂内。1922年舰体被重新拖往彼得格勒的波罗的海造船厂进行后续建造，但一年之后就依照上层命令而停止建造工作。1924年该舰体遭解体。

▲ 正在俄属波罗的海船厂内进入后期建造的"弗拉基米尔"号，照片摄于 1916 年 5 月。右侧不远处是另一艘"米哈伊尔"号，不过由于诸多客观因素，该舰最终未能交付海军服役。

1917 年 4 月初，俄国造船工业总局拟定建造一型吨位达 2100 吨的新型驱逐舰，以根本解决俄军轻型战舰遭遇德军战舰时所暴露出的火力缺陷，而该工作也由当时派驻在俄属波罗的海船厂的建造监督马特罗索夫（Р. А. Матросов）海军上校工程师整体负责完成。

马特罗索夫的初期设计工作于 4 月底基本宣告完成，当然他的方案很大程度上借鉴了当时正在船厂内实施建造的"加夫里尔"级驱逐舰，但他的设计布局却彻底颠覆了前作：新型驱逐舰的舰体不仅将全部采用外国进口的高强度合金钢，而且在舰身内部分出了多达 20 个隔舱；同时为了增加舰船的适航能力和续航里程，马特罗索夫在艏艉两处各增加有压载舱，并将驱逐舰的最大载油量提高到 615 吨。当然最让人瞠目结舌的是马特罗索夫为该舰所布置的火力：如果说舰艏处安排的两座 130 毫米火炮还是参考了"伊贾斯拉夫"级设计思路的话，那么在舰艉处一下子增加六座火炮就实在让人感受到俄国人盲目追求火力效果的急功近利，再加上舯部的三座 457 毫米三联装鱼雷发射管和两门 76 毫米防空炮，这型驱逐舰的火力配置足以让任何一个对手感到不寒而栗。只可惜这一方案由于艉部结构强度、内部舱室布局等诸多问题悬而未决而最终夭折。

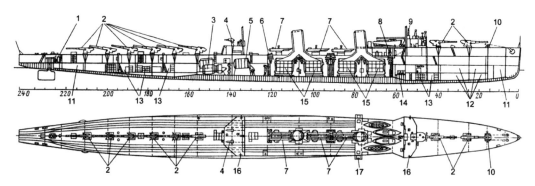

1- 舵轮室	5- 冷凝器	9- 测距仪	13- 弹药舱	17- 探照灯
2-130 毫米火炮	6- 锅炉通风扇	10- 绞盘机	14- 鱼雷储存室	
3- 汽轮机	7- 三联装鱼雷发射管	11- 压载舱	15- 锅炉	
4-76 毫米防空炮	8- 发电机	12- 储水箱	16-7.62 毫米通用机枪	

"伊贾斯拉夫"级（Изяслав）驱逐舰

当海军部于 1913 年 1 月与贝克船厂（Беккер и Ко）完成建造五艘驱逐舰的协议之后，这家位于利巴瓦的船厂就围绕着建造事宜迅速地筹备了起来。由于得到了亚速海－顿河银行和俄国工商银行的资金注入，该厂于半年后便顺利收购朗格家族船厂和雷瓦尔钢铁制造厂（Ревельский Металлический Завод）并沿着切格尔斯科佩尔角的西部海岸线在里加与利巴瓦之间铺设了一条货运专用铁路以便两分厂间的运输往来；由于在船厂改建上他们同时得到了法国诺曼船厂和地中海锻建船厂以及瑞士布朗·勃维利公司的技术支持，至 8 月中旬，配备一新的贝克船厂已具备同时建造四艘驱逐舰的能力，而他们新建的发动机锅炉车间亦能在外方的技术指导下自行仿制舰船所用的涡轮发动机。根据原先朗格家族船厂的竞标方案，法国船厂的工程师对原设计进行了多处改动。舰长增加了 2.3 米，设计排水量增大了 25 吨，舰艏楼的内部空间也得以适当扩大；与其他"诺维克"型驱逐舰相比，该级舰额外增加一层加固船身的垂直舷边肋骨，同时为突出恶劣天气的适航能力，该型驱逐舰还增加了一定数量的防倾平衡水舱；在主动力方面，法国人放弃了原先伏尔铿公司的设备而改用输出功率更为出色的"帕森斯"涡轮。该型舰的攻击能力也不容小觑，除了配备五门 102 毫米火炮和三座三联装 457 毫米鱼雷发射管之外，法国人还颇具远见地安装了一门 76.2 毫米 8K 防空炮。

正式的建造工作于 1913 年 9 月下旬开始。虽然俄国人如今已能自行制造鱼雷发射管、舵机、船锚等设备，但在其余辅助设备上他们仍不具备制造能力，故此贝克船厂只能转而向布朗·勃维利公司、克虏伯公司和斯柯达工厂（Škodovy Závody）等国外公司提出购买意向。转眼间一战爆发，德国公司随即宣布停止出售一切设备，布朗·勃维利公司也因瑞士的中立原则而大幅减少对俄国人的设备提供；更让俄国人一筹莫展的则是在英国负责建造的涡轮和诺曼公司提供的锅炉此时只供满足进度最快的"伊贾斯拉夫"和"阿夫特拉伊尔"号。最终的试航工作持续到了 1916 年下半年，而赶在十月革命前进入海军服役的也只有那进度最快的那两艘。

鉴于"伊贾斯拉夫"级出色的综合性能，1917 年 6 月海军部曾希望贝克船厂再行建造五艘同型驱逐舰，但俄国内声势浩大的革命运动也让这一计划彻底胎死腹中，而至该级为止的三型驱逐舰也被普遍看作是第二代"诺维克"级驱逐舰。两艘仅有投入使用的驱逐舰在日后的内战中未能发挥其最大的作战价值，"阿夫特拉伊尔"号还在 1918 年的一次进攻行动中被英军俘虏。内战结束后，"普里亚米斯拉夫"号被重新编入海军服役，而最后两艘则未经启用即遭解体。仅存的两艘驱逐舰在二战开始没多久后先后损失。

◀ 下水试航的"普里亚米斯拉夫"号。

▼ 试航中的"伊贾斯拉夫"号。

"伊贾斯拉夫"号

1917 年 10 月参加了在蒙松德海峡的攻击行动。同年该舰官兵参加了二月革命并于十月革命之后加入红海军。由于缺少足够兵员，该舰于 1919 ~ 1921 年间长期处于封存状态；1921 年 4 月重新加入海军服役。1922 年 12 月底更名为"卡尔·马克思"号（Карл Маркс）。1925 年 9 月 4 日被海军人民委员会授予"荣誉作战舰艇"

称号。1930 年 8 月中旬曾出访奥斯陆。1941 年 8 月 7 日在哈拉湾附近海域遭遇德军空袭而严重炸伤，由于无法拖回该舰随后被苏军鱼雷艇炸沉。1962 年被重新打捞上岸最终解体。

"普里亚米斯拉夫"号

由于俄国内革命形势的影响，该舰在完成试航工作后就始终处于封存状态。1925 年 2 月以苏联首

任中央执行委员会主席米哈伊尔·加里宁（М. И. Калинин）之名改为"加里宁"号。1927 年 7 月被重新编入波罗的海舰队；曾先后造访梅梅尔（1934.8.19 ~ 8.21）和格但斯克（1934.9.1 ~ 9.10）。二战初期主要负责布雷工作并参加了在塔林的防御战。1941 年 8 月 28 日在墨赫尼岛附近海域触雷沉没。

▲ 重新服役后的"卡尔·马克思"号。

▼ "卡尔·马克思"号艇部特写。

▲ 停靠在贝克船厂内的"阿夫特拉伊尔"号，照片摄于 1918 年 2 月。

▲ 被英军停获的"阿夫特拉伊尔"号，照片摄于 1919 年 1 月。

▲▼ 改旗易帜的"阿夫特拉伊尔"号，注意拍摄上图时所悬挂的英国国旗很快就成为了下图中的爱沙尼亚国旗，当然此时的驱逐舰也已更名为"飞行"号。

"阿夫特拉伊尔"号

十月革命后加入红海军。1918年12月8日在塔林附近海域与英军战舰的作战行动中被俘。1919年1月被转交给爱沙尼亚海军并重新命名为"飞行"号（Lennuk）。1941年8月28日作为最后一批作战舰只从塔林港撤退，舰上除250名官兵之外还包括有波罗的海舰队参谋部成员尤里·拉尔少将；接近夜间22点10分左右，该舰在行经至墨赫尼岛附近海域时不慎触雷沉没。

▲ 驶入秘鲁卡亚俄港内的"飞行"号，照片摄于1934年7月。

"伯里亚齐斯拉夫"号

1917 年完成试航工作后长期处于封存状态。为担心被德军俘获，该舰于 1917 年 10 月被拖往彼得格勒，后由于十月革命爆发而封存于普季洛夫船厂（此时舰体完成进度 96%，机械设备完成进度 81%）。1923 年 3 月 16 日由于涨潮而坐沉于船厂码头外；同年 7 月 6 日舰体被打捞上岸并开始重新修理。后根据上层指意而于 1924 年 2 月 20 日停止建造工作，次年解体。

"费奥多·斯特拉季拉特"号

1917 年完成试航工作后长期处于封存状态。为担心被德军俘获，该舰于 1917 年 10 月被拖往彼得格勒，后由于十月革命爆发而封存于普季洛夫船厂（此时舰体完成进度 78%，机械设备完成进度 51%）。根据上层指意，该舰于 1924 年 2 月 20 日停止后续建造，后在次年接受解体。

俄文舰名	译名	建造船厂	开工日期	下水日期	服役日期	隶属舰队
Изяслав	伊贾斯拉夫	贝克	1913.11.09	1914.11.22	1917.06.29	波罗的海舰队
Автроил	阿夫特拉伊尔	贝克	1913.11.09	1915.01.13	1917.08.12	波罗的海舰队
Прямислав	普里亚米斯拉夫	贝克	1913.11.09	1915.07.10	1927.07.20	波罗的海舰队
Брячислав	伯里亚齐斯拉夫	贝克	1913.09.19	1915.10.01	—	—
Фёдор Стратилат	费奥多·斯特拉季拉特	贝克	1914.12.06	1917.10.17	—	—
基本技术性能						
基本尺寸	舰长 107 米，舰宽 9.5 米，吃水 4.1 米					
排水量	正常 1350 吨 / 满载 1570 吨					
最大航速	35.4 节					
续航能力	1570 海里 / 16 节					
动力配置	"帕森斯"汽轮机 2 台 2 轴功率 32700 马力，4 座"诺曼"型锅炉					
最大载油量	410 吨					
武器配置	5×102 毫米"奥布霍夫"火炮，1×76.2 毫米 8K 防空炮，3×457 毫米三联装鱼雷发射管，80 颗水雷					
辅助配置	"盖斯勒 M-1911"机械火炮指挥仪，"埃里克森 M-1"机械鱼雷射击指挥仪，"巴尔-斯特劳德"测距仪					
人员编制	135 名舰员 +15 名军官					

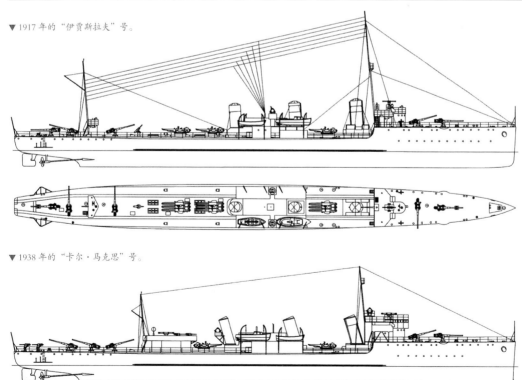

▼ 1917 年的"伊贾斯拉夫"号。

▼ 1938 年的"卡尔·马克思"号。

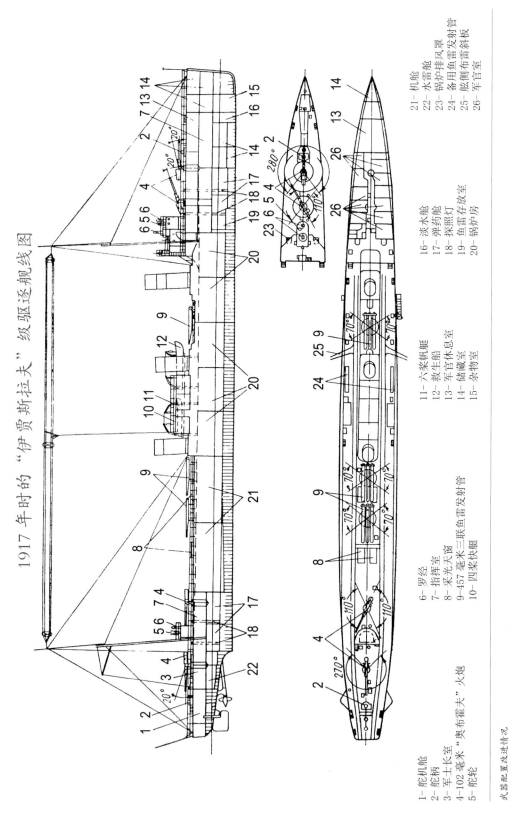

1917 年时的"伊贾斯拉夫"级驱逐舰线图

1- 舵机舱
2- 舵柄
3- 军士长室
4- 102 毫米"奥布霍夫"火炮
5- 舵轮

6- 罗经
7- 指挥室
8- 采光天窗
9- 457 毫米三联鱼雷发射管
10- 四桨快艇

11- 六桨帆艇
12- 救生船
13- 军官休息室
14- 储藏室
15- 杂物室

16- 淡水舱
17- 弹药舱
18- 探照灯
19- 鱼雷存放室
20- 锅炉房

21- 机舱
22- 水雷舱
23- 锅炉排烟风罩
24- 备用鱼雷发射管
25- 舷侧布雷斜板
26- 军官室

武器配置改进情况
1937 年（卡尔·马克思号）：−1×76.2 毫米 8K 防空炮，1×457 毫米三联鱼雷发射管，20 颗水雷；+4×45 毫米 21K 防空炮
1939 年（卡尔·马克思号）：+4×12.7 毫米 ДШК 防空机枪，4×7.62 毫米"马克沁"机枪，10×ББ−1 深水炸弹，20×БМ−1 深水炸弹
1941 年（加里宁号）：−1×457 毫米三联鱼雷发射管，20 颗水雷；+4×45 毫米 21K 防空炮，4×12.7 毫米 ДШК 防空机枪，10×ББ−1 深水炸弹，20×БМ−1 深水炸弹

"蛇岛"级（Фидониси）驱逐舰

考虑到德国和土耳其海军对黑海舰队可能造成的潜在威胁，1914年3月海军部向杜马提交议程，请求紧急拨款再行建造作战舰只，其中包括一艘战列舰、两艘巡洋舰和若干数量的驱逐舰。由于该级舰完工后最终交付黑海舰队服役，加之眼下国内建造驱逐舰的各家船厂早已是满荷工作，于是海军部理所当然地想到了刚完成"无理"级驱逐舰建造工作的尼古拉耶夫海军造船厂，希望他们再为黑海舰队完成新一型驱逐舰的设计和建造工作；但由于杜马的拨款并不充裕，船厂方面提出不再单独设计，而仅以"无理"级为原型进行针对性的改进。

海军造船厂只用了三个月时间就完成了设计改进。根据"诺维克"号服役后所暴露的问题，船厂方面对原型的船身结构进行了加固改进，甲板进行了二次加衬，设计排水量也比原型提高了近150吨。在动力选择方面，考虑到俄国和德国之间

每况愈下的关系，船厂方面决定放弃德式动力设备而重新改用英国人的"帕森斯"涡轮和"索尼克罗夫特"锅炉并额外安装了用于控制蒸汽输出的辅助调节装置。为了保证该舰仍具备较高的航速，船厂方面适当减少了载油量并取消了一号锅炉房前后的纵向隔舱。至于武器配置，除了在原型基础上增加一门102毫米火炮之外，船厂方面还决定改用四门457毫米三联鱼雷发射管以增强对舰攻击效果；考虑到德国人来自空中的威胁，俄国人还决定增加两门40毫米防空炮。这套改进方案很快就被海军部批准了。

船厂方面于1915年2月开始该型舰的建造工作。按照与海军部签订的协议，"蛇岛"级驱逐舰将分为两批分别于1916年3月和6月交付黑海舰队服役。不过和所有在建中的"诺维克"级舰只一样，由于一战的开始，英国人的诸多配套设施无法如期提供，而"蛇岛"

级的建造进度也随之骤然放缓；最终第一批的四艘驱逐舰赶在十月革命前加入气数将尽的俄国海军服役，并在一年后红海军悲壮的自沉事件中无一幸免；而剩余的第二批则在内战结束后经过修理和改进后投入使用并成为苏联海军二、三十年代驱逐舰的主要力量。

由于该级的八艘驱逐舰均以前俄国海军名将乌沙科夫（Ф.Ф. Ушаков）曾经取得胜利的战役所在地而命名，故此该级驱逐舰也被称为"乌沙科夫"级驱逐舰；随着黑海海域战事升级，海军部于1915年10月再次提议为黑海舰队建造十二艘同型驱逐舰，虽然沙皇最终批准了这项紧急建造方案，不过由于方案屡次修改加之俄国内革命形势的影响，这十二艘驱逐舰最终并未成型。作为唯一一型的第三代"诺维克"级驱逐舰，"蛇岛"级也就此成为沙皇时代期间俄国驱逐舰建造的绝唱之作。

▲ 下水试航前的"蛇岛"号（左）和"刻赤"号。

"蛇岛"号

一战期间主要对土耳其各港口实施封锁和火力打击。1917年12月16日加入红海军。12月25日该舰内部发生哗变清洗,由于司炉科瓦连科因工作失误被海军准尉斯科罗津斯基(Н.Н Скородинский)当场枪杀,倾向于布尔什维克党的舰员遂将舰上高级军官全部扣押至马拉霍夫山并在12月28日枪决了包括舰长列曼(Г.К.Леман)中校在内的6人,并重新推选海军上尉米茨凯维奇(А.К.Мицкевич)担任舰长。1918年1月在叶夫帕托里亚和费奥多西亚先后参加了与当地反革命和民族独立势力的战斗,后前往阿卢什塔镇压了试图推翻苏维埃地方政权的行动。5月2日因担心被德军俘获而撤往新罗西斯克,但因拒绝德军的投降要求而于6月18日被"刻赤"号击沉。苏联政府后仅在1964年打捞出该舰的部分残骸。

"刻赤"号

进入服役后主要负责布雷和巡逻任务。1917年12月加入红海军。1918年1月参加了维尔科沃地区与罗马尼亚军队的战斗;5月2日因担心被德军俘获而撤往新罗西斯科,后在6月18日按照列宁沉毁黑海舰队所有舰船的密令,该舰用鱼雷先后击沉8艘战舰,随后撤往图阿普谢,并在距离港口外数海里的卡多什灯塔附近水域被舰上官兵自行炸沉。1929年11月苏联政府曾试图打捞该舰但并未成功,后仅在1932年12月打捞出该舰的部分轮机设备并安装于图阿普谢国营电厂的发电机组中;该舰残骸至今仍沉于海底。

▲ 驶入塞瓦斯托波尔港的"蛇岛"号,照片摄于1917年末。

▼ 战斗中的"刻赤"号。

"哈兹贝伊港"号

进入服役后主要负责布雷和巡逻任务。1917 年 12 月 16 日加入红海军，12 月 25 日受"蛇岛"号影响，该舰舰员枪杀了包括舰长彼什诺夫（В. М. Пышнов）中校在内的舰上所有军官，后重新推选海军中尉阿列克谢耶夫（А. В. Алексеев）担任舰长。1918 年 1 月在雅尔塔参加了与当地反革命和民族独立势力的战斗；4 月 29 日因担心被德军俘获而撤往新罗西斯克，但因拒绝德军随后的投降要求而于 6 月 18 日被"刻赤"号击沉于采梅斯湾附近海域。1928 年 12 月 6 日该舰被黑海舰队船只整体打捞上岸，后拖往尼古拉耶夫进行全面修理。但由于舰体整体结构受损严重，修理工作于 1929 年 4 月宣布中止，舰体于一年后被拖往位于马里乌波尔港的国营金属矿业贸易局（Рудметаллоторг）安排解体和变卖工作；不过由于该舰的主、辅机械设备保存尚可，苏联人将这些设备拆下后于 1932 年作为配件重新安装于接受例行大修的"彼得洛夫斯基"号上。

▲ 打捞上岸的"哈兹贝伊港"号。

"卡利阿克拉角"号

进入服役后主要负责护航和巡逻任务。1917 年 12 月加入红海军。1918 年 1 月在费奥多西亚参加了与当地反革命和民族独立势力的战斗；4 月 29 日因担心被德军俘获而撤往新罗西斯克，但因拒绝德军随后的投降要求而于 6 月 18 日被"刻赤"号击沉。1925 年 10 月 4 日被打捞上岸并开始接受全面的修理工作；1926 年 11 月更名为"捷尔任斯基"号（Дзержинский）。1929 年 8 月被重新编入黑海舰队服役，舰长是后来接替库兹涅佐夫成为海军总司令的伊万·尤马舍夫（И. С. Юмашев）少校；11 月下旬造访伊斯坦布尔。二战期间主要在塞瓦斯托波尔和敖德萨的防御战役负责提供运输兵员和物资。1942 年 5 月 14 日由于大雾天气而在塞瓦斯托波尔外海域误入本方雷区后触雷沉没，包括舰长瓦柳赫（К. П. Валюх）少校在内的 158 名舰员和 110 名随舰开赴前线的补充士兵殉职，仅 27 人得以获救。6 月 24 日最终除籍。

▲ 完工后的"卡利阿克拉角"号，照片摄于 1917 年 12 月初。注意该舰烟囱尚未进行任何外表涂装。

▲ 正在安排打捞的"卡利阿克拉角"号，照片摄于 1925 年 10 月。

▲ 被拖轮"托洛茨基"号拖往塞瓦斯托波尔港的"卡利阿克拉角"号。

▲ 改装后的"捷尔任斯基"号，三号烟囱与舰桥之间已加装了无线侧向仪。

▲ "捷尔任斯基"号特写。

▲ "捷尔任斯基"号，注意三号烟囱后依稀可见"弧度 –K"型无线测向仪的环形天线。

▲ 改装后的"捷尔任斯基"号，三号烟囱与舰桥之间已加装了无线侧向仪。

"科孚岛"号

1918 年 3 月 30 日，该舰在尚未完工的情况下被德军俘获，后先后被乌克兰人民共和国与俄国南方武装力量使用，1922 年被红军俘获后进入封存；直到 1924 年 11 月 13 日才正式编入黑海舰队序列。1925 年 2 月以苏联中央执行委员会主席格里戈里·彼得洛夫斯基（Г. И. Петровский）之名而改为"彼

得洛夫斯基"号，4 月 25 日完成验收工作后于 6 月上旬交付舰队。1933 年 10-11 月间先后出访伊斯坦布尔（土耳其）、比雷埃夫斯（希腊）和梅西纳（意大利）。1939 年 6 月第三次更名为"热列兹尼亚科夫"号（Железняков）。先后参加了在敖德萨和塞瓦斯托波尔的防御战役，也参加了苏军在费奥多西亚和南奥泽列卡地区的登陆行动

并负责提供运兵工作。1945 年 7 月 8 日被授予红旗勋章。1947 年 12 月至 1949 年 8 月间该舰作为援建舰只赠予保加利亚海军使用。1953 年 4 月改为浮动营房使用（编号 ПКЗ-62）。1956 年 7 月从海军除籍并于次年接受解体，带有舷名的舰体部分则被塞瓦斯托波尔的黑海舰队博物馆保存。

▲ 已经基本完工的"彼得洛夫斯基"号，照片摄于 1925 年 1 月初。

▲ 接受第一次改装后的"彼得洛夫斯基"号。原先的 40 毫米"维克斯"防空炮被性能更为出色 76.2 毫米 8K 防空炮取代，注意三号烟囱后已经加装了"弧度-K"型无线测向仪。

▲ 二战后期的"热列兹尼亚科夫"号，照片摄于1944年。依稀可见艉部的37毫米70K防空炮，注意艉舰桥上已经改装了ДМ-3型测距仪。

"桑特岛"号

1918 年 3 月 30 日在该舰尚未全部完工之际（舰体 70% 完工，机械装置 85% 完工）被德军俘虏后转交乌克兰人民共和国海军使用；后被俄国南方武装力量再次缴获。1920 年 1 月因红军逼近尼古拉耶夫而被拖往敖德萨，但在大喷泉附近海域因遭遇风暴而沉没；同年 9 月该舰被打捞上岸开始修理工作，后经苏联最高国民经济委员会

批准同意在"马蒂"船厂进行再建。1923 年 6 月更名为"困苦"号（Незаможный，实为乌克兰文的俄文拼译）11 月 7 日被编入黑海舰队。1925 年 9 ~ 10 月间先后造访伊斯坦布尔和那不勒斯。1926 年 4 月再次更名为"清贫"号（Незаможник，实为乌克兰文的俄文拼译）。1930 年 4 月 3 日参加了与货轮"厄尔布鲁士山"号（Эльбрус）相撞的舰队潜艇"矿工"号（Шахтёр）的救援

工作；10 月造访伊斯坦布尔、比雷埃夫斯和墨西拿。二战期间主要在塞瓦斯托波尔和敖德萨的防御战役负责提供运输兵员和物资。1941 年 12 月和 1943 年 2 月先后为苏军在蛇岛和南奥泽列卡地区的登陆行动提供运兵工作。1945 年 7 月 8 日被授予红旗勋章。1949 年 1 月 12 日从海军除籍并被改造成靶舰，后在 1951 年的一次炮击训练中被击沉于克里米亚附近海域。

▼ 第一次改装后的"困苦"号。

1944年5月的"清波"号，舰艇布局由于战争前期出于防空设计考虑呈现出峰显拥挤。

▲ 二战爆发后的"清贫"号，照片摄于 1942 年。注意原先二号烟囱一侧的一副救生艇起吊架已在改装中被拆除，而腾出的空间则用以安装亦能在图中辨认出的 37 毫米 70K 防空炮。前樯中段多出的框型架构是为配合舰上"突击"超高频双向收发器使用的集合共用天线。这套通讯设备其实是苏联 30 ~ 40 年代的标准舰上通讯设备。

▲ 改装之后的"贫农"号，照片摄于 1942 年。注意舰艇两舷处增加的 21KM 防空炮。

"莱夫卡斯岛"号

1918 年 3 月 30 日，该舰在尚未完工的情况下被德军俘获，后先后被乌克兰人民共和国与南俄武装力量使用，1922 年被红军俘获后进入封存；1923 年开始重新建造，1925 年 2 月 5 日以内战中被英国干涉军杀害的巴库人民委员会主席斯捷潘·邵武勉（С. Г. Щаумян）之名而更名此舰；12 月 10 日加入黑海舰队服役，首任舰长为卫国战争初期担任波罗的海舰队驱逐舰分队参谋长的彼得·叶弗多基莫夫（П. А. Евдокимов，1941 年被俘变节）中校。1930 年 10 月造访伊斯坦布尔、比雷埃夫斯和墨西拿。二战中先后参加了在塞瓦斯托波尔和敖德萨的防御战役；同年 12 月底参加了苏军在费奥多西亚和南奥泽列卡地区的登陆行动，不过在行动中被一颗炸弹击伤。1942 年 4 月 3 日在格连吉克港口外不慎触礁坐沉；6 月该舰从海军除籍。

▲ 正在塞瓦斯托波尔港内接受后续建造的"邵武勉"号，照片摄于 1925 年 2 月。

▲ 刚进入服役的"邵武勉"号。

▲ 造访伊斯坦布尔港的"邵武勉"号。

▲ "邵武勉"号近照。

"基西拉岛"号

1918 年 3 月在该舰尚未全部完工之际被德军俘虏，后转交俄国南方武装力量处理。1920 年 11 月在随弗兰格尔残部撤至比泽特时被法国政府扣留。1934 年由一家法国私营公司安排解体。

俄文舰名	译名	建造船厂	开工日期	下水日期	服役日期	隶属舰队
Фидониси	蛇岛	海军造船厂	1915.11.11	1916.05.31	1917.06.07	黑海舰队
Керчь	刻赤	海军造船厂	1915.11.11	1916.05.31	1917.07.10	黑海舰队
Гаджибей	哈兹贝伊港	海军造船厂	1915.02.23	1916.08.27	1917.09.24	黑海舰队
Калиакрия	卡利阿克拉角	海军造船厂	1915.11.11	1916.08.27	1917.11.12	黑海舰队
Занте	桑特岛	海军造船厂	1916.05.16	1917.04.03	1923.11.07	黑海舰队
Корфу	科孚岛	海军造船厂	1916.17.16	1917.10.23	1925.06.10	黑海舰队
Левкас	莱夫卡斯岛	海军造船厂	1916.16.15	1917.10.23	1925.12.10	黑海舰队
Цериго	基西拉岛	海军造船厂	1915.11	1917.04.03	—	
基本技术性能						
基本尺寸	舰长 92.5 米，舰宽 9.07 米，吃水 3.81 米					
排水量	正常 1330 吨 / 满载 1580 吨（困苦、彼得洛夫斯基、邵武勉号为 1750 吨）					
最大航速	33.8 节					
续航能力	1210 海里 / 16 节					
动力配置	"帕森斯"汽轮机 2 台 2 轴功率 29000 马力，5 座"索尼克罗夫特"型锅炉					
最大载油量	330 吨					
武器配置	4×102 毫米"奥布霍夫"火炮，2×40 毫米"维克斯"防空炮，4×457 毫米三联鱼雷发射管，80 颗水雷					
辅助配置	"盖斯勒 M-1911"机械火炮指挥仪，"埃里克森 M-1"机械鱼雷射击指挥仪，"巴尔－斯特劳德"测距仪					
人员编制	121 名舰员 +15 名军官					

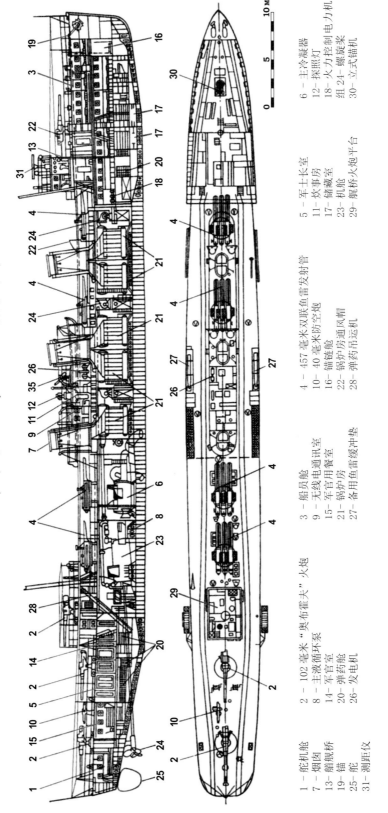

1917年时的"蛇岛"级驱逐舰线图

1 - 舵机舱　　　　　　2 - 102 毫米"奥布霍夫"火炮　　　3 - 船员舱　　　　　　5 - 军士长室　　　　6 - 主冷凝器
7 - 烟囱　　　　　　　8 - 主液循环泵　　　　　　　　9 - 无线电通讯室　　　11 - 炊事房　　　12 - 探照灯
13 - 艏舰桥　　　　　　14 - 军官室　　　　　　　　　15 - 军官用餐室　　　　17 - 储藏室　　　18 - 火力控制电力机
19 - 锚　　　　　　　　20 - 弹药舱　　　　　　　　　21 - 锅炉房　　　　　　22 - 锅炉房通风运机　　组 24 - 立式锚机
25 - 舵　　　　　　　　26 - 发电机　　　　　　　　　27 - 备用鱼雷缓冲垫　　23 - 机舱　　　30 - 立式锚机
31 - 测距仪

4 - 457 毫米双联鱼雷发射管　　10 - 40 毫米防空炮　　16 - 锚链舱　　22 - 锅炉房通风运机　　27 - 备用鱼雷缓冲垫
28 - 弹药吊运机

29 - 艉桥火炮平台

武器配置改进情况

1926年（固雷、依得洛夫斯基、邵武勉号）：−2×40 毫米"维克斯"防空炮，20 颗水雷；+1×76.2 毫米 8K 防空炮，2×7.62 毫米"马克沁"机枪
1929年（固雷、依得洛夫斯基、邵武勉号）：+1×76.2 毫米 8K 防空炮，1×37 毫米"马克沁"防空炮
1929年（捷尔任斯基号）：+1×76.2 毫米 8K 防空炮，1×37 毫米防空炮；+1×76.2 毫米"马克沁"防空炮，2×7.62 毫米"马克沁"机枪
1940年："维克斯"号）：−2×40 毫米"马克沁"防空炮，2×7.62 毫米"马克沁"机枪；+4×12.7 毫米 ДШК 防空机枪，16×55−1 深水炸弹，26×БМ−1 深水炸弹
1942年（贫农、热列兹尼亚科科夫号）：−2×45 毫米 21KM 防空机枪，5×37 毫米 70K 防空炮，2×20 毫米"厄利孔"机炮

"戈格兰岛"级（Гогланд）驱逐舰

早在提出为黑海舰队建造"蛇岛"级驱逐舰之前的 1912 年 6 月，俄国海军部就根据杜马批准的建船计划，考虑依照"诺维克"号为波罗的海舰队再建造一型性能更优的高速驱逐舰。海军部初步考虑建造七艘，并通过公开招标的方式来决定建造工作的归属权。让人感到困惑的是，尽管在一年之后的招标会上吸引了不下十余家俄国船厂的参与，但他们动辄 240 余万的单艘建造报价却让海军部觉得很难承受，反倒是在俄国人重重包围下的德国希肖船厂博得了海军部高层的青睐；这不仅因为他们 193.5 万的报价要比其他任何一家船厂都要便宜 20% 以上，更在于和俄国人有过多次合作的这家德国船厂拥有更为优异的建造技术和机械设备。

实际上希肖船厂的报价之所以会比俄国船厂还要便宜近 50 万卢布的真正原因只是由于船厂老板卡尔·齐泽（Carl Ziese）在 1912 年初的一次投资举动。这位眼光独到的

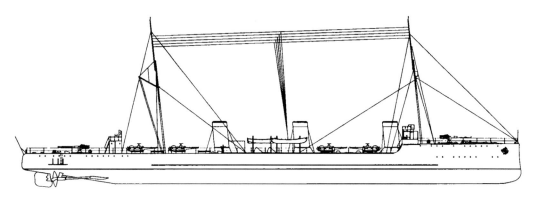

▲ 1914 年设计的"戈格兰岛"级驱逐舰。

俄文舰名	译名	建造船厂	开工日期	下水日期	服役日期	备注
Гогланд	戈格兰岛	齐泽－穆尔加本	1913.12.03	—	—	至 1916.12.1 已完成 15%，后弃用
Гренгамн	格列加米	齐泽－穆尔加本	1913.12.03	—	—	至 1915.7 已完成 13%，后弃用
Кульм	库尔木	齐泽－穆尔加本	1913.12.03	—	—	至 1915.7 已完成 4%，后弃用
Патрас	帕特拉斯	齐泽－穆尔加本	1913.12.03	—	—	至 1915.7 已完成 2%，后弃用
Стирсудден	斯蒂尔苏登角	齐泽－穆尔加本	1915.10	—		1917.9.2 遭拆毁
Смоленск	斯摩棱斯克	齐泽－穆尔加本	1915.10	—		1917.9.2 遭拆毁
Тенедос	忒涅多斯岛	齐泽－穆尔加本	1915.10	—		1917.9.2 遭拆毁
Хиос	希俄斯岛	齐泽－穆尔加本	1915.10	—		1917.9.2 遭拆毁
Рымник	列姆尼克河	齐泽－穆尔加本	1915.10	—		1917.9.2 遭拆毁
Тенедос	忒涅多斯岛	全俄造船公司	1916.12	—		1917.10 停止建造，建造进度不足 0.4%
Хиос	希俄斯岛	全俄造船公司	1916.12	—		1917.10 停止建造，建造进度不足 0.4%
Родос	罗得岛	海军造船厂	1917.01	—		1917.10 停止建造，建造进度不足 0.4%
Самос	萨摩斯岛	海军造船厂	1917.01	—		1917.10 停止建造，建造进度不足 0.4%
基本技术性能（1916 年）						
基本尺寸	舰长 99.3 米，舰宽 9.5 米，吃水 3.11 米					
排水量	标准 1550 吨 / 满载 1840 吨					
最大航速	32 节					
续航能力	1480 海里 / 21 节					
动力配置	"希肖"汽轮机 2 台 2 轴功率 32000 马力，5 座"希肖"型锅炉					
最大载油量	450 吨					
武器配置	5×102 毫米火炮，2×40 毫米防空炮，4×7.62 毫米通用机枪，2×457 毫米三联装鱼雷发射管，80 颗水雷					
辅助配置	"盖斯勒 M-1911"机械火炮指挥仪，"埃里克森 M-1"机械鱼雷射击指挥仪，"巴尔－斯特劳德"测距仪					
人员编制	147 人					

▲ 卡尔·彼德洛维奇·延森（1852—1918）：俄国海军中将。曾作为旅顺港海军副指挥参加了日俄战争，由于在战争中指挥不利，后被马卡罗夫解除职务并担任巡洋舰分队指挥。回国后曾遭俄国军事法庭受审并不得不提前退役。后经营穆尔加本船厂直至十月革命爆发。1918 年 12 月死于彼得格勒。

德国资本家通过对俄国西北部地区的实地考察异常敏锐地发觉到，相比起日趋饱和的国内订单，急欲重振海军地位的俄国拥有一个潜力巨大的造船市场；于是他向俄国海军部提交申请，希望可以在里加地区建造一家希肖船厂的分船厂。不过这个提议得到了海军部的否决，他们更希望德国人将船厂建立于纳尔瓦地区；齐泽原本接受这个折中方案，尽管纳尔瓦地区不算成熟的造船基础意味着他还要多掏出一大笔初期建设资金，但后续提交的申请却接连被俄国造船工业总局和外来劳工局驳回。然而齐泽很快就找到了对策，那就是与俄国船厂穆尔加本船厂（Мюльграбенская Верфь）合资经营。这家位于里加市郊西德维纳河畔的船厂成立尚不足五年，且船厂的实际拥有者是拥有德国血统的前海军中将卡尔·延森（К. П. Иессен）。双方经接洽后很快就达成合作意向，即以俄国船厂为原址建起德俄双方共同合资的齐泽－穆尔加本船厂（Ziese-Mühlgrabenwerft）；俄国人要求德方为船厂提供必要的设备升级和技术支持，而齐泽也意欲通过这家船厂合法的"俄国身份"接揽更多的俄国舰船建造工作，以便能省去大笔的远途运输费用。这

也是为何他们可以在 1913 年 4 月 5 日有惊无险地获得建造权的根本原因。

与"蛇岛"级类似的是，该型驱逐舰的舰名全部源于乌沙科夫赢得战役胜利的地点，但颇具讽刺意味的是，它的设计工作实际上全部是由德国人来完成的；根据希肖船厂方面的最初设计，"戈格兰岛"级驱逐舰的标准排水量为 1350 吨，安装希肖船厂自行设计建造的两台汽轮机和五座锅炉，设计最大航速也将达到 33 节。在火力配置上，该舰仅在艏艉各配置 1 门 102 毫米火炮，但在舯部和艉部共安装 4 座三联装鱼雷发射管。海军部于 1913 年 10 月就批准了这一设计方案，而船厂方面也在两个月后正式开始第一批四艘驱逐舰的建造工作；但实际上在利沃尼亚省船舶工业管理分局于 1914 年 4 月签发这家合资船厂以造船许可证之前的数月时间里，他们只是简单地完成了落料切割工作（至 1914 年 12 月 31 日的准备工作进度为："戈格兰岛"号33.5%，"格列加米"号 48%，"库尔木"号 26%，"帕特拉斯"号 9%）。

但原本还算顺利的建造工作随着一战爆发却急转直下：德俄两国迅速恶化的关系不可避免地影响到

改进型"戈格兰岛"级驱逐舰设计简图

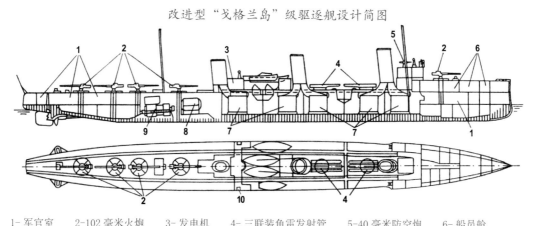

1- 军官室 　　2-102 毫米火炮 　　3- 发电机 　　4- 三联装鱼雷发射管 　　5-40 毫米防空炮 　　6- 船员舱
7- 锅炉 　　8- 主冷凝器 　　9- 主轮机 　　10- 探照灯

了船厂生产，希肖船厂被迫停止了一切供应并撤走了在里加船厂的所有德方工作人员。而比其他俄国船厂更为糟糕的是，由于里加地处两方交战前线地区，船厂随时就可能会被德军攻占。1916 年 6 月已经开始建造的 4 艘驱逐舰被先后拖往彼得格勒的伊若拉船厂等待后续建造，而另外 5 艘刚完成落料和龙骨铺设工作的船壳框也被运往雷瓦尔的俄属波罗的海船厂，一旦"加夫里尔"级完成后随即开始建造工作。

随着战事的发展，海军部为了应对德军的水雷攻击而决定将"戈格兰岛"级改建成具备扫雷能力的多用途驱逐舰。经过改进设计，他们将该级舰的排水量增加到 1550 吨，航速相应减少到 32 节，在火力配置上，他们撤去了原先的 2 座鱼雷发射管，但在艉部增加 3 门 102 毫米火炮，之前设计中的 1 门 37 毫米防空炮也改为 2 门 57 毫米防空炮。1916 年 6 月 7 日，海军部同意了这个尚未经过任何论证的设计方案，并委派圣彼得堡的冶金加工厂开始前期的舰体建造工作。只可惜随后同步开展的验证工作认为该方案存在较大设计缺陷，而工厂在仅仅生产了不足两个月之后就停止了工作。

此时，俄国国内动荡的局势已经根本无法保证"戈格兰岛"级的正常完工。随着二月革命和十月革命的步步逼近，该级驱逐舰的工作也几乎陷于停滞。海军高层原以为远离革命风暴中心的南部乌克兰地区会让建造工作变得顺利一些，故此在俄国革命爆发的前夕让位于尼古拉耶夫的全俄造船公司和海军造船厂各自完成六艘同型驱逐舰的建造：其中的两艘以齐泽-穆尔加本船厂开工建造的"忒涅多斯岛"号与"希俄斯岛"号同名，另两艘则被命名为"罗得岛"号与"萨摩斯岛"号；但实际上建造工作依旧举步维艰，在十月革命爆发之后，剩余的八艘驱逐舰甚至还未获得舰名便草草取消。在这种大环境下，

俄国临时政府在 1917 年 10 月 27 日最终决定，该型驱逐舰的建造工作全部停止，待条件成熟之后再行复工。这条命令多少有些可有可无，因为建造工作实际上在 1916 年 8 月就已经基本停止了。在经历了整个俄国内战之后，这些雏形未显的舰体在船厂内早已变为一堆废铁，1925 年即遭解体。

单从时间节点来看，"戈格兰岛"级似乎更有理由成为首型"乌沙科夫"级驱逐舰，然而作为"诺维克"型战舰中唯一由外方全权设计的一型，该级驱逐舰的建造工作居然由于大环境因素的制约而未能成型，这多少使人多少产生一些命运弄人的唏嘘之感，但我们完全可以大胆地加以设想，即便"戈格兰岛"级能够完成试航工作，恐怕也会落得一个与"伊贾斯拉夫"级和"加夫里尔"级几艘未服役驱逐舰所类似的命运；真正让建造工作无果而终的不是一战原因，而是俄国人自己国内矛盾重重的混乱局势。

舰名	"戈格兰岛"级	改进型"戈格兰岛"级	马特罗索夫设计型
舰长（米）	99.3	99.3	?
舰宽（米）	9.5	9.5	11.24
吃水深度（米）	3.11	3.35	3.45
排水量（吨）	标准 1360 吨 / 满载 1480 吨	标准 1550 吨 / 满载 1840 吨	标准 2100 吨
动力配置	2 台汽轮机，5 座锅炉	2 台汽轮机，5 座锅炉	2 台汽轮机，4 座锅炉
最大功率（马力）	32000	35000	35200
最大航速（节）	35	32	34
经济航速（节）	21	?	?
最大载油量（吨）	290	450	615
最大航程（海里）	1480 海里 / 21 节	1480 海里 / 21 节	1000 海里 / 25 节
主炮配置	5×102 毫米火炮（300 枚）	5×102 毫米火炮（700 枚）	7×130 毫米火炮（600 枚）
防空火力配置	2×7.62 毫米通用机枪	2×40 毫米防空炮 4×7.62 毫米通用机枪	2×76.2 毫米防空炮 2×7.62 毫米通用机枪
鱼雷武器配置	4×457 毫米三联鱼雷发射管	2×457 毫米三联鱼雷发射管	3×457 毫米三联鱼雷发射管
水雷载量	80	80	300
舰员人数	120 名舰员 + 10 名军官	134 名舰员 + 13 名军官	220 名舰员 + 22 名军官

第四章
卫国战争：大敌当前 1933 ～ 1946
Враги У Ворот: Отечественная Война Против Свастики

正执行护航工作的"威严"号驱逐舰

没人知道斯大林到底从何时起决定重振自己祖国的海军力量，但能肯定地说，这一想法应该是在苏联完成了第一个五年计划之后。苏联在这五年时间里所取得的成就有目共睹，他们不仅迅速地从内战巨大的内耗中复苏过来，更是为日后的东山再起建立了一个比较夯实牢靠的资本基础。在随后的第二个五年计划中苏联经济和工业仍以一种难以遏制的增长程度急速陡升，尽管斯大林与他的同僚们小心翼翼地对大多数苏联民众瞒骗了繁荣景象背后所付出的残酷现实：比如乌克兰在 30 年代初期爆发的大饥荒和对白俄罗斯人、乌克兰人、高加索人等少数民族文化精英的秘密清洗。繁荣一片的盛景让苏联高层有了更为充足的理由来复兴苏联海军，于是苏联，或者说是斯大林本人开始着手酝酿所谓的"大舰队"（Большой флот）计划。

苏联在内战结束后就着手船厂的修复工作，这点对于建造一支庞大的舰队显得极为重要。他们在对列宁格勒和尼古拉耶夫等主要老船厂进行了现代化改造之后，顺便将船厂的名字也变得充满了革命战斗气息：原来的"普季洛夫"船厂被更名为 190 号"日丹诺夫"船厂（Жданов），海军造船厂成了 198 号"马蒂"船厂（Марти），而原来的军舰修造厂则在 1931 年成为了 200 号"61 公社社员"船厂（61 Коммунар）。在改建旧厂的同时，苏联人还不忘建造更多的新船厂：12 万多名战俘和政治犯被先后押往北部寒冷的莫洛托夫斯克进行劳动教育，而他们的改造成果就是在北极地区坚实的花岗岩壁上凿出了一座新型的 402 号船厂；几乎是同时，数万名壮志踌躇的共产主义青年奔赴远东，他们一手将彼尔姆斯科耶村改建成了一座名叫"共青城"的

城市，随后 199 号"列宁共青团"船厂（Ленинский Комсомол）也在共产主义的巨大精神支持下建立了起来——而这五座船厂在日后几乎承担了绝大多数驱逐舰的建造任务。

苏联在这一时期已经开始了"列宁格勒"级驱逐领舰的建造工作，但由于工艺技术和设计能力上的严重劣势，建造中所遇到的麻烦接踵而至；苏联设计人员随后对原设计进行了修改并重新扩建了 3 艘"明斯克"级驱逐领舰，不过问题并未就此得到最终解决。感觉江郎才尽的苏联人于是开始知耻而勇，他们逐渐改变封闭的国际形象并开始与德国、法国和意大利等传统海上强国频繁地进行交流。由于斯大林认为从国外获取技术资料可以使苏联在设计过程中少走很多弯路，故此苏联战舰的诸多设备上也得到了外国的技术支持或是直接进口，比如测距指挥台和火炮指挥仪这样

▲ "飓风"号护卫舰，它承担了新型动力 ГТЗА 减速齿轮汽轮机组的试验工作，后来这一机组成为苏联驱逐舰的首要选择。

▲ 正在如火如荼地进行造船工作的"马蒂"船厂一号船坞。作为实现斯大林"大舰队"计划的主要生产船厂，建造工作随着德国人的入侵也被迫中止。

▲ "大舰队"计划的核心，就是原沙皇海军的甘古特级战列舰。图为经过现代化改装之后的"马拉号"。

的辅助舰上设备无一例外地都留下了德国、意大利、捷克斯洛伐克的技术特点。甚至作为舰船核心的汽轮机研制工作，苏联人在设计时也借鉴了当时的外方经验，而且他们的配套零件还必须依靠外国供货：作为苏联海军机械工程的主要奠基人，特种船舶制造设计局机械制造主管斯比兰斯基（А. В. Сперанский）参照德国和捷克斯洛伐克的技术资料于 1929 年底完成了轮机设计工作；1930 年 5 月苏联人第一台 ГТ3А 减速齿轮汽轮机组在哈尔科夫涡轮机厂完工并在两个月后安装于"飓风"级（Ураган）护卫舰上进行了试验工作——"列宁格勒"级首先安装了该型轮机并陆续成为后来多数苏联海军驱逐舰的主动力选择。

很多人都认为苏联人自 20 世纪 30 年代开始起就深深地受到了意大利人舰船设计的影响，至少光从苏联后续建造的多型驱逐舰上，这个答案的肯定性就已经显得毋庸置疑了。1932 年 7 月当时的苏联海军派出联合代表团对意大利进行了交流访问，期间代表团中的不少专家对意海军"航海家"级（Navigatori）、"箭"级（Dardo）与"霹雳"级（Folgore）驱逐舰产生了浓厚的兴趣，意大利人随后根据苏方要求爽快地应允了将这些驱逐舰的设计方案提供给苏联人。

不过与其说是墨索里尼政府的过分慷慨，倒不如说这位意大利法西斯党魁完成了一项互惠的买卖，因为苏联人随后就识趣地以一个较低的价格向意大利出售了他们因筹备入侵阿比西尼亚而急需的原油、煤炭和矿石。而另一边，如获至宝的苏联人很快就根据图纸资料加以消化利用：一年后根据劳动与国防委员会制定颁布的《1933～1938 年海军舰艇建造计划》，苏联要在第二个五年计划内完成建造 1493 艘各类作战舰只，其中包括 50 艘驱逐舰的建造任务——最终诞生出的"愤怒"级驱逐舰除了配备苏联人自行制造的武器设备以外，无论从哪点上看都是一型意大利战舰。但该型驱逐舰历来都饱受争议，甚至在其改进型"前哨"级交付使用之后，这种质疑的声音仍未得以停息——照搬意方设计虽然让苏联人的驱逐舰水平得以显著提高，但亚平宁人设计中难以剔除的弊病也被移植到苏联人的建造中去。这些问题伴着"大清洗"行动而被无端放大，包括斯比兰斯基、布热津斯基（В. Л. Бжезинский）、里姆斯基-科萨科夫（В. П. Римский-Корсаков）、拉姆辛（Н. И. Рамзин）等在内的一大批优秀设计科研人员都会此牵连；这批被斥为"人民敌人"和"内部蛀虫"的海军建设骨干最终不是莫名其妙地从此消失就是在劳改营里虚度了

▲ 瓦列里安·柳德米洛维奇·布热津斯基（1894～1985）：苏联国内著名的船舶设计师，也是最早将西方先进舰船设计理念引入苏联的设计者之一。1917 年毕业于海军机械学院，两年后调往阿斯特拉罕任海军港区高级首长。苏联成立后调离一线岗位并开始专门从事舰艇设计研究工作。1937 年因在设计 7 型和 45 型驱逐舰中存在疏漏而被捕入狱，后进入特种实验设计局继续进行设计工作。1949 年二次受审并被流放至叶尼塞斯克进行劳改；1955 年终获平反并调往克雷洛夫中央船舶研究所继续从事设计工作。1985 年病逝于列宁格勒。

数年宝贵时光。

30 年代的苏联人在驱逐舰的建造中无形地陷入了一个矛盾的怪圈，或者应该说当时苏联整个造船工业都进入了一个畸形的发展模式，无论其目的和初衷有多么的崇高和爱国。或许是不想让自己的海军部下过分插手干预造船工作，1932 年 8 月在斯大林的授意下，海军科学技术委员会被最终撤销并被拆解为三个独立办事部门，不过这次改动却为海军增设了一个名为海军舰艇建造科学研究所（НИИВК）的分支部门用以进行战舰的预研工作；可惜斯大林对海军队伍的猜忌和戒备却与日俱增，到了 1938 年 5 月底，他借助苏联人民委员会的名义冠冕堂皇地将这个在他看来十分重要的

▲ 意大利的"航海家"级驱逐舰是一级设计较为成功的驱逐舰，因此也被新生苏联海军用作驱逐舰学习的模版。

▲ 列奥尼德·康斯坦丁诺维奇·拉姆辛（1887～1948）：苏联著名热工学家，列宁勋章、劳动红旗勋章和列宁奖金获得者。1921年担任全苏热能工程研究院院长；1930年因涉嫌所谓的"工业乱党"案件而以"进行破坏活动和间谍活动"等捏造罪名而批捕入狱，服刑期间加入苏联特种实验设计局并设计出的著名的拉姆辛式直流盘管锅炉。1936年提前出狱后和热能专家安德列·谢格里亚耶夫（А. В. Щегляев）一起在莫斯科动力机械学里创建了锅炉热力工程学科，他本人也在1944年成为该学科带头人。1948年病逝于莫斯科。

设计部门转至造船工业人民委员会麾下管理，这个部门随后就发展成了我们更为熟知的第45中央科学研究所（ЦНИИ-45）专门从事战舰的初级设计和评审工作。海军方面对于增减一个部门毫不介意，让他们更为在意的倒是包括像叶戈洛夫（М. В. Егоров）、祖波夫（Б. Н. Зубов）和别尔辛（В. И. Першин）等在内的一大批有经验的技术人员和海军将领随着这场变动而改换门庭。海军部于1939年1月在内部成立了一个小型的科学技术委员会并由海军少将弗罗洛夫（А. А. Фролов）总体负责，但坦白地说这个委员会显然无法有效地承担起前任所能完成的全部工作。

斯大林这种画蛇添足的举动对于海军和造船工业这两个部门实际都是一种伤害。由于部门内部设立的下属机构是如此的赘冗繁多，以至于苏联几乎每建造一艘战舰都要为此进行拉锯式的审核——退回——再审——修改——批准的过程。当然有时他们也不得不如此，因为即便是在有技术部门支持的那段时间内，海军参谋部为舰船所设定的指标也太过荒诞不羁：早在保守派思想仍盛行一时的1925年，海军参谋部曾拟定出一份战役战术需求书，要求设计综合条件介乎于轻巡洋舰与驱逐舰之间，能够有效压制敌方驱逐舰的火力，保护己方船队不受攻击，且具备大范围海域巡逻、警戒和布雷任务的新型多用途中型舰艇；这实际上就是苏联驱逐领舰的早期雏形。同年3月参谋部制定出详细技术指标，要求该舰排水量至少达到4000吨，最大航速不低于40节，在经济航速下保证3000海里的续航能力；在火力配备上要求安装4门180毫米火炮，2门127毫米副炮，2座三联装鱼雷发射管和一定数量的水雷，

甚至还提出配备一架使用离合弹射器的水上飞机！可笑的是这个方案竟然不可思议地获得了初期批准。要不是在第一个五年计划中并未打算新建什么新型战舰，谁都不知道这个不切实际的方案会分娩出一个什么样的怪胎。但更为糟糕的是，从来没有哪个国家会像苏联那样对舰船的建造工作施加一个令人无法承受的政治压力，一艘战舰的最终设计指标往往会上报至政治局乃至斯大林本人，而对于海军知识知之甚少的格鲁吉亚人往往会不顾忠言逆耳，一意孤行地增加战舰的武器数量并要求设计人员兼顾舰只的航速和续航能力。国防工业副人民委员捷沃希扬（И. Ф. Тевосян）曾不无吹捧地赞颂"没有一型舰船、海军舰炮、或者一般的或大或小的造船问题不经过斯大林同志审阅的"，这句话被弄巧成拙地解读为斯大林颇好为海军建设强加入自己的主观意见，是对苏联造船业一次含蓄的反讽。这不仅让夜以继日不停工作的设计人员叫苦不迭，更是让后来建造舰船的造船工人牢骚满腹。而为了应付检查组的工作，船厂方面在进度生产报告中往往会使用诸如"基本完工"、"大致完成"、"总体质量合格"等概念模糊的词句加以搪塞上方的例行建造进度检查，而在建造中出现的很多问题如果最终无法解决都会被工人们悄悄地隐瞒起来。但工程延期和生产质量事故却是谁都看得到的现实，像"列宁格勒"级和"明斯克"级就因为这些显而易见的原因在随后的清洗运动中被殃及池鱼，当然配套设备无一按时到位也导致了这批战舰迟迟不能交付海军使用。忡忡大怒的斯大林根本不管这些，他武断地决定枪决了一批生产条线主要负责人以儆效尤，可悲的是导致建造延期的实际原因却从未得到斯大林的真

▲ 伊万·费奥多洛维奇·捷沃希扬（1901～1958）：苏联主要领导人，社会主义劳动英雄奖章获得者。曾先后出任国防工业副人民委员（1936）、造船工业人民委员（1939）、黑色金属人民委员（1940）、冶金工业部部长（1948）。1949年担任苏联部长会议副主席并于第二年重新成为黑色金属工业部部长。1956年担任苏联驻日大使直至1958年病逝。

正重视。

虽然苏联的造船水平远未达到一个足够的高度，但苏联人迫切希望建造一支强大海军队伍的决心却与日俱增。1934年的苏共十七大上，时任苏联元帅的伏罗希洛夫在对未来军工行业发展的问题曾作出表示："我们能够建立造船工业并迅速制造出各种战舰，而它们就将成为我们工农红海军最强有力的武器。" 这句话后来被认为是斯大林正式实施"大舰队"计划的事先昭示；同年12月24日斯大林在克里姆林宫与他的领导层接见了重新组建后的太平洋舰队指挥员代表团。在这次接见后斯大林随即要求红海军指挥员们尽快提交一份关于建立"强大的海上和远洋舰队"构想草案。但直到1936年2月，奥尔洛夫元帅才呈交了舰队建设的第一份设计草案；四个月后国防人民委员会以政府通令的形式详细描述了红

海军在1947年完成发展规划后的未来构成：届时在苏联广袤的海疆上将会出现24艘战列舰、22艘大型巡洋舰、20艘轻型巡洋舰、20艘驱逐领舰、162驱逐舰和344艘潜艇，排水量总吨位超过140万吨。即便如此这一宏伟的计划仍未满足斯大林和其同僚的要求，在经过了第五次修改之后，计划草案已将战舰总数增至699艘，排水量总吨位数达250万吨，此外还将建造数百艘辅助舰船，其排水量总吨位数达50万吨。

到了1937年6月，海军内部随着盛夏的到来也变得躁动不安。在叶若夫给斯大林的报告记录中详细阐述了所谓的一小撮"反革命阴谋分子"已经渗透进入了海军队伍。于是随后展开的清洗工作也让苏联人的造船工程受到了极大的影响，很多舰船的设计方案也随着海军人员的频繁变动而

▲ 米哈伊尔·彼得洛维奇·弗里诺夫斯基（1898～1940）：苏联早期革命领导人，1919年曾担任莫斯科地区契卡副总负责人。后先后担任基辅地区政治保卫局局长（1922）、东南前线区国家政治保卫负责人（1923）等；在伏龙芝军事学院毕业后，他于1930年出任阿塞拜疆地区国家政治保卫局局长。1934年7月他成为人民内务委员会国土内务安全处处长。1938年他被任命为海军人民委员，但这位并不太了解海战指挥的高级人物普遍被认为只是斯大林因怀疑海军内部出现乱党而安插的眼线。1939年这位参与了"大清洗"活动的主要负责人也被批捕入狱并于次年2月遭枪决。

▼ 为庆祝1940年海军节而在塞瓦斯托波尔港内公开展示的新型"迅速"号驱逐舰，在其前面的是Л-5"宪章党人"号（Чартист）潜艇。不过一年后开始的卫国战争才是检验这批苏联舰艇真正实力的舞台。

被退回要求重新修改。在年轻的库兹涅佐夫最终成为海军人民委员之前，斯大林已将库氏的前任弗里诺夫斯基（М. П. Фриновский）、斯米尔诺夫 - 斯维特洛夫斯基（П. И. Смирнов-Светловский）、斯米尔诺夫（П. А. Смирнов）、维克托洛夫（М. В. Викторов）、奥尔洛夫、穆克列维奇、佐夫、潘采然斯基（Э. С. Панцержанский）先后处决，而诸如像黑海舰队司令科扎诺夫（И. К. Кожанов）、波罗的海舰队司令希弗科夫（А. К. Сивков）、北方舰队司令杜舍诺夫（К. И. Душенов）、太平洋舰队司令基列耶夫（Г. П. Киреев）和阿穆尔河区舰队司令科达茨基 - 鲁德涅夫（И. Н. Кадацкий-Руднев）等在内的一批经验丰富的海军将领也因为与斯大林在舰队建设方面的意见相悖而难逃一劫。按照捷沃希扬在 1939 年苏共第十八次代表大会上的说法，这群遭受极刑的海军骨干无非是"以图哈切夫

斯基、奥尔洛夫和穆克列维奇为首的一撮乌合之众，他们试图阻挠我们国家建造一支强大的海军队伍"，而他们中的很多人的确对斯大林提出的海军建设模式提出了中肯的质疑。苏联在这段时间内几乎是颗粒无收，仅仅完成的一艘"塔什干"号也应该说是意大利人帮助他们完成的；一艘用于试验目的的"熟练"号直到苏德战争开始后仍在苦苦寻找功率输出过低的原因，而 30 型工程以及 48 型工程也是在高层大腕们的直接干预下进行着如履薄冰的设计工作。

苏军海军在随后开始的苏芬战争中显得黯淡无光，当然主要胶着于地面战场的这场局部战争也没让他们获得展示的机会，他们更多地只是配合地面部队清除芬兰人在沿岸各处修筑的牢固的火炮阵地。不过仅有的几次行动也实在难用成功来形容，比如在 1939 年 12 月 1 日驱逐舰"敏捷"号和"神速"号

协助"基洛夫"号（Киров）巡洋舰对芬兰军队位于鲁萨罗沿岸的炮兵阵地实施攻击时，"基洛夫"号不慎被对方的岸炮直接击中，亏得两艘驱逐舰的掩护才得以撤回利耶帕亚港口。可惜的是斯大林的梦想最终成为了南柯一梦，因为早有预谋的希特勒早就迫不及待地将墨迹未干的《苏德互不侵犯条约》扔进废纸篓，随后下令自己的军队挺进苏联境内。直到这时，除了那 10 来艘几经改进的老式"诺维克"型驱逐舰，苏联人手中的驱逐舰其实仅仅只有"列宁格勒"级、"明斯克"级、"愤怒"级、"前哨"级和一艘"塔什干"号，而几乎所有型号的驱逐舰都存在了这样那样的问题，这也让这批战舰的最终命运变得吉凶难料。

波罗的海舰队所面临的情况最为糟糕，由于德军令人难以想象的推进速度，苏联人实际上已经丧失了构建防御体系的最佳时机。就

▲ 在芬兰湾海域实施巡逻工作的"敏捷"号及其所属苏军舰艇编队，远处左侧为"基洛夫"号巡洋舰，右侧前后两艘依次是"自豪"和"愤怒"号驱逐舰。

在开战的第一天，德军空军就对波罗的海舰队沿岸的各个基地实施空袭，同时配合德军地面部队沿着海岸线直扑列宁格勒。为防止德军舰只从海上对苏军防线侧翼发动配合进攻，苏联人随即决定在芬兰湾布设防御用水雷阵，这对在20多年前就以水雷战术大作文章的老冤家如今在同一片海域再度故伎重施，只是这次德国人的进攻企图更为明显。在6月23日开始的第一次布雷行动中，波罗的海舰队派出大部分驱逐舰配合布雷舰和潜艇开始在芬兰湾执行布雷工作，但因基地水雷库存数量有限，加之后续物资运输线受到德军不断的攻击，苏联人一共只布设了3000多颗水雷，而这些数量有限的水雷很快又被德军的扫雷舰艇蚕食殆尽。事实上，效率奇高的德军先于苏军一步在芬兰湾各个海域布设完成了成片的封锁雷区，还在芬兰湾入口处布设了两个扇形雷区，同时德国人的潜艇与航空兵也在利耶帕亚、温达瓦、伊尔别海峡等附近海域布设了大量的非触发水雷；而苏联人直到出现舰艇损失才失望地发现列宁格勒的外海已被水雷所层层包围：6月23日正在执行布雷工作的"愤怒"号不幸进入雷区并被严重炸毁，迫不得已之下该舰只得被巡洋舰"高尔基"号击沉，"愤怒"号也由此成

为苏德战争爆发后苏联损失的第一艘驱逐舰。6月27日，苏联人派出5艘驱逐舰，在1艘扫雷舰和3艘猎潜艇的掩护下完成了近500颗水雷的布设工作，但在这次行动中"前哨"号又因遭遇德军S-31和S-59号鱼雷艇的突袭而严重受损。6月28日德军迅速攻占了波罗的海舰队的利耶帕亚海军基地，正在接受修理工作的"列宁"号由于无法撤离而被该舰官兵自行炸沉，与其一起被炸沉的还有舰队的1艘鱼雷艇和6艘潜艇。虽然波罗的海舰队只是损失了少量的小型作战舰只，但这仅仅是波罗的海舰队梦魇的开始，因为在接下来的三个月时间里他们遭受了比任何时候都要惨重的人员伤亡和舰艇损失。

德军于7月1日占领了位于温达瓦的另一座舰队基地，这让苏军不得不迫于不利局势而撤出里加，而附近的唾手可得的佩尔诺夫也随之落入德军掌控。7月6日苏军3艘驱逐舰"暴躁"号、"有力"号和"恩格斯"号与2艘护卫舰在伊尔别海峡执行布雷任务时遭遇了德军的一支武装运输船队，双方随即陷入胶着的炮击对攻，这是苏德双方爆发了自开战以来的第一次遭遇战，结果两方谁都没占便宜，苏联人的5艘舰船均不同程度地损伤，而德军则被击沉了一艘驱逐舰和一

艘MRS-11号补给船，另一艘驱逐舰也被严重击伤。不过这丝毫无法改变战争初期的总体局势，德军仍旧以一种无法阻挡的推进速度直逼波罗的海舰队的重要基地塔林港。虽然遭到了舰队舰只的有力阻击，但德国第18集团军先头部队还是在8月初抵达了塔林的最外围防线。

作为整个波罗的海舰队所拥有的唯一一座不冻港，地理位置极佳的塔林所具备的战略价值不言而喻，更何况自开战以来边打边撤的舰队大部分舰只已全部撤至塔林港内。8月5日，德军率先发难开始集中优势兵力对塔林防线的薄弱区域展开尝试性攻击。为支援守军抵御德军攻势，波罗的海舰队决定抽调部分舰艇对德军实施炮火压制，其中包括"基洛夫"号巡洋舰，"列宁格勒"号和"明斯克"号驱逐领舰，"自豪"号、"守护"号等9艘驱逐舰以及3艘炮艇。苏军水面炮火的压制让德军难过了好一阵子，除了将老舰"卡尔·马克思"号和"恩格斯"号严重炸毁之外，德军的几次空袭都因苏军顽强的防空火力而收效甚微；直到8月25日塔林防线东面被德军突破之后，情况才向着有利于德国人的一方发生扭转。波罗的海舰队于是下令全部舰只护送人员物资分批撤离港口并驶往列

▲ 在哈拉湾附近海域被德军战机严重炸伤的老式驱逐舰"卡尔·马克思"号，由于无法拖回该舰随后被苏军鱼雷艇炸沉。

▲ 瓦连京·彼得洛维奇·德罗兹德（1906～1943）：1928年从伏龙芝海军学院毕业后加入波罗的海舰队，1933年成为驱逐舰支队指挥官；1938年调任为北方舰队舰长。1941年2月重返波罗的海舰队。由于在塔林撤退和汉科撤退行动中指挥出色，德罗兹德于同年年底晋升为中将军衔。1943年1月29日德罗兹德在德军的一次空袭行动中不幸殉职。

▼ 正准备打捞上岸的"明斯克"号驱逐领舰，照片摄于1942年8月。该舰在一年前德军对喀琅施塔得的大轰炸中被炸沉在港内。

宁格勒方向。当时在塔林港内共有各型舰艇182艘，包括巡洋舰1艘、驱逐舰15艘、潜艇6艘、扫雷舰9艘、扫雷艇35艘、鱼雷艇4艘、猎潜艇10艘、护卫艇8艘、警戒船12艘和82艘商船。按照舰队指示，无战斗能力的各类运输船和部分受损舰只被编为4个船队，而剩余作战舰艇则分为3个分队负责排雷、护航和掩护工作，而6艘潜艇则被单独派往远海区域，要求不惜一切代价拖住企图阻截舰队撤离的德军舰只。

早有估计的德国人在位于出海口北部的尤明达海角水域预先布设了密度极高的水雷阵，德军飞机还时常出没于这片领空负责监视侦察苏联人的一举一动。困难重重的苏军所处的窘境丝毫不逊色于1918年的那场"破冰之旅"，而最终的事实也证明在撤退行动中舰队所付出的代价可谓惨重。8月28日下午，苏军驱逐舰开始释放烟雾弹，

随后撤离舰队由"基洛夫"号开道，在德罗兹德海军少将（В.П.Дрозд）的指挥下陆续撤离塔林。苏军15艘驱逐舰配合"基洛夫"号承担主要的炮火掩护和防空重任，在抵达德国人布设的雷区前他们成功地让德国人的数个炮兵阵地哑了火。但在通过尤明达海角时，苏军舰队开始陷入德军的层层包围：冲在最前面的数艘扫雷艇不断遭到沿岸德军150毫米炮兵连的火力压制，而德军飞机也开始蜂拥阻截企图撤退的苏军舰只，一些苏军舰只顾躲避德军的炮击和空袭却不慎闯入尚未清理完成的雷区而纷纷沉没，受到重点保护的运输船也在德机的不断空袭下倾覆沉没。酣战至深夜，苏军临时决定在附近抛锚过夜，待次日休整过后再行出发；当然这么做的代价就是又有几艘船在黑暗中不幸被随波逐流的漂雷击中而沉没，另一些被炸伤的船只由于无法撤离也被德军俘虏。第二天苏联人终于冲

出雷区，但"快速"号和另4艘"诺维克"型驱逐舰——"雅科夫·斯维尔德洛夫"号、"沃罗达尔斯基"号、"阿尔乔姆"号和"加里宁"号却先后触雷沉没，"自豪"号和"有力"号也严重损毁。剩余舰只于9月初陆续驶抵列宁格勒，舰队中共有53艘各型舰只被击沉或俘虏，超过4000人阵亡，虽然撤退行动等于将波罗的海的制海权拱手相让并为戈培尔的宣传机器提供了不少新闻素材，但能保存三分之二以上的舰队实力对于苏联人来说也是一个可以接受的无奈现实。

由于德军已经步步逼近列宁格勒，九死一生的波罗的海舰队一刻都没得到清闲，舰队随即抽调兵力投入到列宁格勒保卫战中，"整齐"号、"严峻"号和"熟练"号这3艘尚未全部完工的驱逐舰都因战事急需而作为浮动炮台提供炮火支援工作。企图从涅瓦河左岸切入并与芬兰军队会合的德军部队遭到了舰队火力的长时间压制，由于防御炮火过于猛烈，有些承受不起过多伤亡代价的德国人最终放弃了渡河计划。从9月9日开始，德军战机开始对列宁格勒和喀琅施塔得展开大规模轰炸，主要目标就是针对港口内的苏军作战舰只。在轰炸期间"明斯克"号和"守护"号又先后被德

机炸沉，接受修理工作的"自豪"号与"有力"号也被再次严重炸毁。除了为地面部队不成功的几次登陆提供了几次火力支援之外，这批驱逐舰几乎就在芬兰湾这片狭小的水域里度过了开战以来第一个寒冷的冬天。

在整个1941年的剩余时间里，波罗的海舰队还协助完成了汉科半岛的苏军撤退行动。在苏军于12月2日最终宣布放弃整个汉科基地前，波罗的海舰队已从10月下旬计划分批撤出驻守在那里的28000余名苏联官兵和物资辎重。起初苏联人只是小心翼翼地派出了几艘扫雷艇和鱼雷艇从汉科半岛撤出了数百名士兵，但到11月4日苏联舰队的行动规模开始扩大，虽然这只舰队撤回了更多的士兵和物资，但在返航途中"敏捷"号驱逐舰不慎误入雷阵而沉没。一周后"列宁格勒"号驱逐领舰和"严酷"号驱逐舰护卫着大型运兵船"安德烈·日丹诺夫"号（Андрей Жданов）在4艘扫雷艇和6艘鱼雷艇的开道下成功地从列宁格勒出发，由于途中天气情况恶劣，"安德烈·日丹诺夫"号和"自豪"号先后触雷沉没，"列宁格勒"号也被浮雷严重炸伤，行动无果而终；两天后苏军再次派出小型舰队营救汉科半岛的驻军，最终只有4600

多名士兵成功脱离，而在行动中"严酷"号和"自豪"号2艘驱逐舰再次触雷沉入海底，与他们一起在尤明达海角殉职的还有参与行动的2艘潜艇和1艘扫雷艇。苏军驱逐舰参加的最后一次营救行动也是整个撤退计划的最后一次行动，舰队方面派出"坚忍"号和"威胁"号这仅存的两艘具备完全机动能力的驱逐舰，在8艘扫雷艇和12艘鱼雷艇和炮艇的配合掩护下，护送着大型运兵船"约瑟夫·斯大林"号（Иосиф Сталин）向汉科半岛驶去，撤退行动相对显得波澜不惊，他们并未遭到芬兰人猛烈的炮火攻击，然而在返航途中准备穿越波卡拉附近海域的雷区时舰队突遭沿岸炮火袭击，方寸大乱的舰队同时还发现海面上有鱼雷轨迹——这是从芬兰海军"维泰希宁"号（Vetehinen）潜艇上射出的。2艘驱逐舰冒死靠近港边实施火力压制，而3艘鱼雷艇则驱赶企图再次发起攻击的芬兰潜艇。即便如此"约瑟夫·斯大林"号仍挨上了四颗水雷而完全失去动力，由于攻击火力太猛，舰队只好放弃该舰并全速撤回列宁格勒。"约瑟夫·斯大林"号最终漂流至爱沙尼亚的苏乌洛普搁浅，2000余名舰上士兵在与围剿的德军进行了一阵短暂交火后也多数被俘。

汉科行动最终成功地撤出了23000多名士兵，但自此次行动过后，波罗的海舰队几乎就已损失了一大半的驱逐舰，剩余舰只也多数停靠在码头内接受修理工作。而在接下来的一年多时间内这批幸存下来的驱逐舰都未再有过多的表现机会，除了"威胁"号之外，剩余的7艘驱逐舰都在接受大修工作，除

了 1942 年 8 月重返战场的"熟练"号和"凶猛"号负责为列宁格勒方面军和沃尔霍夫方面军在涅瓦河前线的进攻行动提供了一些有限的火力支援之外，他们几乎就被德军完全压制在列宁格勒的狭小港口内。他们一边隐忍着德国战机肆无忌惮的空袭，一边用舰上仍可使用的火炮为自己的地面部队提供着不能算是有效的火力支援，以至于在双方争夺戈格兰水域诸岛的一系列行动中，芬兰士兵曾多次惊讶地发觉为苏联士兵一次次徒劳无益的登陆行动提供掩护的居然只有那些鱼雷艇和炮艇。

到了 1943 年 2 月，列宁格勒的战局发生了微妙的变化，苏联人经过精心策划决定对德军实施"火星"行动，以求打破德军对列宁格勒的封锁包围。为了配合这次行动，波罗的海舰队特地派出"列宁格勒"号驱逐领舰，"凶猛"号、"威胁"号、"有力"号和已更名为"德罗兹德海军中将"号的原"坚忍"号 5 艘驱逐舰与另外 3 艘炮舰队负责摧毁沿线德军阵地并提供必要的炮火支援。憋屈许久的驱逐舰官兵直到这时才真正出了口恶气，他们在整个行动中炸毁炸伤了德军 20 多辆坦克和 60 多门火炮，同时还摧毁了 11 座防御工事。

1944 年初，原先将列宁格勒围得里外不透的德国人惊恐地发现自己已陷入了苏联人的半包围之中，而苏联人也开始对苟延残喘的德国部队开始秋后算账。列宁格勒 - 诺夫哥罗德战役打响后，波罗的海舰队的驱逐舰几乎倾巢而出，其中"可怕"号和"有力"号协助战列舰"彼得罗巴甫洛夫斯克"号和炮舰"伏尔加河"号组成第一攻击编队，负责为第 2 突击集团军提供掩护，而驱逐领舰"列宁格勒"号和"凶猛"号、"光荣"号、"德罗兹德

▲ 集结在舰艇准备点名的"德罗兹德海军中将"号官兵。

号等另外 6 驱逐舰则和战列舰"十月革命"号、巡洋舰"基洛夫"号与"马克西姆·高尔基"号一起为进攻的第 42 集团军提供火力支援。来自这些舰船的炮火一度让德军无力反抗，再加上苏联航空兵的空中打击，德军的防线开始迅速崩溃。至 2 月中旬第二阶段攻势结束时，除去被德军炮火击伤的"凶猛"号以外，这两股海上主攻力量几乎毫发未损。到了 6 月初，"列宁格勒"号、"有力"号、"光荣"号和"惧怕"号又在苏军对维堡地区展开的进攻战中一展拳脚，在行动中他们摧毁了德军沿岸和卡梅什基、亚历山大罗夫卡等地区的大量炮兵阵地、防御工事和观察所——这也是苏军驱逐舰在二战中所参与的最后一次重大军事行动。

苏联在黑海战场上的形势显然要比波罗的海舰队所遇到的情形略好一些，不过他们的第一个重大损失仍始于驱逐舰：6 月 26 日"莫斯科"号驱逐领舰在对罗马尼亚港口康斯坦萨发起的攻击行动中就被德军沿岸的 280 毫米铁道炮击伤，随后在撤退过程中为躲避德军空袭而不慎触雷沉没，一同参加行动的"哈尔科夫"号驱逐舰也在攻击中遭到重创。通过这一次不成功的

攻击行动之后，德国人在很长一段时间内都再没给苏联海军多少机会报复自己的盟友：在先后攻取尼古拉耶夫、赫尔松和尼科波尔之后，他们迫使苏联人将注意力集中到更为艰苦的保卫敖德萨的工作上。但负责主攻的罗马尼亚第四集团军在攻城初期却遭到了苏军顽强的反抗，除在苏军南面防区勉强打出一个缺口之外，苏联人的防守可谓滴水不漏。实际上与相距数千里之外同时遭到围困的塔林所截然不同的是，敖德萨的苏联守军的物资储备比较充足，他们甚至能以逸待劳地和罗马尼亚人耗到第二年开春。在 8 月的这段时间里黑海舰队的大部分主力舰只就是负责人员物资的运送和为守军提供更多的火力打击，除被炮弹直接击中而严重受损的"朝气"号以及遭到罗海军鱼雷艇"暴雪"号（NMS Viscolul）与"暴风"号（NMS Vijelia）夜间偷袭而轻微受损的"塔什干"号之外，黑海舰队的大、中型舰只几乎再无损伤报告。

不过局势在 9 月中旬开始发生明显变化，屡屡遭挫的罗马尼亚人反而愈战愈勇，他们迅速调来援兵并将攻城队伍的人数扩大到了将近 20 万。虽然苏军很快就将第 157 步兵师派往敖德萨以稳固自己的防

线薄弱地区，但局势对苏军仍显得十分不利。经黑海舰队军事委员会的协商，他们决定在敌军腹地采取一次大胆的登陆行动以削弱罗马尼亚军队的攻势。9月21日下午巡洋舰"红色克里木"号（Красный Крым）和"红色高加索"号（Красный Кавказ）率领驱逐舰"活泼"号、"无暇"号、"无情"号和"伏龙芝"号与两个战斗机大队相互配合，护卫着搭载有第3海军步兵团共计1929人的舢船在格里戈利耶夫卡展开强行登陆，随后还配合登陆士兵的快速推进实施了长达数分钟之久的重火力压制。攻击效果的成功甚至超出了苏联人的预料，在付出了约430余人的代价后他们共歼敌2000余人，另外还缴获了数十门火炮；第二天这支奇兵便与前来策应的后续部队顺利会师。海军为此次行动也付出了一定代价：老式驱逐舰"伏龙芝"号被德军斯图卡机群炸沉，"无暇"号和"无情"号也被严重炸伤，但可以说这是苏德战争初期苏联海军与登陆部队、舰队航空兵成功配合的已鲜有战例。

考虑到整个克里木半岛的实际情况，黑海舰队在9月底决定放弃敖德萨并将舰队全部撤至塞瓦斯托波尔。与悲壮地从塔林撤走的波

罗的海舰队不同的是，敖德萨的整体形势实则是偏向苏军的，苏联人的主动弃城让德国人和罗马尼亚人有些愣神，直到10月16日恍然大悟的德国人才气急败坏地派出飞机拦截企图转至塞瓦斯托波尔的苏联舰队，但收效甚微。待到德国人和罗马尼亚人喜出望外地进入敖德萨城内时，留给他们的只有一个花了他们近半年修理时间才得以完全恢复的废弃码埠；另外苏联人在撤退前所暗设的饵雷和定时炸弹还当场炸死了刚成为敖德萨城区守备司令没多久的罗马尼亚第10步兵师师长伊万·戈罗格亚热亚努（Ioan Glogojeanu）以及另外21名高级将官。随后在德国人的挑唆下，罗马尼亚人将一股怨气全部发泄到城中的犹太人身上并制造了骇人听闻的"敖德萨屠城"。

黑海舰队指挥官做出的这个决定在一个月后就被证明是正确的。除去久攻不下的敖德萨，德军在别处几乎是势如破竹。也就在黑海舰队刚到塞瓦斯托波尔后，德军的先头部队就已杀到港口外围。由于斯大林的授意，库兹涅佐夫随后下令黑海舰队必须坚守塞瓦斯托波尔不得再行撤离。11月11日德军对这座城市开始了首次大规模攻击，翌

日德军飞机又配合地面部队对港口内的苏军舰只发起空袭，正在修理中的驱逐舰"无情"号和"完善"号被再次击伤，巡洋舰"红色乌克兰"号（Червона Украина）则被炸沉。在德军日趋凶猛的攻势下，苏联舰只也开始疲于应付运输、巡逻、防空等多种任务。12月20日刚修复好的驱逐领舰"哈尔科夫"号以及驱逐舰"朝气"号和"贫农"号将第79独立海军步兵旅的数千名士兵从新罗西斯克运来，第二天他们又将第345步兵师从图阿普谢运抵该城。为缓解塞瓦斯托波尔的防守压力，黑海舰队于是决定再次实施快速登陆行动，并于圣诞节的第二天就在刻赤—费奥多西亚一带实施了登陆。作为苏联在整个二战期间发起的规模最大的一次登陆行动，黑海舰队一部分具备作战能力的主战舰只均参与了这次登陆行动，不过他们却多少搞砸了这次可能成功的演出：由"红色克里木"号和"红色高加索"号2艘巡洋舰担当主力，下辖"塔什干"号、"灵敏"号、"才能"号、"活泼"号、"朝气"号、"热列兹尼亚科夫"号、"贫农"号和"邵武勉"号7艘驱逐舰，以及3艘炮舰、5艘扫雷舰、24艘护卫艇组成的战斗护航编队于12月25日至31日

▲ 准备从新罗西斯克转移的第142海军步兵旅士兵陆续登上"塔什干"号驱逐领舰，照片摄于1942年。

◀ 黑海舰队总司令舰队指挥官奥克加博尔斯基正在为获得"近卫舰艇"称号的"灵敏"号全体舰员进行动员讲话。

期间护卫着苏军的运兵舰驶往费奥多西亚的各处登陆地点，但由于海面环境恶劣，苏军舰艇的登陆地点发生了偏差，第一轮登陆部队最终只将大约 3000 名苏军士兵送上了滩头阵地；在随后几次的护航中苏军的 2 艘巡洋舰和"邵武勉"号均在德机的空袭下不同程度地受损。一直到 12 月 31 日登陆的总兵力达到了 23000 多人，苏军才逐渐稳住了滩头阵地并随即发动了反击。随后这批舰只又不顾岸炮的直接威胁，冒险靠近海岸配合登陆部队清剿费奥多西亚地区的残德、罗军队，期间"才能"号又不慎触雷并被严重炸毁。

战局到了 1942 年发生了根本变化。曼施坦因指挥的德国第 11 集团军开始向费奥多西亚地区进行反扑，为缓解苏军主力的压力，驱逐舰"灵敏"号和"无暇"号配合"巴黎公社"号（Парижская Коммуна）战列舰和"红色克里木"号巡洋舰又成功地完成了一次小型登陆行动：他们将第 226 山地步兵团的 1750 名苏军送上了苏达克滩头，两周后又把用作支援的第 544 山地步兵团的 1576 人送往同一地区。但局势仍旧朝着不利于苏军的态势加速发展：到 4 月上旬苏军被迫转入防御阶段前，黑海舰队又损失了

因触雷而沉没的驱逐舰"乖巧"号，"邵武勉"号则在格连吉克港口外不慎触礁坐沉，而刚完成修理工作的"才能"号驱逐舰也在德机的空袭下再度受损；随后驱逐舰"警惕"号在黑海舰队展开的类似于敦刻尔克撤退的撤兵行动中被德军飞机严重炸伤。在德军不断的压迫式攻击下，苏军的防线开始瓦解，就在刻赤失守前一周，黑海舰队曾在 5 月 10 日派出巡洋舰"伏罗希洛夫"号（Ворошилов）、"塔什干"号和"哈尔科夫"号驱逐领舰以及驱逐舰"无瑕"号和"灵敏"号搭载小股部队增援岌岌可危的前线局势，但这次行动最终以失败告终，因为德机不断的空袭和沿岸猛烈的炮火让这支舰队根本无法靠近登陆地区；四天后"红色克里木"号再次率领"贫农"号和"捷尔任斯基"号驱逐舰搭载数百名士兵企图再次支援陷入绝境的受困苏军，但行动依旧受阻，只是这次阻碍苏军的不是德军的飞机大炮，却是海上大雾。这支小编队不得不悻悻而归，而"捷尔任斯基"号随后还因误入雷区而爆炸沉没；在刻赤最终沦陷前黑海舰队的最后一次行动也以失败而收场。

刻赤失守后，黑海舰队转而将重心放到保护塞瓦斯托波尔海上交通线的任务上，他们开始大量派

出舰只为本方运输船只提供护航工作，但捉襟见肘的战斗舰艇数量根本不足以为全部舰只保驾护航，加上苏联航空兵所发挥的作用实在有限，这让轴心国海军的小型鱼雷艇和潜艇有了兴风作浪的机会。尽管苏联运输舰只尽可能地选择在夜晚航行，但这依旧难逃不时出现的偷袭。轴心国海军共击沉了 10 多艘大型运输舰船，但海军士兵却发现他们的风头早被空军部队抢了过去：6 月 10 日容克轰炸机群咬上苏军驱逐舰"自由"号并将其击沉，"无瑕"号于 6 月 26 日在克里米亚外海被另 8 架 Ju-88 轰炸机炸沉，"朝气"号则在 7 月 16 日德机对波季港附近的空袭中被严重炸伤。但最值得德国空军炫耀的就是最为他们痛恨的"塔什干"号驱逐领舰最终被击沉了。6 月 26 日，搭载着 2300 余名伤员和全景油画《塞瓦斯托波尔保卫战 1854 ~ 1855》的"塔什干"号从塞瓦斯托波尔撤离后随即被德军飞机发现，然而在对该舰展开了长达六小时的轮番轰炸后，共计 86 架次的德军轰炸机所投下的 336 颗各型炸弹仅有 2 颗对该舰造成了直接伤害，"塔什干"号也最终在驱逐舰"灵敏"号的支援下成功逃脱。受到奇耻大辱的德军岂肯罢休，7 月 2 日在新罗西斯克港内准备接受修理的"塔什干"号再次遭到德军第七十六轰炸机联队第一大队 30 余架 Ju-88 的围攻，同时第一百轰炸机联队第一大队的 He-111 机群配合攻击港口内的其余舰只；为避免苏军战机的骚扰，轰炸编队还得到了第七十七战斗机联队 14 架 Bf-109 战斗机的护航。在劫难逃的"塔什干"号被两颗

◀ 从驱逐领舰"哈尔科夫"号拍摄下的负责阻截罗马尼亚补给船队的攻击编队；巡洋舰"伏罗希洛夫"号处于编队正中，最远处依稀可见负责侧翼支援的驱逐舰"灵敏"号。照片摄于 1942 年。

250 公斤炸弹命中机舱附近，另两颗炸弹则在靠近艉部旧伤处爆炸；三分钟后该舰就缓慢地坐沉在港口内。此外，德机还重创了"共产国际"号（Коминтерн）巡洋舰并击沉驱逐舰"警惕"号、医疗救护船"乌克兰"号（Украина）、"黑海"号（Черномор）救生拖船及数艘小型舰只。因为这次成功的空袭行动，当时亲自指挥作战的第七十六轰炸机联队第一大队指挥官汉斯·海瑟（Hanns Heise）还因此获得骑士十字勋章。

黑海舰队的下一个落脚点早就被德军预料到，德国空军开始将攻击重点转向位于新罗西斯克、塔曼和图阿普谢等高加索港口的基地。7 月底高加索会战正式打响，此时黑海舰队仅存"哈尔科夫"号驱逐领舰以及"灵敏"、"无情"、"贫农"和"热列兹尼亚科夫"号 4 艘驱逐舰，"朝气"号、"活泼"号和"才能"号则仍在港口内接受时断时续的修理工作。由于在这场战役中为苏军海上活动唱主角的是小型舰艇，这 8 艘驱逐舰在随后的一个多月里仅仅充当了过场的配角。由于苏军鱼雷艇屡屡在夜间偷袭德、意军港得手，舰队军事委员会随后认为只要敌方没有巡逻舰艇，那么他们就能动用大型战舰凭借一时的

优势对敌军阵地实施突然打击。这个草率的想法在 8 月 1 日委员会下令的第一次行动中就被证明是很不理智的：8 月 2 日巡洋舰"莫洛托夫"号（Молотов）与"哈尔科夫"号趁着夜色炮击了费奥多西亚附近德军阵地，但意想不到的是，3 艘意军鱼雷艇突然从他们的侧方斜刺里杀出，不久后苏军水兵又听到了飞机引擎的声音而且越来越响。在短短数小时内，这 2 艘被惊慌的苏军战舰可谓龙游浅水遭虾戏，在意军鱼雷艇和德军战机的轮番攻击下显得狼狈不堪。"莫洛托夫"号艉部被直接炸飞，只是靠着"哈尔科夫"号拼死相救才侥幸死里得活。这次极为失败的行动当时并未受到苏联人的多少重视，直到一年多后"哈尔科夫"号等另两艘驱逐舰被击沉前，他们甚至没有认真考虑过这次失败实际上是因为预先侦察工作不足所导致的。

不过这批驱逐舰很快就在图阿普谢防御战中起到了关键作用：10 月 14 日驻守图阿普谢城内的苏军防线开始出现松动时，由"哈尔科夫"号、"灵敏"号和"无情"号跟随两艘巡洋舰护送着 7 艘运输船为命悬一线的第 18 和第 56 集团军补充了 1.3 万名援兵和 60 门火炮，更重要的是他们为守军送来了亟需的

弹药补给和干粮物资。苏军于次日即展开反攻并在两个月后宣布取得了战役性胜利，被舰队护送上岸负责支援任务的第 83、255 海军陆战旅随后也被授予红旗勋章。在 1942 年的最后一个月里，4 艘可以使用的苏军驱逐舰还参与了一次画蛇添足的攻击行动。根据海军人民委员会的指示，这批舰船奉命在罗马尼亚补给舰只的几条航线设伏阻击并攻击附近的几处小岛上的德、罗守军阵地，以使德军相信苏军会在黑海西部地区再发动一次大规模登陆。行动分为两组分舰队，第一组由巡洋舰"伏罗希洛夫"号、驱逐领舰"哈尔科夫"号与驱逐舰"灵敏"号组成，从 11 月 20 日开始负责搜寻敌军补给船队，第二组则主要由"灵敏"号、"活泼"号和"无情"号 3 艘驱逐舰组成，从 12 月 1 日开始对航线附近的蛇岛等诸岛展开突袭。但行动到头来却是竹篮打水一场空，除"灵敏"号与 4 艘扫雷艇在 12 月 11 日击伤罗海军"蛟龙"号鱼雷艇（NMS Zmeul）、击沉 1 艘中型运输船外，苏联人几乎毫无斩获。当苏军遗憾地发现德国人丝毫没有从前线调兵支援这一地区的意图之后，他们不得不悄悄地结束了这次让人失望的行动。

从 1943 年开始，苏军在高加索地区展开反击，而德军固守的塔曼半岛便成了苏联人前进路上的第一个障碍。第 47 集团军于 1 月底开始对德军防线开始发起首轮攻击，而为配合地面部队攻势，黑海舰队遂派出巡洋舰"伏罗希洛夫"号，老式驱逐舰"热列兹尼亚科夫"

号与"贫农"号对沿岸德军目标实施炮火打击。不过苏联人夜以继日的攻击却未能让德军后撤多少，攻守两方的局势在一周后陷入僵持。为迅速攻破德军防线，黑海舰队于是决定再次实施抢滩登陆。2月4日夜半时分，"热列兹尼亚科夫"号与"贫农"号护送着运输舰队向计划登陆地南奥泽列卡地区驶去，"灵敏"号与"无情"号则跟随两艘巡洋舰"红色克里木"号和"红色高加索"号负责提供支援。不过苏军舰艇的这次行动却极为糟糕，坦克第563营装甲车辆和尾随的陆战队第83、255旅，步兵第165旅士兵登上海滩没多久就愤怒地发现已被本方舰艇炮击了近半小时的德军阵地仍旧毫不客气地向他们砸来了如雹的枪弹。登陆部队的处境变得极为窘迫，他们甚至无法建立起一处有效的滩头阵地。四个小时后，苏联人不得不取消了这次行动，已登陆的16辆坦克和1400多名士兵则多数被德军歼灭。而这场被

史学家喻为"黑海迪厄普"的失败登陆行动也让当时的舰队司令奥克加博尔斯基（Ф. С. Октябрьский）受到了撤职的处分。不过颇具戏剧性的是，失之东隅的苏联人却在距离南奥泽列卡地区15公里外斯坦尼奇卡地区的佯攻登陆中收之桑榆，经过一夜的鏖战，他们基本肃清了当地的德国人和罗马尼亚人并建立了一个称为"小地"的登陆滩头阵地。苏联人随后将这片寸尺丸之地迅速扩大成了一个20多公里的纵向阵地。鉴于在第一阶段战役中的突出表现，"灵敏"号被授予近卫舰艇称号，而另一艘"活泼"号也荣获红旗勋章。黑海舰队的这批驱逐舰随后在这场战役中参与了沿岸炮击、巡逻的任务，但再无多少值得书写的亮点。

在新罗西斯克-塔曼地区战役的告捷后，黑海舰队继续根据地面部队要求从海上提供火力支援。苏联人在10月5日终于品尝到了自己酿就的苦酒：在涅戈达中校（Г. П.

▲ "无情"号驱逐舰舰长格利戈里·涅戈达，由于指挥出色，他随后成为黑海舰队第一驱逐舰支队的指挥官，但他在1943年10月6日的糟糕指挥却让舰队在一天就损失了三艘驱逐舰。

▼ 抛锚修整中的"塔什干"号驱逐领舰，一旁是苏军的Д-5号潜艇。作为二战期间苏联最为著名的一艘驱逐舰，该舰迫于战争初期十分不利的局势而并未发挥其真正实力。

Heroда）的指挥下，驱逐领舰"哈尔科夫"号率领"无情"和"才能"号驱逐舰于当天夜晚对敌军克里木南岸海上交通线和费奥多西亚与雅尔塔的港口实施炮击，但这次行动从一开始就极不顺利。编队在行驶到费奥多西亚附近海域时突然遭到德军鱼雷艇袭击，随后又被德军侦察机盯上。而当他们完成了对德军把守沿岸的炮击过后，他们已经比原计划晚了足足两个小时，而此时天空开始放亮。苏联人明显意识到失去夜色的保护会招致什么后果，但他们最不希望的情况还是不期而至：斯图卡飞机开始蜂拥扑来并开始对目标最大的"哈尔科夫"号进行攻击。3 艘驱逐舰一边还击，一边开足马力企图撤至本方航空兵的有效掩护区内。不过"哈尔科夫"号仍被三颗炸弹直接击中，航速瞬间降为只有 4 节。"无情"和"才能"号于是靠近"哈尔科夫"号并希望将该舰拖回距离最近的苏军港口。这两艘原本可以逃离的驱逐舰就此

成了"哈尔科夫"号的殉葬品：第二轮德军轰炸编队随后杀将过来，由于无法进行规避航行，"无情"号先后被四颗炸弹击中而彻底失去动力。但涅戈达再次下达了错误的指令：由于认为已经很靠近本方航空兵的保护范围，他决定让尚且完好的"才能"号轮流拖拽两艘受伤的驱逐舰回到港口，只可惜苏军只有区区 3 架战机前来支援，而"才能"号在随后的空袭中也未能幸免。作为黑海舰队在二战期间所遭受的最大单日主战舰艇伤亡数量，这个情况也很快传到了斯大林的耳朵里。斯大林听后震怒不已，他随后要求海军部队在没有得到足够空中掩护的前提下禁用一切大中型舰艇，并要求这些舰艇的使用必须得到高层的批准。有了这道紧箍咒后，黑海舰队的主要水面舰只活动数量骤减，这自然也包括剩余的 6 艘驱逐舰。

一直到了 1944 年 4 月，这 6 艘驱逐舰才迎来了他们的下一次

也是最后一次大型作战任务。在收复克里木半岛的一系列行动中，这批驱逐舰主要负责摧毁沿岸防御工事，为地面部队扫清前进道路上的一切障碍。不过由于空军部队已经成了苏军攻城拔寨的主干力量，海军的作用相比之下显得逊色不少。到了 8 月底，由于罗马尼亚人选择投降，苏军的驱逐舰数量也一下增至 10 艘，增加的 4 艘驱逐舰"梅莱谢什第"号（NMS Mărășești）、"梅莱什第"号（NMS Mărăști）、"玛丽亚女王"号（NMS Regina Maria）和"斐迪南国王"号（NMS Regele Ferdinand）都是被苏军在港口内俘获的。

相比起两支和德军陷入苦战的海军舰队，北方舰队或许是战争开始以来唯一还具备一定作战优势的苏军舰队，当然它也是苏联四大舰队里实力相对最弱的一支。直到 7 月之前，德国人在这片地区所派出的舰船数量似乎远比波罗的海和黑海地区来得少。就在德军进攻的第

▲ 正在波季港内储集用水的"哈尔科夫"号官兵，照片摄于 1943 年。

▲ 正在"洪亮"号驱逐舰上对视察工作的库兹涅佐夫（左三）介绍 БМБ-1 深水炸弹投掷器的北方舰队司令戈洛夫科（А. Г. Головко）。这种苏联自行研制的反潜武器在二战期间更多地只是作为试验小规模地进入使用。

▼ 目送"歼击"号驱逐舰驶离北莫尔斯克港的一名小女孩。

二天，"轰雷"号就从波罗的海舰队调往北方舰队位于旺伽的舰队基地并在首次行动中就成功地将"莫斯科代表"号（Моссовет）和"齐奥尔科夫斯基"号（Циолковский）两艘运输舰护送至目的地季托夫卡。6 月 29 日，老式驱逐舰"古比雪夫"号甚至还对德军靠近沿海一带的侧翼部队实施了一次试探性的火炮攻击。由于库兹涅佐夫的一再坚持，北方舰队于 7 月中旬派出驱逐舰"威严"号和"歼击"号在白海附近海域负责布雷工作。不过仓促应敌的苏联人显然没有认真地考虑过水文潮汐情况，导致这批防御德军舰只的水雷反成了束缚自己海军舰艇活动的催命鬼；于是苏联人在两个月对这一海域又重新进行了一次布雷。

7 月 6 日苏联开始陆续派出小股部队在德军前线侧翼海滩实施登陆，意图分散德军主力的进攻重心。7 月 14 日登陆行动逐渐达到高潮，

苏军派出由"神速"号、"古比谢夫"号等 4 艘驱逐舰组成的护航舰队开始配合第 14 步兵师第 324 步兵团在大利查湾附近海域登陆，这次行动在一周后最终宣告失败，但却起码延缓了德军攻击摩尔曼斯克的势头。在配合支援部队推进的攻击行动中，"神速"号驱逐舰被德军轰炸机炸沉，该舰也成为北方舰队所损失的第一艘大型舰艇。一个月后，盟国首批运输队开始从英国始发前往摩尔曼斯克港，由此北方舰队开始了更为艰巨的为盟国商船提供护航的任务。根据实际需要，北方舰队决定将"轰雷"号、"歼击"号和"洪亮"号等 3 艘驱逐舰专程负责护航保障工作，而与德军舰艇的正面交锋则交由机动性能更为出色的鱼雷艇和潜艇支队来完成。11 月 24 日为消灭在瓦尔德岛上德军岸炮对运输船队的威胁，"轰雷"号和"洪亮"号还专门配合英军巡洋舰"肯尼亚"号（HMS Kenya），驱

▶正手持近卫舰旗，对全体"轰雷"号舰员宣读"近卫人员誓言"的舰长尼古拉耶夫（Б. Д. Николаев）。背景处最左至右的三位高级军官分别是：曾是"轰雷"号首任舰长，此时已成为北方舰队军事委员会成员的第一独立驱逐舰支队指挥官安东·古林（А. И. Гурин）、舰队政委尼古拉耶夫（А. А. Николаев）少将和北方舰队参谋长费多洛夫（М. И. Федоров）少将。

▶"轰雷"号主炮总军械师帕维尔·拉普希诺夫（П. В. Лапшинов）向战友展示英国政府所颁发的"卓越服务勋章"。作为二战期间最为成功的驱逐舰之一，"轰雷"号的战绩得到了盟军的极大肯定。英国皇家海军少将巴罗（G.M. Barrow）在给当时"轰雷"号舰长尼古拉耶夫的亲笔信中曾不吝溢美之辞地表示，"我很自豪我麾下的第十巡洋舰分舰队能与这样一艘苏联军舰并肩作战。"

▼密切注意空中情况的"洪亮"号官兵，在其身后是另一艘同型的"轰雷"号。照片摄于1942年。

▲ 由于太平洋地区战事对于苏联人相对有利，一批赋闲无事的太平洋舰队舰艇于是奉命前往欧洲战区。图为1942年6月经过冰层覆盖的楚科奇海调往北方舰队的"理智"号驱逐舰。

希尔克内斯一带海域设伏，然而苦守了一周之后也没看到一条德军驱逐舰的影子。

从1942年开始北方舰队的护航工作开始逐渐增多，这个重任也基本落到了仅有的7艘驱逐舰身上。实际上在整个战局最为艰难的这一年时间里，这7艘驱逐舰一共为19支不同船队提供护航任务："威严"号于3月20日在护航行动中遭到德军战机的围攻而多处负伤，在顽强地完成护送任务后随即在摩尔曼斯克港接受大修工作；"洪亮"号则在一次护航过程中出现机械故障，能够最终逃脱德机的纠缠已属万幸；"轰雷"号在护航任务中也遭到屡次攻击，但该舰却在3月底成功地炸沉了德军U-585号潜艇。由于护航工作漫长而又艰辛，故此经海军人民委员会批准，2艘原属太平洋舰队的驱逐领舰"巴库"号和驱逐舰"暴怒"号从符拉迪沃斯托克启程驰援困难重重的北方舰

逐舰"勇猛"号（HMS Intrepid）与"贝都因人"号（HMS Bedouin）组成的小型编队对该岛实施了一次火力打击。然而英苏海军之间的第一次合作却出现了不小的失误，由于在攻击前两方舰只相互脱离照应，导致彼此将对方当成了前来支援的德军舰船，直到相互交换了识别信号之

后这才知道闹了误会。但因为交换信号的强光已将舰队位置彻底暴露，舰队忌惮难缠的德军飞机前来支援，这次行动不得不草草收场。12月18日由于护送PQ-6船队的两艘扫雷艇遭到德军第8驱逐舰分队的攻击，"歼击"号又和英军的巡洋舰"肯特"号（HMS Kent）兵合一处在瓦尔德-

▲返回摩尔曼斯克港内的"暴怒"号，一旁是被苏军官兵称为"侏儒猎人"的MO-4型快速猎潜艇。照片摄于1943年。

队。"暴怒"号尚未抵达目的地就已经因恶劣天气而舰体受损，该舰非但没能为北方舰队增添战斗力，反倒让原本就已十分繁忙的摩尔曼斯克修理船埠又添一个新伤号。11月17日首次参与护航任务的"巴库"号与"歼击"号又遭受到类似情况：他们在护送 PQ-15 船队至卡宁诺斯角以北 90 海里附近海域时突遇 11级暴风，"歼击"号在试图转舵时直接断为两截，而"巴库"号的舰上建筑被大风直接吹去，舰艏开裂并严重进水。这些意外事件实际上也反映出苏军驱逐舰在设计伊时就未慎重考虑到海上多变的情况，他们有些囫囵吞枣地从意大利人那儿沿袭了全部设计思路，却似乎忘记了苏联西北部外海域的天气情况远比风光旖旎的地中海要糟糕得多。

到了 1943 年北方舰队开始逐步壮大自己的势力，不仅仅是因为建造的 10 余艘潜艇开始陆续交付舰队使用，更在于同盟国开始批量地为舰队提供扫雷舰、鱼雷艇等作战物资，而且苏联的航空兵部队也得到了有益补充，他们甚至具备对苏军防线外围的德军船队发起直接攻击的能力。1 月 20 日，修复一新的"巴库"号和"理智"号再度出航搜寻一支因无线电交流而暴露行踪的德军护航船队；夜半时分，苏联驱逐舰撞上了这支小型护航船队并从两翼实施突然攻击，毫无准备的德国人一下子没能反应过来，在顶过了苏军舰艇的三板斧之后，他们已经损失了一艘运输船，另一艘则被击伤，于是这支由 1 艘扫雷舰、2 艘扫雷舰和 2 艘猎潜艇组成的护航编队开始有意地靠近德军阵地沿岸意图得到岸边友军的火力支持。由于德军沿岸火炮开始纷纷开火，2 艘驱逐舰只好无可奈何地撤出了战斗。这其实是苏军侦察工作为数不多的几次准确情报，因为很

多时候当苏军驱逐舰高速驶往目标地点企图拦截所谓的德军船队时，他们通常要么一无所获，要么就与盟国船队不期而遇。

到了 1944 年 8 月，北方舰队的驱逐舰数量继续增加，他们从英国人手里得到了 9 艘珍贵的老式驱逐舰。虽然都是服役年龄超过将近 30 年的二手货，但这批美国人生产的驱逐舰却是配备精良，足够在与德军舰艇的直接交锋中独挡一阵。8 月 24 日"无理"号和"炽热"号先拔头筹，他们在为盟军 JW-59船队的护航工作中成功地击沉了德军的 U-344 号潜艇。10 月 7 日苏军开始在佩特萨莫 - 基尔克内斯一带展开大规模进攻，为配合进攻计划

▲ 正在码头边尽情跳舞的苏军水兵，背景是一艘无法考证舰名的 7 型驱逐舰，照片摄于二战结束前。苏联人或许并不值得为这场胜利过多地庆祝，因为除了过多的战损舰船之外，他们很快就要面对西方国家来自海上的挑战。

▼ 停泊在符拉迪沃斯托克港内的 7 型驱逐舰群，照片摄于 1945 年 8 月。除去在二战末期参与了对日攻击行动之外，太平洋舰队的这批驱逐舰几乎就没参加过任何作战行动。

预订的登陆行动，"威严"号和"洪亮"号组成了一支佯攻部队以吸引德军沿岸火力的注意。这次行动在事后被证明是无关紧要的，因为德军的防御火力远比他们预计的要弱得多。10月25日苏军获悉一条重要情报工作，他们判断有一支11艘舰只组成的德军运输队正从瓦尔德岛附近海域通过，于是喜出望外的苏联人派出"巴库"号驱逐领舰，领着"轰雷"号、"理智"号、"威严"号和"洪亮"号等4艘驱逐舰杀气腾腾地赶往目标地点企图阻截德军船队。然而他们的情报工作再次出现了问题，因为这片海区里根本就没有一艘船的影子。5艘战舰在返航途中还遭到了瓦尔德岛沿岸德军88毫米火炮阵地的炮击，"轰雷"号在规避炮火时还不慎被击中。

到了战争的最后一年，北方舰队仍不得不面对德国人的垂死挣扎。1月16日在为 КБ-1 船队提供护航工作时，负责断后的"积极"号驱逐舰遭到德军 U-293 潜艇攻击，该舰被射出的鱼雷直接命中舰艉并在一小时后沉没；四天后 U-293 号还将被 T-117 号拖船拖拽返回港口修理的"暴怒"号严重击毁。1月21日寸功未立的4艘驱逐舰"不衰"号、"无理"号、"值得"号和"英勇"号在例行巡逻任务中发现了德军潜艇的踪影并随即展开猎潜行动，不过在长达三小时的猎潜行动后，负伤的 U-997 号仍旧设法逃出了苏军驱逐舰的包围；4月22日就在纳粹投降前不久，驱逐舰"卡尔·李卜克内西"号将德军 U-286 号潜艇击沉，这也是北方舰队所取得的最后一个重大胜利。

四大舰队中日子最为空闲的当属太平洋舰队，当然这还得益于斯大林和莫洛托夫精明的外交策略。《苏日中立条约》签订之后，日本人并没有效仿自己的轴心国同伙，他们倒是一板一眼地遵守了条约中的每一条规定，使得苏联人的后院得以完好而不至于陷入腹背受敌的窘境。但随着战争局势的发展，斯大林发觉了一个再好不过的捞取战争利益的机会，于是在1945年初，美苏两方在阿拉斯加的兰德尔堡海军基地完成秘密协定，由美方牵头为实力仍显孱弱的太平洋舰队的苏军人员提供登陆训练，同时也答应将一些轻型作战舰艇短期租借给苏军使用——史称"草裙舞计划"。数月之后，在日本败局已定的情况下，苏联人决定废除条约规定对日本宣战。太平洋舰队实际上直到1945年8月9日之后才真正投入实战中去，但此时的日军早已兵败如山倒，实难抵挡苏联人这番摧枯拉朽的攻势，故此除了在朝鲜半岛罗津和清津地区的登陆行动中太平洋舰队派出3艘驱逐舰提供登陆掩护之外，太平洋舰队的10艘驱逐舰基本也是相安无事。

整个二战期间，苏联人的驱逐舰其实难用积极二字加以概括；即便是在战后很多年内苏联国内大肆宣传的卫国战争中海军英勇事迹的报告中，我们依旧可以强烈地感受到，这支在二战期间遭受了巨大损失的苏联海军更多地只是充当起了支撑苏联海防线的积极防御者以及配合红军地面部队各种行动的支援部队；但在如何依赖海洋展开有效的反击和牵制上苏联人几乎是毫无作为。他们谨小慎微的战舰使用方式从一种方面固然可以理解为保护有限的对海攻击力量，但从另一方面却将其规避风险而企图获利最大化的作战思想凸现无疑；而这也就不难理解缘何作为中型战舰的驱逐舰在整个卫国战争期间更多地只是以一种防守姿态来面对整场战争。如果说这种近乎保守的海军战略思想在二战期间还能勉强加以应付，那么随着二战结束之后国际局势的突变与军备竞赛的开始，苏联人将不得不忍受这一思想经历转变时的种种镇痛……

▲ 在阿拉斯加冷湾接受舰艇交接工作的美苏两方海军官兵。根据美苏于1945年2月所达成的秘密协议，美国将启动所谓的"草裙舞计划"（Project Hula），分两批为苏联太平洋舰队的5500名海军官兵提供全面的抢滩登陆和海空协同训练，其目的旨在苏联高层酝酿的对日作战行动。此外，美方还向苏方短期租借了180艘各类轻型作战舰只，包括30艘"塔科马"级巡逻护航舰、24艘"可佩"级扫雷舰、35艘YMS-1型辅助摩托扫雷艇和56艘PC-461型猎潜艇等。

"列宁格勒级"（Ленинград）驱逐领舰

1928 年 9 月海军科学技术委员会制定了苏联时期第一型驱逐舰的战术技术需求书，根据要求，该舰的设计排水量 2100 吨，保证最大航速 40 节，配备五门 130 毫米火炮、四门 37 毫米副炮、四门 37 毫米防空炮和两座三联装鱼雷发射管。这一方案显然并不对众多海军高层的胃口，但相比其他数份需求书中漫无天际的无稽之谈，这套方案显然更符合当时苏联国内军工和制造行业的实际水平能力。两个月后这份方案得以批准并发回技术委员会进行设计工作。1929 年 5 月技术委员会委任的设计师希曼斯基参考法国海军"沃克兰"级（Vauquelin）驱逐舰开始了先期设计工作；几乎在这同时苏联革命军事委员会也决定为黑海舰队和波罗的海舰队先后各建造三艘该型驱逐领舰。1930 年 2 月前期设计工作正式获得批准，该型舰艇也被编为 1 型工程，首舰被命名为"列宁格勒"号，其余各舰则以苏联各加盟共和国国首府或大型城市加以冠名；9 月整体设计工作转由特种船舶制造设计局（Бюро Специального Проектирования Судопроверфи）总设计师尼基京（В. А. Никитин）全权负责，具体设计工作则由特拉赫金别尔格（П. О. Трахтенберг）组织完成，而机械动力布局设计工作则由机械制造主管斯比兰斯基专职解决，机械设计师帕普科维奇（Э. Э. Папкович）另行负责设计与轮机性能功率相匹配的锅炉；而造船局工程师丘克什维特（А. Э. Цукшвердт）则担任设计过程中的监督检查。按照希曼斯基改进后的设计要求，该舰的设计排水量被提高到 2250 吨，航速不低于 40.5 节，去除四门 37 毫米副炮但增加两门 76.2 毫米防空炮和两挺 12.7 毫米防空机枪。通过在拖曳船模试验池中的反复试验和针对设计要求对原型的反复修改，最终设计工作于 1931 年下半年敲定完成。1932 年 2 月底劳动与国防委员会批准了建造十艘该级驱逐领舰的工作并要求先期建造的三艘必须在 1933 年底前交付海军部队服役。

建造工作于 1932 年 10 月开始，为了便于就近交付海军，后来被编入波罗的海舰队的"列宁格勒"号被安排在 190 号"日丹诺夫"船厂建造，而另外两艘进入黑海舰队的"莫斯科"和"哈尔科夫"号则交由尼古拉耶夫的 198 号"马蒂"船厂完成。作为苏联时代所建造的第一型驱逐舰，该舰采取短艏楼布局流线外型，舰艏舷倾 15 度；舰身使用高密度低锰合金钢作为船体主材料，整体结构安设 250 根肋骨，被水密舱壁划分出 15 个隔舱，除关键承压部分采取焊缝拼接外，整个船体大部分均采取埋头铆接捻缝技术完成。在动力布局上该舰采用梯队轮机布置并将锅炉与汽轮机交替安置于舯部用纵骨架结构特别加固的五座舱室内，主动力采用斯比兰斯基为该舰专门设计的三座 66000 马力的 ГТ3А 减速齿轮汽轮机。至于武器配置，"列宁格勒"级设计布局趋近于均衡，艏艉各自安置两门 130 毫米火炮，另在舰舰桥后方安置第五门 130 毫米火炮。两门 45 毫米防空炮和 76.2 毫米防空炮分别布置于舰舰桥和艉部测距仪两侧，两座 533 毫米四联鱼雷发射管则保持传统布置在舯部二号烟囱前后。而在一号烟囱后，设计师们还是按照海军固执己见的要求配置了一台离合弹射器并考虑配备飞机设计师契特维里柯夫（И. В. Четвериков）设计的 СПЛ 型水上飞机。此外由于 30 年代苏联和意大利良好的合作关系，该级驱逐舰同时还配置了奥菲奇内·伽利略公司（Officine Galileo）提供的带有中央射击自动计算仪和瞄准具的"伽利略"火炮指挥仪和鱼雷射击指挥仪，包括安装在舰舰桥上配合使用的双光学测距指挥台和安置在艉部的另外一座三米测距仪以及辅助鱼雷发射使用的精密倾角仪。反潜武器则包括两座深水炸弹投掷器和一

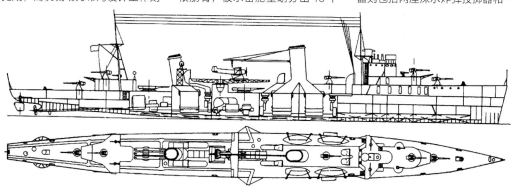

1929 年设计初稿

▲ 下水试航前的"列宁格勒"号,照片摄于 1933 年。

▼ 接受例行修理工作的"哈尔科夫"号,照片摄于 1942 年。与舰身一体的狭长密封型轴管架后来被证明是存在缺陷的,也成了后来 38 型驱逐领舰的一处重要改进部分。

座 2500 米有效侦测范围的"波塞冬"(Посейдон)被动声呐。舰上的无线通讯和导航设备则全部由苏联自主设计研制,包括"航向 -2"(Курс-2)电罗经、"暴风 -M"(Шквал-М)发报器、"暴雪"(Метель)接收器和一台"突击"(Рейд)超高频双向收发器,值得一提的是这系列设备在很长一段时间内都是苏联驱逐舰的标准舰载设备。

然而苏联人建造第一型驱逐舰的工作却极不顺利,除了在建造过程中发现很多设计缺陷之外,为驱逐舰提供武器和设备的诸家工厂也无法按照船厂的生产节点按时交货。负责建造减速汽轮机和锅炉的哈尔科夫涡轮机厂(Харьковский Турбинный Завод)只将满足船体的总体建造进度,但负责 130 毫米火炮设计制造的"布尔什维克"工厂(Большевик)甚至在"列宁格勒"号于 1933 年 11 月下旬开始进入试航工作后还未通过最终的设计批准;与"布尔什维克"工厂一起掉链子的还有负责防空炮设计制造工作的 8 号"加里宁"工厂(Калинин);由于诸多性能要求在 1934 年 3 月

的试验中均不符合设计要求,他们设计制造的 76.2 毫米 34K 防空炮最后到 1936 年 6 月才运抵船厂码头;而契特维里柯夫设计的水上飞机也因其直到 1935 年才进入生产而被最终取消;两个多月后,"列宁格勒"号开始进行国家验收工作:在该舰的首次航速测试中,"列宁格勒"号在 61000 马力的功率下即可达到 40 节左右的高速,而当三座锅炉全荷工作时,其最大航速还可略提高至 41 节。后根据验收工作小组的要求,设计小组还对动力设备进行了二次改进,这也让"列宁格勒"号的最大航速达到了惊人的 44 节。但在随后开始的火炮测试和综合评估中,该工程却问题频频:在小组总负责人一级分舰队指挥官阿列克谢·维克曼(А. И. Векман)最终编写的验收报告中明确指出,该舰虽具备不俗的作战机动能力和海面攻击能力,但其最大问题便在于当舰载武器炮火全开的情况下,舰体自身强度根本不足以承压机械火炮所产生的整体反力作用,即便遭遇一场强度 8 级的暴风时,该舰也存在舰身开裂的可能;另外舰艇部分供电线路在甲板上浪的情况下存在漏电危险,自救所用的救生圈数量也远远不足等等。诸如此类的小问题让设计人员又花去将近三个月时间加以全面改进,而"列宁格勒"号也于该年年底最终交付波罗的海舰队使用。而验收中暴露出的核心问

题却绝非通过简单的改进工作便可彻底解决;由于制造过程中暴露出的设计缺陷,加之某些配套设备性能不佳或供应脱期,后续七艘驱逐舰的建造工作也最终不了了之,而尼基京针对这些问题很快就组织他的设计小组对"列宁格勒"级加以全面修改,改进方案最终也被编为 38 型工程(后文详述)。

"列宁格勒"级在不久后开始的卫国战争中其实并未发挥其预期的效果,当然这也无奈于当时苏军全面防御的实际情况:"莫斯科"号就在对罗马尼亚港口的一次攻击行动中损失,而"列宁格勒"号多数时间内也被德军封锁于苏军控制的港口内为地面部队提供有限的远程炮火支援;"哈尔科夫"号似乎是三艘驱逐舰中最为活跃的一艘,直到 1943 年被德军斯图卡机群炸沉前,该舰在黑海战场上几乎参加了舰队的每一次大型作战行动。作为该级战后仅存的一艘驱逐领舰,"列宁格勒"号于 1954 年起开始安装更多的苏联自主设计的电子设备,包括无线电结构科学研究所(НИИР)工程师切尔纳科夫(С. П. Чернаков)与戈列夫(К. В. Голев)组织研发的"舰旗 -1"(Гюйс-1)对空搜索雷达、第 703 实验设计局(ОКБ-703)设计师卡米科夫(В. Д. Калмыков)设计的"暗礁 -1"(Риф-1,北约代号 Ball End / 球头)对海搜索雷达,以及"三角旗 -2"(Вымпел-2)火控雷达和"塔米尔河 -5H"(Тамир-5Н,北约代号 Perch Gill / 鲈鳃)声呐。不过垂垂老矣的该舰显然已经不能在美苏对峙的冷战环境中更好地施展拳脚,苏联人随后将其改造成一艘用于反舰导弹试验的靶舰并在 1963 年将其击沉。

俄文舰名	译名	建造编号	建造船厂	开工日期	下水日期	服役日期	隶属舰队
Ленинград	列宁格勒	450	日丹诺夫	1932.11.05	1933.11.18	1936.12.05	波罗的海舰队
Харьков	哈尔科夫	223	马蒂	1932.10.19	1934.09.09	1938.11.10	黑海舰队
Москва	莫斯科	224	马蒂	1932.10.29	1934.10.30	1938.08.07	黑海舰队
基本技术性能							
基本尺寸	舰长 127.5 米，舰宽 11.7 米，吃水 4.15 米						
排水量	标准 2030 吨 / 满载 2690 吨（№223、№224 为 3080 吨）						
最大航速	43.2 节						
巡航能力	2700 海里 / 20 节						
动力配置	3 台 3 轴 ГТ3А 减速齿轮汽轮机，3 座 66000 马力 КВ 锅炉						
电力设备	2 台 ПСТ-30/14 涡轮发电机（100 千瓦），2 台 ПН-2 柴油发电机（60 千瓦）						
最大载油量	615 吨						
武器配置	5×130 毫米 Б-13 火炮，2×76.2 毫米 34К 防空炮，2×45 毫米 21К 防空炮，2×533 毫米 7-Н 四联鱼雷发射管，4×12.7 毫米 ДК-32 机枪，1×Б-1 深水炸弹投射器，1×М-1 深水炸弹投放器，84 颗 М3 型水雷（或 76 颗 КБ-3 型）						
辅助配置	"伽利略"火炮 / 鱼雷射击指挥仪，"大角星"水声站，OG-3М 双光学测距指挥台，OG-3 测距指挥台，OG-1.5 测距仪（除 №224）						
导航设备	1×"航向 -2"电罗经，3×127 毫米磁罗经，1×3МИ 测深仪，1×ГО-2 测程仪						
通讯设备	"暴风 -М"发报器，"暴雪"接收器，"突击"超高频双向收发器						
人员编制	206 名舰员 +19 名军官						

特别介绍

130 毫米 Б-13 火炮

苏联从 1929 年开始起为新型的 П 型"真理"级（Правда）潜艇着手研制潜艇甲板火炮，设计工作由第 232"布尔什维克"厂负责完成，总负责人为设计师拉法洛维茨（Г. Н. Рафаловиц），工程设计编号 Б-13，设计师莫罗佐夫（С. А. Морозов）与扎拉扎耶夫（С. А. Залазаев）等人也参与了设计工作。1930 年 1 月初期设计方案获得红海军管理局的同意，但要求设计人员将火炮射速增加至每分钟 14 发。1932 年 2 月底修改方案获得时任工农红军装备部长的图哈切夫斯基批准，后根据高层要求设计人员又将这种火炮分为潜艇型（最大仰角 30 度）和军舰型（最大仰角 45 度），后因发觉膛压上限过高而将火炮改为 50 口径。1934 年 2 月第一批试验用 Б-13 火炮制造完毕，但在 4 月开始的测试工作中却发现该型火炮存在很多严重缺陷，于是只得退回工厂进行再次改进。第二次试

验工作于 1935 年 4 月开始，尽管试验显示该型火炮仍有些许缺陷，但由于先前决定配备此型火炮的

"列宁格勒"级驱逐领舰早已进入等工状态，Б-13 火炮最终于 1935 年 12 月开始批量进入海军服役。

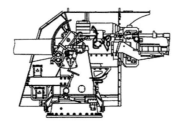
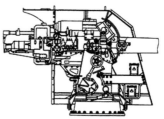
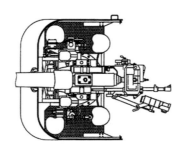
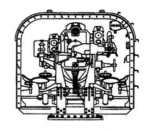

炮口直径：130 毫米　　　供弹速度：5 ～ 13 发 / 分钟
仰角范围：-5° ～ 45°　　射速：820 ～ 870 米 / 秒
净重：5180 公斤　　　　最大射程：25590 米

"列宁格勒"号

进入波罗的海舰队后不久就参加了苏芬战争并对撒仁帕岛和蒂乌里萨里岛上的芬兰守军实施了炮击，不过由于被沿岸炮火击中，该舰随后开始接受修理工作。苏德战争开始后和"明斯克"号一起在汉科半岛与奥斯穆斯岛之间的海域进行布雷工作。1941年8月掩护"基洛夫"号巡洋舰从塔林的撤离行动。11月底在负责从汉科半岛撤走苏联驻军的行动中由于触雷而严重受损；维修工作一直持续到1941年底。后因德军水雷封锁该舰多数情况下都停泊在港口内负责为苏军地面部队提供炮火支援，包括1943年2月第55集团军在克拉斯诺伯尔斯克的攻势和1944年6月第21集团军在维堡战役中的强攻作战。二战结束后接受了数次修理和改进工作。

▲ 高速航行中的"列宁格勒"号。

1949年1月降级为驱逐舰。1958年4月18日退役并被改建为目标舰 ЦЛ-75；1960年9月15日解除武装并改建为浮动营房 ПКЗ-16；

1962年8月改为靶舰 СМ-5；第二年5月在试验中被反舰导弹击沉于索洛维茨基群岛附近海域。

▲ 停靠在涅瓦河边的"列宁格勒"号，照片摄于1945年。注意舰部已经增加的81K双联火炮。

▲ 最后一次改进后的"列宁格勒"号。主樯和前樯均已加装了苏联自主研制的各种雷达设备，同时原先舰部的81K双联火炮已被移除。

"列宁格勒"号舰艇特写，照片摄于1948年。

▲ "列宁格勒"号舰部特写，注意此时依旧存在的两门 34 K 防空炮。

▼ 已经退役的 "列宁格勒"号，照片摄于 1959 年 3 月。注意前桅和主桅上的雷达设备已基本拆除，但主要火力装备仍旧保留。

战后完成最后一次改进后的 "列宁格勒"号

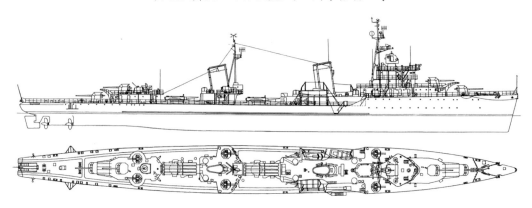

▲ 接受过第一次改进后的"哈尔科夫"号，照片摄于 1942 年。70K 防空炮和盟军援助的"勃朗宁"防空机枪均已装备该舰。

"哈尔科夫"号

1941 年 6 月 26 日在对康斯坦察港口实施炮击时被沿岸炮火击伤；在完成了修理工作后负责掩护多瑙河区舰队舰只的撤退行动。随后参加了保卫敖德萨和塞瓦斯托波尔的防御战并负责提供物资和兵员运输工作。1942 年 11 月配合"伏罗希洛夫"号巡洋舰对德军占领的蛇岛进行了炮击。1943 年 2 月为在新罗西斯克西部地区实施登陆的苏军部队提供炮火支援工作。1943 年 10 月 6 日在与"无情"号和"才能"号两艘驱逐舰完成对雅尔塔沿岸目标的炮击行动准备返航时遭到德军第三俯冲轰炸机联队 Ju-87 机群的围攻，该舰在德军的前三轮轰炸后严重受损并最终沉没。这件事让斯大林颇为震怒，他随后下令苏联海军中所有的大中型作战舰只在未得到特批指令前不得擅自出海作战。

▲ 返回波季港的"哈尔科夫"号，照片摄于 1943 年。

▲ 正准备抛锚的"哈尔科夫"号。

"莫斯科"号

　　在"巴巴罗萨"行动开始前曾两次造访土耳其。苏德战争开始后，该舰接令将对罗马尼亚的康斯坦察港口秘密实施炮击工作，但于1941年6月26日在港口外误入罗马尼亚海军S-10号布雷舰所布的雷区而触雷沉没；还有一种观点则认为指挥苏联海军Щ-206号潜艇的舰长卡拉凯(И. А. Каракай)上尉在毫不知情的情况下将"莫斯科"号误以为是敌方舰只而将其击沉。包括舰长亚历山大·图霍夫(А. Б. Тухов)在内的69名官兵被罗马尼亚舰艇救起并俘虏，一年后他从集中营逃出并在敖德萨附近的布列韦斯特尼克加入了当地的游击队。

▲ 刚服役的"莫斯科"号，照片摄于1939年。

1 型驱逐领舰

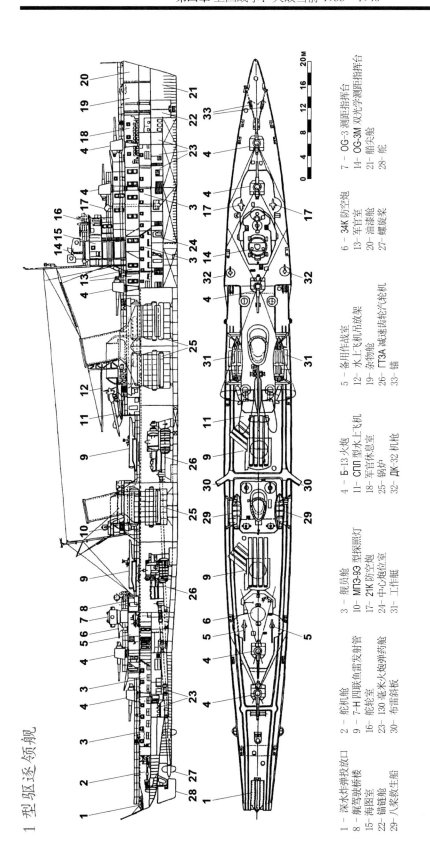

1 – 深水炸弹投放口
8 – 舰驾驶桥楼
15 – 海图室
22 – 锚链舱
29 – 八桨救生船

2 – 舵机舱
9 – 7-H 四联装鱼雷发射管
16 – 舵轮室
23 – 130 毫米火炮弹药舱
30 – 布雷斜板

3 – 舰员舱
10 – МПЭ-99 型探照灯
17 – 21K 防空炮
24 – 中心炮位室
31 – 工作艇

4 – Б-13 火炮
11 – СПП 型水上飞机
18 – 军官休息室
25 – 锅炉
32 – ДК-32 机枪

5 – 备用作战室
12 – 水上飞机吊放架
19 – 杂物舱
26 – ГТЗА 减速齿轮汽轮机
33 – 锚

7 – OG-3 测距指挥台
14 – OG-3M 双光学测距瞄指挥台
21 – 锚头舱
28 – 舵

6 – 34K 防空炮
13 – 军官室
20 – 油漆舱
27 – 螺旋桨

武器配置改进情况：
1942 年（哈尔科夫号）： −2×45 毫米 21K 防空炮；+8×37 毫米 70K 防空炮，4×12.7 毫米双联 "勃朗宁" 防空机枪
1942 年（列宁格勒号）： −2×45 毫米 21K 防空炮；+1×76.2 毫米 81K 双联大炮，4×37 毫米 70K 防空炮，4×12.7 毫米双联 "勃朗宁" 防空机枪
1944 年（列宁格勒号）： −1×37 毫米 SK-C/30 双联防空炮，1 部 284 型主火控雷达，4×12.7 毫米双联 SK-C/30 双联防空炮
1954 年（列宁格勒号）： −4×37 毫米 70K 防空炮，1×76.2 毫米 81K 双联大炮，+4×37 毫米 B-11 双联防空炮，2×БМБ-2 深水炸弹投掷器

"明斯克"级（Минск）驱逐领舰

在建造"列宁格勒"级的过程中，船厂方面不断发现设计中的技术问题，而随之导致的制造缺陷也逐一暴露了出来，于是 1933 年底尼基京重新组织设计"列宁格勒"级的原班设计小组开始对该级驱逐舰进行全面的修改。首先是对船体结构进行必要的加固；虽然"列宁格勒"级的低锰合金钢可以保证单位面积内 40 千克的抗压屈服极限，但在随后的试航工作中船厂方面仍旧发觉舰艏部分与承压结合部位存在轻微的凹损变形现象，故此改进方案中特地在艏艉部和各个承压部位进行了加固加衬措施。其次是 1 型工程中对于螺旋桨的设计也存在疏漏不妥之处。"列宁格勒"级的三轴螺旋桨传动轴并非按照传统设计将其伸出船体，而是封闭在与舰身一体的狭长密封型轴管架内，但后来工作人员发现传动轴轴向定位存有一定偏差而造成螺旋桨在高速旋转时常伴有空蚀现象，设计小组最终决定改用常规艉轴管和轴管支撑架并重新对中间传动轴上相互啮合的齿轮组进行了改进。另外船厂方面发觉"列宁格勒"级的三座锅炉在工作时会有过高蒸气压产生，伴随而来的溶解氧腐蚀使得锅炉内壁和水管内侧均出现了明显蚀化，

机械性能指标也因此大受影响；而流速过快的循环给水也使得喷嘴偶有暴裂现象产生。尽管设计者改进了管路截流面并增加了减压冷却阀装置，但这个问题却始终伴随着这批战舰而未得以最终解决。除了这些主要缺陷之外，设计小组还对舰上布局进行了些许调整改动，比如去除了原先设计时考虑进去的水上飞机，艏舰桥的外形也略作修改。1934 年设计改进工作被海军正式批准，设计舰艇的建造计划也被编为 38 型工程，首舰被命名为"明斯克"号；不久之后劳动与国防委员会批准了建造三艘该型驱逐领舰的工作。按照委员会的要求，其中的一艘将交由波罗的海舰队服役，而另外两艘则隶属太平洋舰队以增强这支在远东的新兴舰队的海上实力。同时为了便于交付使用，这两艘驱逐领舰的最终组装工作将在位于远东共青城成立没多久的 199 号"列宁共青团"船厂加以完成。

建造工作于 1934 年 10 月在"日丹诺夫"船厂率先开始，1935 年初为太平洋舰队建造的两艘战舰也在"马蒂"船厂开始了龙骨铺设工作。"明斯克"级在基本外形尺寸和舰上布局上与"列宁格勒"级并无明显区别，但排水量却比后者

减少了将近 80 吨，最大航速也略降至 41.7 节。艏舰桥仍旧按照先前"列宁格勒"级的布局分为上下三层，底层建筑内包括舰长室、士官室、发电机组室和蓄电室等，二层建筑内包括电译室、无线电通讯室和备用指挥室，三层建筑内则是海图室、作战指挥室；而在艉舰桥则内设另一间无线电通讯室和备用指挥室，此外还有测向操作室、医疗救护室和小型船员休息室。由于意大利伽利略公司并未按时提供射击指挥仪，"明斯克"级上装备的是苏联仿制意大利人产品而自行设计开发的"米纳"（Мина）火炮指挥仪，包括 ЦАС-2 中央射击计算仪和 ВМЦ-2 中央瞄准指挥具辅以一座安装在艏舰桥顶部的 КДП-4 型测距指挥台和由 21 号电气仪器厂设计制造的"闪电"（Молния）鱼雷射击指挥仪；到了二战后期又改用更为先进的"利剑"（Меч）鱼雷射击指挥仪。1935 年 11 月初"明斯克"号正式下水开始试航工作，而"奥尔忠尼启则"号和"第比利斯"号也相继于 1936 年 3 月和 8 月通过铁路运输的方式运抵共青城的船厂准备后续建造工作，只是由于 Б-13 火炮和 34К 防空炮的生产进度远远慢于该级驱逐领舰的建造进度，等

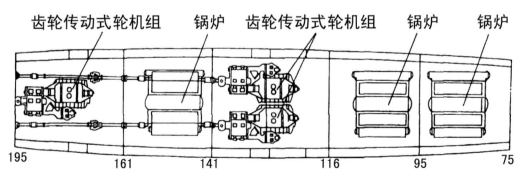

齿轮传动式轮机组　　　　　锅炉　齿轮传动式轮机组　　　　锅炉　　　　锅炉

195　　　　　161　　　　　141　　　　　116　　　　　95　　　　　75

▲ 与"列宁格勒"级一样，"明斯克"级的动力设备仍旧采取锅炉与汽轮机交替安置的布局。这种布局方式在当时苏联国内来说恰恰象征着某种关注程度，因为只有那些符合斯大林"大舰队"计划的大型作战舰船才会采取这种建造工序更为繁复的交错形式；而驱逐领舰就成了是否采取此种布局安装的分水岭。当然这种固定的思维模式根本没有维持多久就被打破，因为此种弊端所导致的巨大灾难让苏联人根本不愿去承受可能遭致的潜在损失（后文详述）。

到波罗的海舰队正式将"明斯克"号编入时已近 1938 年年 11 月，而在远东服役的"第比利斯"号更是拖到了 1940 年 12 月。

"明斯克"级在随后开始的二战中也没能发挥其真正作用："明斯克"号在苏德战争爆发前参加了苏芬战争并负责炮击目标沿岸的芬兰炮兵阵地；二战开始后没多久就被德军战机严重炸伤，随后在撤至喀琅施塔得接受修理工作时再次遭到德军空袭而沉没。而远在远东地区的"第比利斯"号更是无所事事，直到二战末期苏联对日宣战后才参加了几次实力对比悬殊的登陆支援行动；倒是"巴库"号表现最为突出，该舰于 1942 年奉命调往北方舰队主要负责为运输船队提供护航工作，由于成绩突出，该舰于 1945 年 3 月被授予红旗勋章。二战结束后"明斯克"号被改造成训练舰，而另外两艘则与"列宁格勒"号几乎在同时加装了更多的电子设备，不过它们已注定无法成为苏联海军驱逐舰的主角，十年之后便陆续从海军退役。

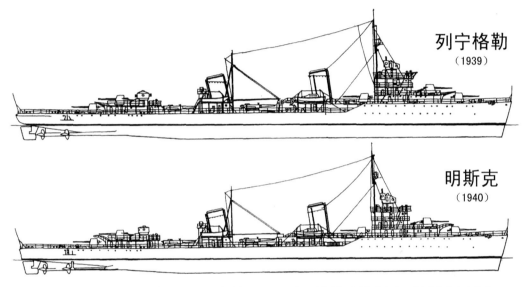

列宁格勒
（1939）

明斯克
（1940）

▲ 1 型和 38 型驱逐领舰的侧视对比。实际上光从舰上布局来说，这两型前后联系密切的战舰根本难以区分出细节上的差别。

俄文舰名	译名	建造编号	建造船厂	开工日期	下水日期	服役日期	隶属舰队
Минск	明斯克	471	日丹诺夫	1934.10.05	1935.11.06	1938.11.10	波罗的海舰队
Орджоникидзе	奥尔忠尼启则	267	马蒂 / 列宁共青团	1935.01.15	1939.07.25	1939.12.27	太平洋舰队 / 北方舰队
Тбилиси	第比利斯	268	马蒂 / 列宁共青团	1935.01.15	1939.07.24	1940.12.11	太平洋舰队
基本技术性能							
基本尺寸	舰长 127.5 米，舰宽 11.7 米，吃水 4.14 米						
排水量	标准 1950 吨 / 满载 2700 吨						
最大航速	41.7 节						
巡航能力	2780 海里 / 20 节						
动力配置	3 台 3 轴 ГТЗА 减速齿轮汽轮机，3 座 66000 马力 КВ 锅炉						
电力设备	2 台 ПСТ-30/14 涡轮发电机（100 千瓦），2 台 ПН-2 柴油发电机（60 千瓦）						
最大载油量	620 吨						
武器配置	5×130 毫米 Б-13 火炮，2×76.2 毫米 34К 防空炮，2×45 毫米 21К 防空炮，2×533 毫米 7-Н 四联鱼雷发射管，6×12.7 毫米 ДК-32 机枪（№268 为 12.7 毫米 ДШК 型），1×Б-1 深水炸弹投射器，1×М-1 深水炸弹投射器，84 颗 М3 型水雷（或 76 颗 КБ-3 型）						
辅助配置	"米纳"火炮射击指挥仪，"闪电"鱼雷射击指挥仪，"联合"高炮射击指挥仪（仅 №471），"大角星"水声站，КДП-4 测距指挥台、ДМ-3 测距仪、ЗД-1 测距仪（除 №471）						
导航设备	1×"航向 -2"电罗经，4×127 毫米磁罗经，1×"弧度 -К"无线测向仪，1×ГО-3 测程仪，1×ЭЛ 测深仪						
通讯设备	"暴风 -М"发报器，"暴雪"接收器，"突击"超高频双向收发器						
人员编制	294 名舰员 +17 名军官						

"明斯克"号

加入波罗的海舰队后不久就参加了苏芬战争并炮击了科伊维斯托附近岛屿的芬兰驻军。1940年7月21日对里加进行访问以庆祝拉脱维亚苏维埃社会主义共和国正式成立；8月由于遭遇风暴而船体受损，该舰不得不返回列宁格勒接受修理。1941年6月中旬调往塔林；苏德战争开始后和"列宁格勒"号一起在汉科半岛与奥斯穆斯岛之间

的海域进行布雷工作。8月底成功地撤至列宁格勒，但因遭到德机的空袭而严重受损，后被拖往喀琅施塔得接受修理。9月23日还在接受修理工作时遭到德军第二俯冲轰炸机联队Ju-87机群的连续攻击而被最终炸沉。1942年8月该舰被苏军打捞上岸，经过改装修理之后，该舰于11月重新投入使用。直到二战结束前多数只是配合地面

部队的进攻行动提供炮火支援。1949年1月降级为驱逐舰。1951年7月底作为捷尔任斯基海军高等技术学院的训练舰并于1954年12月改名为"乔鲁赫"号（Чорох）。1956年12月被海军编入并成为训练舰УТС-14。1958年4月3日退出海军作战序列并改造成浮动靶舰ТСЛ-75；四个月后被试验用导弹击沉在小萨拉茨岛附近海域。

▲ 对里加进行访问以庆祝拉脱维亚苏维埃社会主义共和国正式成立的"明斯克"号，照片摄于1940年7月。

▼ 已经过改装成为教学用训练舰的"乔鲁赫"号。

▲ 被打捞上岸的"明斯克"号，照片摄于1942年8月。在1941年9月的德军大空袭中，这艘吨位较大的战舰成为第二俯冲轰炸机联队的众矢之的，在不间断轰炸后，该舰被炸沉在喀琅施塔得港口内。

"奥尔忠尼启则"号

1940 年 5 月更名为"巴库"号（Баку）。1942 年 7 月为对盟军和苏军运输船队提供护航而从太平洋舰队调往北方舰队并于 11 月 18 日开始为盟军 QP-15 船队担任首次护航任务。整个二战期间"巴库"号共行驶超过 42000 海里，共为 29 支船队提供护航任务。1945 年 1 月初解救了被德军潜艇击伤的"第比利斯"号（Тбилиси）运输舰；3 月 6 日被授予红旗勋章。1948 年 10 月该舰开始接受长达六年的修理工作。1949 年 1 月降级为驱逐舰。1958 年 4 月 18 日解除部分武装并被改建为目标舰 ЦЛ-31；一个月后改为军用浮动基地 ПБ-32；1959 年 6 月改建为浮动营房 ПКЗ-171。1963 年 7 月退出海军作战序列并遭除籍。

▲ 在彼得大帝湾进行日常巡逻的"奥尔忠尼启则"号，照片摄于 1939 年。此时该舰刚进入服役不久，注意一侧清晰可见的舷号 ОЖ。

▼ "巴库"号舰艏近照。

▲ 正在北极圈附近海域执行护航工作的"巴库"号，照片摄于 1943 年。

"第比利斯"号

1939 年 9 月前舰名为"蒂弗里斯"号（Тифлис）。直到 1945 年 8 月苏军出兵中国东北之前该舰始终只是在太平洋海域负责巡逻和警戒任务。8 月 12 日负责护送第 354 海军步兵营士兵在朝鲜罗津登陆。由于在行动中遭到日军炮火攻击，该舰随后开始接受修理。1949 年 1 月降级为驱逐舰。1951 年起在符拉迪沃斯托克接受了长达四年的大修工作。1958 年 4 月 18 日从海军退役并被改建为目标舰ЦЛ-50。1964 年 1 月 31 日退出海军作战序列并遭除籍。

▲ "第比利斯"号舰桥前后俯瞰。

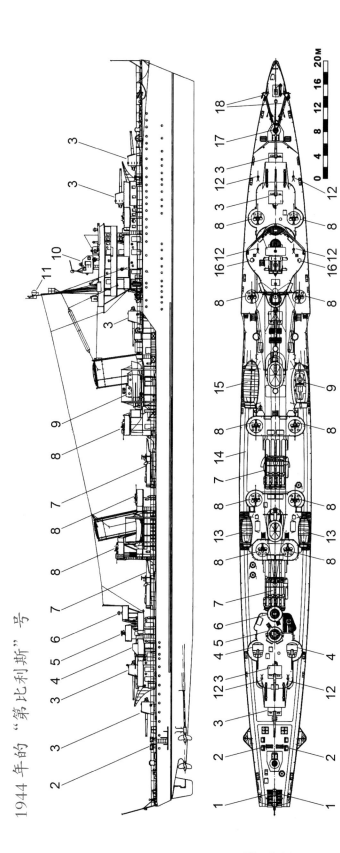

1944 年的 "第比利斯" 号

1 - 深水炸弹投放口　　2 - БМБ-1 深水炸弹投掷器　　3 - Б-13 火炮　　4 - 34K 防空炮　　5 - ДМ-3 测距仪　　6 - 3Д-1 测距仪　　7 - 7-H 四联鱼雷发射管　　8 - 70K 防空炮
9 - 摩托艇　　10 - КДП-4 测距指挥台　　11- "弧度 -K" 无线测向仪　　12- ДШK 机枪　　13- 八桨救生船　　14- 水雷导机　　15- 大型救生艇　　16- МПЭ-9Э 探照灯
17- 绞盘机　　18- 锚

武器配置改进情况

1941 年（明斯克号）：-2×45 毫米 21K 防空炮；+6×37 毫米 70K 防空炮

1941 年（第比利斯号）：-2×45 毫米 21K 防空炮；+4×37 毫米 70K 防空炮

1942 年（巴库号）：-2×45 毫米 21K 防空炮；+6×37 毫米 70K 防空炮，4×12.7 毫米双联 "勃朗宁" 防空机枪，2×М-1 深水炸弹投放器

1943 年（巴库号）：-4×12.7 毫米双联 "勃朗宁" 防空机枪，2×12.7 毫米防空机枪；+5×37 毫米 70K 防空炮

1944 年（明斯克号）：+1×76.2 毫米 81K 双联火炮，2×37 毫米 70K 防空炮

1944 年（第比利斯号）：+4×37 毫米 70K 防空炮

1945 年（巴库号）：+1 部 284 型对空火控雷达，291 型对空警戒雷达

1954 年（巴库，第比利斯号）：-4×37 毫米 70K 防空炮，1×Б-1 深水炸弹投放器；+4×37 毫米 В-11 双联防空炮，2×БМБ-2 深水炸弹投掷器

"愤怒"级（Гневный）驱逐舰

从 1932 年开始的第二个五年计划中，海军舰艇的建造工作继续被给予高度重视。在建造"列宁格勒"级驱逐领舰后，苏联高层轻率地认为此时苏联国内完全具备设计和建造新型现代化驱逐舰的能力。在 1933 年 7 月劳动与国防委员会制定的《1933～1938 年海军舰艇建造计划》中要求苏联要在第二个五年计划中完成建造五十艘驱逐舰的建造任务。建造服役后的这批驱逐舰将分批配备给波罗的海舰队、黑海舰队和太平洋舰队麾下使用，以接替日渐老迈的"诺维克"级驱逐舰并与差不多同时间建造的"列宁格勒"级和"明斯克"级驱逐领舰一起成为海军驱逐舰队伍的中坚力量。

根据 1932 年 10 月获得革命军事委员会批准的战术技术需求书要求，新型驱逐舰的排水量不得低于 1300 吨，最大航速不应低于 40 节，保证在经济航速下有 1800 海里的续航能力，在火力配置上也要保证有三门 130 毫米火炮，两门 76.2 毫米防空炮和两具三联装 533 毫米鱼雷发射管。该型驱逐舰的设计方案准备工作仍旧交由特种船舶制造设计局一手完成，或者更为准确的说这个设计局已于 1932 年更名为第 1 中央船舶制造设计局（ЦКБС-1），由已升任为设计局副局长的尼基京一手领导，而具体设计工作仍交由特拉赫金尔格组织小组负责。虽然苏联人的确从建造两型驱逐领舰的工作中获得了不少建造经验心得，但其中所暴露出的自身不足同样十分明显，于是苏联人决定向意大利安萨尔多船厂（Gio.

Ansaldo & C）和奥德罗 - 德尔尼 - 奥兰多船厂（Odero-Terni-Orlando）寻求技术援助。为此尼基京亲率技术设计小组造访意大利并实地对意大利人的"箭"级及其改进型"西北风"级（Maestrale）驱逐舰进行了技术考察。根据意大利提供的"西北风"级设计方案和图纸，苏联人的设计工作显得十分顺利，他们几乎是照搬了意大利人舰船的机械动力布局，舰上布局也和"西北风"级基本如出一辙，只是决定在该型驱逐舰上装备苏联自己设计制造的武器和配套设备。设计完成后，苏联又派出人员前往意大利船厂完成了船模模拟试验工作。最终设计于 1933 年全部完成并在 1934 年 12 月得到革命军事委员会的官方确认，该建造计划也被编为 7 型工程，首舰被命名为"愤怒"号，共建造五十三艘该型驱逐舰。

1935 年 11 月该型首舰开始动工。按照计划分配这些舰只大部分由四家船厂建造：列宁格勒的"日丹诺夫"船厂和 189 号"奥尔忠尼启则"船厂（Орджоникидзе）分别负责建造十七艘和八艘，而位于尼古拉耶夫的"马蒂"船厂负责十六艘，剩余的十二艘则让 200 号"61 公社社员"船厂完成。后来考虑到苏联在太平洋地区的造船能力严重不足以及建造完工后颇为不便的运输过程，将马蒂船厂中列入日后太平洋舰队服役的十二艘舰体部件分批运到共青城的"列宁共青团"船厂进行后续建造；后又发觉阿穆尔河水深不足，于是其中六艘驱逐舰运往符拉迪沃斯托克的 202 号"远东"船厂（Дальзавод）进行最后总装。"愤怒"级船体被水密舱壁分成 15 个隔舱部分，共设 220 根肋骨，采用 ГТЗА-24 型汽轮机作为主动力设备。该型驱逐舰的设计颇受意大利人的影响，追求航速快、火力猛，采用大型单烟囱结构动力机械布置和短艏楼的基本舰型布局；舰桥采取两层建造布局，一层建筑内主要包括舰长室、舰上各级军官室、无线电通讯室、声呐室和机械设备间等，而在二层建筑中则布

▶ 在"列宁共青团"船厂进行组装的 7 型驱逐舰。一旁是同样进入最终工序的 38 型驱逐领舰。

70K 防空炮

34K 防空炮和 ДМ-3 测距仪

▲ КДП-4 测距指挥台

▼ 39-Ю 三联鱼雷发射管

▼ 70K 防空炮，后面是"弧度 -K"无线测向仪的双环天线。

Б-13 火炮

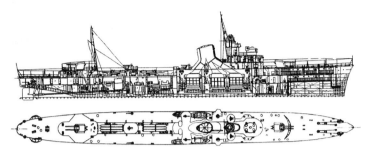

◀ 意大利海军"西北风"级驱逐舰线图。7 型驱逐舰无论从外形参数和火力配置上都极大地借鉴了该级驱逐舰。

置有主作战指挥室、海图室和舵轮室。在主炮选择方面，苏联人还是沿用了自己最新设计的 130 毫米单管舰炮，并加固小型防盾，舰艏艉各布置两门。而该级舰的防空火力则主要装备两门 76.2 毫米 34K 防空炮，布置在两座三联装鱼雷发射管间的二层甲板平台上；另有两门 45 毫米 21K 防空炮布置在舯舰楼甲板两侧。其他辅助作战设备还包括一套"米纳 -7"改进型火炮指挥仪。然而虽然苏联人根据自己的实际作战要求对意大利人的设计进行了修改，但解决舰体结构强度不足、高速航行重心不稳等细节技术问题也自始至终地困扰着设计人员，致使日后该型舰只在环境恶劣的北冰洋作战过程中事故故障不断。

1938 年 8 月起"愤怒"级陆续开始进入海军各舰队服役，但在服役的初期该型舰就暴露出了舰只在高速航行中振动严重的技术缺陷。时任海军人民委员的库兹涅佐夫总司令曾于 1940 年 5 月针对苏芬战争中苏联海军的行动表现向斯大林和伏罗希洛夫进行过专门汇报，在汇报中库兹涅佐夫毫不隐瞒地指出 7 型驱逐舰的设计存在明显缺陷，除最为显著的振动情况外，7 型驱逐舰单一狭窄的甲板过道也让舰员调动变得复杂；另外该舰的生活条件也极为艰苦，仅有的 161 张铺位由于内部过窄的舱室空间而根本无法进行加位，以致于后续补充入舰的水兵只能和他人同挤一床位，更有甚者只能将台桌当成床位勉强应付。作为海军的总指

挥，库兹涅佐夫几次强调希望这个问题可以尽快解决并补充新型作战舰只以御不测。而对于该型舰只的最大争议莫过于没有分舱布置锅炉与发动机的动力布局是否会对实际作战中的舰只造成一击致命的毁灭性打击。在经过多方讨论之后，苏联劳动与国防委员会最终决定停止后续建造工程并对 7 型工程进行彻底修改，而"愤怒"级最终也只有二十八艘投入使用。根据苏联人的理论计算资料，一艘 1600 吨位级的舰艇其稳心高度应确保在 0.53 ~ 0.69 米之间，而"愤怒"级的平均稳心高度却达到了 1.04 米之多，显然无法保证舰艇航行中的平衡性要求；最后依照船舶设计师弗拉西耶夫（В. Г. Власьев）的意见，全部 7 型驱逐舰在牺牲些许机动性能的前提下增加一间固体压载舱以降低舰体稳心高度。不过即便如此，仍旧有部分官兵反映舰身存有摇摆晃动的情况。

这批设计存有缺陷的驱逐舰在卫国战争开始后便暴露出了更加致命的问题，那就是防空火力严重不足。鉴于德军在战争初期压倒性的空中优势，损失严重的苏联人于是从 1942 年起拆除了原先的 45 毫米高炮，换装新型的 37 毫米自动高炮和数挺 12.7 毫米防空机枪，部分舰船在舰尾额外安装一门 37 毫米或 76.2 毫米高炮；此外还增装了两座深弹投射器。在战争后期，部分舰只还加装了英美盟军提供的雷达和反潜设备。但即便如此，在卫国战争中该级战舰的损失近乎惨

重，除去在太平洋地区因为战事寥寥而碌碌无为的九艘战舰之外，其余的十九艘"愤怒"级战舰可谓九死一生：至二战欧洲战场结束时共有十艘被击沉，多数是遭遇德军空袭和触雷所致。

很多人或许不知道，7 型驱逐舰为新中国海军的发展建设也做出了一定贡献。1952 年 4 月底，时任中国人民解放军海军司令员的萧劲光亲赴莫斯科同苏方商讨一揽子海军装备购买计划，苏联方面原则上同意对华出售岸炮、鱼雷及教练机等军用设备，但却婉拒了中方提出的驱逐舰购买意愿。为迅速充实尚显孱弱的新中国海军队伍，毛泽东不惜两次致电斯大林，希望苏方以两国战略合作的角度加以考虑，允许出售驱逐舰。苏方最终做出让步，但却开价颇高，双方在经过了多轮讨价还价之后最终于 1953 年 6 月初达成协议，由中方出资购买苏联太平洋舰队四艘 7 型驱逐舰（包括交付前的必要维修检查工作），单艘费用等值于 1949 年国际市场上 17 吨黄金的价格。"凛冽"号和"剧烈"号于 1954 年 10 月初驶离符拉迪沃斯托克港并于一周后抵达青岛，中苏两方随后在港口内完成了交接手续，这两艘驱逐舰也随后被分别命名为"鞍山"号和"旅顺"号；次年 6 月剩余两艘"果敢"号和"勤恳"号也一起驶入青岛港，后分别被命名为"长春"号和"太原"号；而这四艘驱逐舰也被很多资料统称为"鞍山"级驱逐舰。

俄文舰名	译名	建造编号	建造船厂	开工日期	下水日期	服役日期	隶属舰队
Гневный	愤怒	501	日丹诺夫	1935.11.27	1936.07.13	1938.10.30	波罗的海舰队
Грозный	威严	502	日丹诺夫	1935.12.21	1936.07.31	1938.12.09	波罗的海舰队 / 北方舰队
Громкий	洪亮	503	日丹诺夫 / 奥尔忠尼启则	1936.04.29	1936.12.06	1938.12.31	波罗的海舰队 / 北方舰队
Грозящий	威胁	513	日丹诺夫	1936.06.18	1937.01.05	1939.09.17	波罗的海舰队
Гордый	自豪	514	日丹诺夫	1936.06.25	1937.06.10	1938.12.31	波罗的海舰队
Гремящий	轰雷	515	日丹诺夫	1936.07.23	1937.08.12	1938.08.28	波罗的海舰队 / 北方舰队
Стерегущий	守护	516	奥尔忠尼启则	1936.08.12	1938.01.18	1939.10.30	波罗的海舰队
Стремительный	神速	291	奥尔忠尼启则	1936.08.22	1937.02.03	1938.11.18	波罗的海舰队 / 北方舰队
Сокрушительный	歼击	292	奥尔忠尼启则	1936.10.29	1937.08.23	1939.08.13	波罗的海舰队 / 北方舰队
Сметливый	敏捷	294	奥尔忠尼启则	1936.09.17	1937.07.16	1938.12.12	波罗的海舰队
Ловкий	机灵	295	奥尔忠尼启则	1936.09.17	—	—	太平洋舰队（取消）
Легкий	轻盈	296	马蒂 / 远东	1936.10.16	—	—	太平洋舰队（取消）
Резвый	淘气	228	马蒂 / 列宁共青团	1935.11.05	1937.09.24	1940.01.24	太平洋舰队
Решительный	果敢	229	马蒂 / 列宁共青团	1935.11.05	1937.10.18	1941.08.26	太平洋舰队
Расторопный	机敏	312	马蒂 / 远东	1936.02.27	1938.06.25	1940.01.05	太平洋舰队
Разящий	打击	313	马蒂	1936.02.27	1938.03.24	1940.12.20	太平洋舰队
Бодрый	朝气	314	马蒂 / 远东	1935.12.31	1936.08.01	1938.11.06	黑海舰队
Рьяный	勤勉	315	马蒂 / 远东	1935.12.31	1937.05.31	1939.08.17	太平洋舰队
Резкий	剧烈	319	马蒂	1936.05.05	1940.04.29	1942.08.01	太平洋舰队
Быстрый	迅速	320	马蒂	1936.04.17	1936.11.05	1939.01.27	黑海舰队
Бойкий	活泼	321	马蒂	1936.04.17	1936.12.29	1939.03.09	黑海舰队
Беспощадный	无情	322	马蒂 / 列宁共青团	1936.05.15	1936.12.05	1939.08.22	黑海舰队
Ретивый	勤恳	323	马蒂 / 列宁共青团	1936.08.23	1939.09.29	1941.10.10	太平洋舰队
Ревностный	热心	325	马蒂 / 列宁共青团	1936.08.23	1941.05.22	1941.11.28	太平洋舰队
Разъяренный	暴怒	326	马蒂 / 远东	1936.09.15	1941.05.22	1941.11.27	太平洋舰队 / 北方舰队
Рекордный	凛冽	327	马蒂 / 列宁共青团	1936.09.25	1939.04.06	1941.01.9	太平洋舰队
Редкий	稀少	328	61 公社社员	1936.09.28	1941.09.28	1942.11.29	太平洋舰队
Безупречный	无瑕	1069	61 公社社员	1936.08.23	1937.06.23	1939.10.02	黑海舰队
Бдительный	警惕	1070	61 公社社员	1936.08.23	1937.06.23	1939.10.02	黑海舰队
Бурный	暴风	1071	61 公社社员	1936.08.17	—	—	黑海舰队（取消）
Боевой	战斗	1072	61 公社社员 / 远东	1936.08.17	—	—	黑海舰队（取消）
Разумный	理智	1075	61 公社社员	1936.07.07	1939.06.30	1941.10.20	太平洋舰队 / 北方舰队
Пронзительный	尖锐	1079	61 公社社员	1936.10.15	—	—	太平洋舰队（取消）
Поражающий	吃惊	1080	马蒂 / 列宁共青团	1936.12.25	—	—	太平洋舰队（取消）

基本技术性能	
基本尺寸	舰长 112.5 米，舰宽 10.2 米，吃水 3.1 米
排水量	标准 1500 吨 / 满载 2400 吨
最大航速	38.6 节
巡航能力	2500 海里 / 19 节
动力配置	2 台 2 轴 ГТЗА-24 减速齿轮汽轮机，3 座 50500 马力 КВ 锅炉
电力设备	3 台 ПСТ-30/14 涡轮发电机（150 千瓦），2 台 ПН-2Ф 柴油发电机（66 千瓦）
最大载油量	505 吨
武器配置	4×130 毫米 Б-13 火炮，2×76.2 毫米 34К 防空炮，2×45 毫米 21К 防空炮（№319、328 为 3×37 毫米 70К 型），2×533 毫米 39-Ю 三联鱼雷发射管，2×12.7 毫米 ДШК 防空机枪（№319、328 为 4 挺），1×Б-1 深水炸弹投放器，1×М-1 深水炸弹投放器，58 颗 КБ-3 型水雷（或 65 颗 1926 型）
辅助配置	"米纳"火炮射击指挥仪，"米纳"鱼雷射击指挥仪，"大角星"水声站，КДП-4 测距指挥台，ДМ-3 测距仪
导航设备	1×"航向-1"电罗经，3×127 毫米磁罗经，1×"弧度-К"无线测向仪，1×ГО-3 测程仪，1×ЭЛ 测深仪
通讯设备	"暴风-М"发报器，"暴雪"接收器，"突击"超高频双向收发器
人员编制	173 名舰员 +15 名军官

▲ 恶劣天气下航行的"警惕"号。7型驱逐舰尽管借鉴了意大利人造舰的很多优点，但却严重疏忽了甲板防浪、结构强度与航行重心稳定等细节技术问题。

"愤怒"号

编入波罗的海舰队不久就参加了苏芬战争。1941年6月23日在芬兰湾触雷后严重受损，最终被"高尔基"号击沉。

▲ 刚服役不久的"愤怒"号，照片摄于1938年底。

1942 年的"轰雷"号

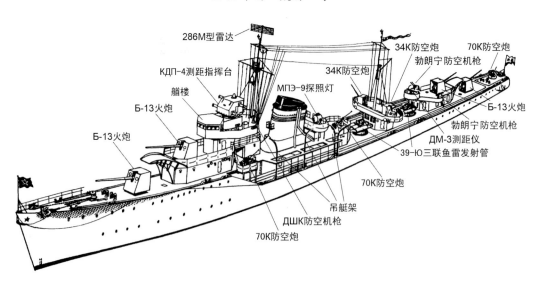

286M型雷达

КДП-4测距指挥台

艏楼

Б-13火炮

Б-13火炮

34K防空炮

МПЭ-9探照灯

34K防空炮

勃朗宁防空机枪

70K防空炮

Б-13火炮

勃朗宁防空机枪

ДМ-3测距仪

39-Ю三联鱼雷发射管

70K防空炮

吊艇架

ДШК防空机枪

70K防空炮

▲ 停靠在港口内的"轰雷"号，照片摄于1942年。作为整个愤怒级驱逐舰中最为成功的一艘，该舰在卫国战争中共参加过90次行动，完成63支船队的护送任务，击落14架、击伤20架敌机并击沉1艘、击伤2艘德军潜艇。1945年7月8日该舰首任舰长安东·古林（А. И. Гурин）被授予苏联英雄称号。

"轰雷"号

曾参加过苏芬战争并负责巡逻警戒和运送兵员之用。苏德战争爆发后的第二天调往旺伽基地加入北方舰队并在首次作战行动中就成功地将"莫斯科代表"号和"齐奥尔科夫斯基"号运输舰护送至目的地季托夫卡。1941年11月和"洪亮"号前往挪威瓦尔德岛外海配合英军"肯尼亚"号巡洋舰为首的舰队对岛上的德军阵地实施炮击。从1942年1月起的近七个月里曾先后护送盟军支援苏联的QP-6、QP-9、PQ-13等七支船队直至摩尔曼斯克港并在1942年3月30日

的护航途中击沉德军U-585号潜艇，但在行动中该舰也多次被德军轰炸机和潜艇击伤。1943年1月3日被授予近卫舰艇称号。4月底在摩尔曼斯克港完成大修工作后重回战场并继续负责护航盟军运输队。1944年10月26日在配合"巴库"号驱逐领舰对瓦尔德岛上德军火炮阵地的攻击行动中被德军火炮击伤；之后再未参与过任何行动。1945年1月开始长达五年的第二次大修工作。1955年9月被用作苏联核试验用船；第二年4月3日退役后改装为核试验船 OC-5 使用；

1958年3月1日退出海军序列并最终除籍。

"洪亮"号

1938年12月底进入波罗的海舰队服役，1939年7月被调往北方舰队。1941年9月参加了对挪威瓦尔德岛上德军阵地发动的攻击行动。1942年3月在护航行动中一座动力锅炉突然发生机械故障，加之德军轰炸机的不断袭扰，仍成功撤回摩尔曼斯克港；3月30日刚刚复出的"洪亮"号就在另一次护航行动中被Ju-88扔下的一颗炸弹直接命中；5月6日又在沿岸炮击中被德军火炮击伤。接二连三的打击让该舰不得不在10月初驶往阿尔汉格尔斯克红色工厂进行彻底修复；之后继续负责船队的护航任务。1944年10月配合苏军在佩特萨莫-希尔克内斯一带的登陆战役。1945年3月6日驱逐舰被授予红旗勋章。1948年6月26日重新编入波罗的海舰队下的第八舰队。1958年4月18日退役后被改建为目标舰 ЦЛ-74。1960年9月15日退出海军作战序列并最终除籍。

◀ "洪亮"号舯部特写，照片摄于1942年。

▲ 准备从波利亚尔内港出海的"威严"号，照片摄于1942年。

"威严"号

1938年12月编入波罗的海舰队服役，不过很快在1939年7月就被重新调往北方舰队。1940年4月1日在摩尔曼斯克接受例行大修直至苏德战争开始后的一周才重返舰队，后主要负责在白海海域的布雷任务。1942年1月开始负责护送运输任务，由于在行动中多次遭到德军的空袭，3月20日在护送"尤卡吉尔人"号（Юкагир）油轮进入摩尔曼斯克港口之后随即接受大修。在接受锅炉舱室的改建之后，该舰于1943年4月重回战场。直至二战结束该舰一共完成了60余次作战任务，航行里程超过3.5万海里，共击落了6架轰炸机。1945年3月6日被授予红旗勋章。1948年3月至1954年12月该舰接受了彻底大修工作。1956年2月17日退役并于十个月后改装为核试验船OC-3使用；1957年10月作为研究核试验的靶舰被击沉在新地岛试验场附近海域。

"神速"号

1938年11月加入波罗的海舰队，一年半之后被调往北方舰队。1941年7月20日在叶卡捷琳斯卡娅湾被德国空军第三十轰炸机联队的Ju-88轰炸机炸沉，舰上包括政委瓦西里·洛博坚科（В. М. Лободенко）在内的109人当场阵亡。1942年4月该舰部分残骸被打捞起来并被拖往摩尔曼斯克，损毁不太严重的船尾部分在重新修理后被使用在了"暴怒"号上。

▲ 在北极圈附近执行任务的"威严"号，照片摄于1942年。注意两门34K防空炮远处的"勃朗宁"防空机枪。

▲ 刚进入服役的"神速"号，照片摄于 1938 年。

▼ 苏芬战争中的"自豪"号。

"自豪"号

在苏芬战争中负责巡逻任务。苏德战争开始后负责苏军兵员从塔林撤退的运送工作。8 月 28 日在运送任务中触碰德军布设的水雷而严重受损。在拖往喀琅施塔得进入大修期间也不断地遭到德军机群的轰炸并在空袭中再次遭到重创。11 月 13 日基本修复的"自豪"号和"严酷"号驱逐舰、"乌拉尔"号布雷舰以及数艘拖网船在驶往汉科半岛运送驻地苏军撤离的途中误入德军布设的水雷阵而最终触雷沉没，船上只有 76 人最终获救。

"敏捷"号

在苏芬战争中负责巡逻任务。苏德战争开始后主要负责在里加湾入海口的布雷任务。1941 年 9 月随大部队撤至喀琅施塔得并作为浮动炮台对德军地面的推进部队实施炮击。10 月底参加了汉科半岛上苏军的撤离工作，但在 11 月 4 日的返航途中不幸三次触雷并最终沉没，最终只有 350 余人被成功搭救（包括 80 名船员）。

"守护"号

在苏芬战争中负责巡逻任务。1941 年 7 月底参加了苏军从塔林向喀琅施塔得撤退的行动。1941 年 9 月起参加了列宁格勒的防御工作；9 月 21 日在喀琅施塔得港口外遭到德军第二俯冲轰炸机联队机群的攻击，该舰三次被炸弹直接击中而最终沉没。1944 年 7 月该舰被重新打捞起来并接受彻底整修；1948 年重新编入海军服役。1958

年 1 月底被最终除籍。

"威胁"号

在苏芬战争中负责巡逻任务并曾俘获了芬兰人的一艘炮艇。苏德战争开始后负责在里加湾入海口进行布雷任务。9 月初抵达奥拉宁鲍姆港口并配合陆军部队对德军阵地实施了炮击。之后该舰始终在喀琅施塔得负责为地面部队提供火力支援的任务。1944 年 1 月在苏军的反攻行动中为向克拉斯诺谢斯克一带攻击的苏军提供了火力支援。1946 年 2 月 15 日编入第四舰队；1948 年 12 月 4 日转入第八舰队；1949 年 11 月进入封存状态。1952 年 6 月底开始接受大修，但因修理工作量较大而于 1953 年 8 月 24 日从海军序列中退出并遭除籍。

▲ 在近三年的蛰伏之后，"威胁"号最终驶出喀琅施塔得为苏军的反攻行动提供火力支援，照片摄于 1944 年初。请注意舰艉处增加的 34K 防空炮。

▲ "无瑕"号艇端特写。

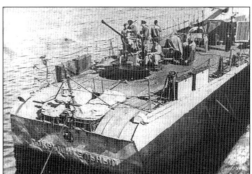

▲ "歼击"号艉部特写，照片摄于 1942 年。注意为防止德机空袭，包括该舰在内的很多 7 型驱逐舰在艉部都安装了一门 70K 防空炮。

"歼击"号

1939 年 8 月编入波罗的海舰队服役，不过三个月后就被重新调往北方舰队。苏德战争开始后主要配合"威严"号负责在白海海域的布雷任务。1941 年 12 月底配合英军"肯特"号巡洋舰为首的攻击舰队对瓦尔德 - 希尔克内斯一带的巡逻狩猎任务，不过并未获得多大战果。之后该舰多次完成了船队的护航工作。11 月 20 日在护航 QP-15 船队时因天气恶劣而断成两截，不久后沉没。

"无瑕"号

苏德战争开始后参加了支援苏军在格里戈利耶夫卡的登陆行动，但在行动中遭遇德机空袭而受损。

1942 年 1 月重回战场并参加了苏军在苏达克地区的登陆作战；一个月后又参加了对弗拉迪斯拉沃夫以及附近区域德军阵地的沿岸炮击行动。6 月 26 日该舰在克里米亚外海被德国空军 Ju-88 机群炸沉，包括舰长布里亚克（П. М. Буряк）在内的全舰官兵除三人获救以外全部阵亡。

"迅速"号

1941 年 7 月 1 日下午 2 时左右，该舰在驶出塞瓦斯托波尔后不久就触到德国空军投放的磁性水雷而沉没，爆炸导致 24 名舰员阵亡，包括舰长谢尔盖耶夫（С. М. Сергеев）在内的 81 人受伤。该舰后于 7 月 13 日被打捞上岸，但由于彻底断裂的舰艇部分会让修理工作变得十分漫长，苏联人于是仅从舰上拆下炮塔并将其使用在"无情"号上。

▼ 就在"迅速"号被打捞上岸的当天，黑海舰队司令奥克加博尔斯基就对该舰进行了检查并对部下私下表示，修理工作将十分艰难。由于爆炸部位十分接近机舱位置，且巨大的爆炸当场就在右舷位置炸出了一个 5.1 米 ×3.5 米的巨大裂口，这艘驱逐舰的动力装置其实在 7 月 1 日当天就已经基本报废了；更为糟糕的是，灌满海水的舰艇部分在打捞过程中由于不堪重负而彻底断裂——而这种情况其实只是 7 型驱逐舰脆弱舰体结构的一个缩影。

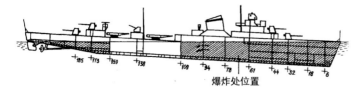

爆炸处位置

"活泼"号近照，照片摄于1941年。

▲ 停靠在波季港的"活泼"号。

"活泼"号

卫国战争开始之后的 8 ~ 9 月期间成功地护送了 13 艘兵船，共计 1100 余人和 320 吨弹药并同"无情"号和"无瑕"号一起参加了支援苏军在格里戈利耶夫卡的登陆行动。12 月底参加了苏军的刻赤 – 费奥多西亚登陆战役；1942 年 2 月在行动中遭遇风暴而损毁严重。10 月初重回前线的"活泼"号参加了对雅尔塔的炮击行动并在 12 月初参与了对罗马尼亚蛇岛沿岸敌舰的一次防御性突击，不过效果不佳。1943 年 2 月 27 日被授予红旗勋章。由于"哈尔科夫"号驱逐领舰被击沉，苏联海军开始谨慎对待驱逐舰的使用，该舰的行动次数因此骤减。从 1948 年 2 月起开始了长达三年的修理工作。1956 年 2 月 17 日退役并归为拖引船使用；1958 年 3 月 11 日退出海军作战序列并遭除籍。

▲ 在外瓦斯托波尔港外准备阅舰式的"活泼"号，照片摄于 1945 年 5 月。

▲ 停靠在塞瓦斯托波尔港内的"朝气"号，照片摄于 1940 年。

"朝气"号

苏德战争爆发之初主要负责布雷任务，1941 年 8 月参加了敖德萨防御战为地面部队运送兵员并提供有效的火力支援。9 月 9 日被敌军炮火直接击中，部分舰上建筑全毁。但由于战事紧迫，该舰直到六天后才前往塞瓦斯托波尔进行修理。1941 年 12 月参加了塞瓦斯托波尔防卫战并在刻赤－费奥多西亚登陆战役中将 340 名士兵、6 门反坦克炮和 35 吨弹药送上滩头阵地。1942 年 7 月 16 日在德机对波季附近的空袭中被严重炸伤；直到 1944 年年底才重新投入战斗。1956 年 2 月 17 日退役后改装为目标舰 ЦЛ-3；1959 年 10 月 13 日成为训练舰 УТС-8。1962 年 2 月初改造成靶舰，后被击沉在坚德洛夫斯基海角附近。

"无情"号

1940 年曾和"莫斯科"号驱逐领舰一起出访伊斯坦布尔。苏德战争开始后主要负责布雷任务。1941 年 9 月在格里戈利耶夫卡的登陆行动中被德军斯图卡严重击伤，在坚持作战了几天之后返回塞瓦斯托波尔进行修理。1942 年 4 月被授予红旗勋章。12 月初和"活泼"号参与了对罗马尼亚蛇岛沿岸敌舰进行防御性突击行动。1943 年 10 月 6 日在克里米亚外海被德军斯图卡轰炸机投下的四颗炸弹击中而沉没，同时被炸沉的还有"哈尔科夫"号驱逐领舰和"才能"号驱逐舰。

▲ 战斗中的"无情"号，照片摄于 1943 年。

"朝气"号舰桥特写。

▲ 二战爆发后不久的"警惕"号。

"警惕"号

　　1942 年 4 月在护送"斯瓦涅季"号（Сванетию）医疗救护船时遭到德军轰炸机的两轮空袭，该舰被严重击伤。7 月 2 日在新罗西斯克附近海域被德国空军第一百轰炸机联队的 He-111 炸沉。

"果敢"号

　　1938 年 11 月 8 日在运往远东船厂的途中遭遇风暴而完全损毁，后重建一艘并于 1941 年 8 月加入太平洋舰队，整个二战期间表现平平。1955 年被移交给中国人民解放军海军并重新命名为"长春"号。

"暴怒"号

　　1941 年 12 月加入太平洋舰队并于 1942 年 7 月被调往北方舰队。由于在行驶途中受损严重，该舰直到 1943 年初才修复正式投入使用。然而北冰洋恶劣的环境让该舰再次受损；修理工作直到 7 月底才得以完成。1944 年参加了佩特萨莫 - 希尔克内斯一带的登陆战役。1945 年 1 月在拖拽途中被德军 U-293 号潜艇击伤。修理工作一直到 1946 年才得以完成。1956 年 2 月 17 日从海军退役，同年底改建为试验船 ОС-4。1957 年 10 月作为研究核试验的靶舰被击沉在

▶ 通过德卡斯特瑞湾支援北方舰队的"暴怒"号，照片摄于 1942 年 7 月。注意左边第三位就是该舰舰长尼科尔斯基（Н. И. Никольский）。

新地岛核试验场附近的海域。

"理智"号

由于远东地区苏联战事寥寥，该舰于 1942 年 6 月被调往北方舰队。1943 年 1 月 20 日与"巴库"号驱逐领舰等组成特遣舰队成功地攻击了德军的一支运输船队。4 月初在摩尔曼斯克码头附近遭到德军轰炸机空袭而受损。1944 年 10 月 26 日参加了对瓦尔德岛上德军火炮阵地的攻击行动。战后该舰继续在海军服役直至 1954 年；1960 年 2 月 6 日从海军退役并被改建为目标舰 ЦЛ-29；同年 9 月成为浮动营房 ПКЗ-3。1962 年 7 月 4 日退出海军作战序列但三个月后重新作为靶舰 СМ-14 使用。1963 年 5 月 4 日最终从海军除籍。

"机敏"号

1940 年 1 月加入太平洋舰队。1956 年 2 月从海军退役后根据 62А 工程改建成救难净化船 СДК-12。1963 年 9 月作为目标舰 ЦЛ-1 使用。1965 年 8 月最终被海军除籍。

"打击"号

1940 年 12 月加入太平洋舰队。1958 年 4 月 18 日从海军退役，后成为目标舰 ЦЛ-39；1961 年 9 月被击沉。

▲ 驶抵北莫尔斯克港内的"理智"号。

▲ "理智"号舯部特写，照片摄于 1949 年。

▼ "理智"号艏部特写，注意前桅上已加装了美制 SL 型雷达。

▲ 停泊在符拉迪沃斯托克港内的"淘气"号，照片摄于 1940 年。

"凛冽"号

1941年1月加入太平洋舰队。1955年被移交给中国人民解放军海军并重新命名为"鞍山"号。

"淘气"号

1940年1月加入太平洋舰队。1958年3月最终被海军除籍。

"勤恳"号

1941年10月加入太平洋舰队。1955年被移交给中国人民解放军海军并重新命名为"太原"号。

"热心"号

1941年5月加入太平洋舰队，后在对日作战行动中负责为真冈地区的苏军运输舰只提供护航。1958年4月18日从海军退役，后成为目标舰 ЦЛ-37；1959年1月成为训练舰 УТС-88。1961年2月28日退出作战序列并遭除籍。

"剧烈"号

1942年8月加入太平洋舰队。1955年被移交给中国人民解放军海军并重新命名为"抚顺"号。

"勤勉"号

1939年8月加入太平洋舰队。1958年4月18日从海军退役后成为目标舰 ЦЛ-33。1961年1月被作为靶舰击沉在日本海附近海域。

"稀少"号

1942年11月加入太平洋舰队。1958年4月18日从海军退役后成为目标舰 ЦЛ-38。1961年2月最终除籍。

▲ 停泊在金角湾内的"剧烈"号（左）和"凛冽"号。

▲ 加入解放军海军之后的"鞍山"号驱逐舰。

▲ 加入解放军海军的"抚顺"号驱逐舰。

▲ 现停泊于大连舰艇学院用作教学用途的"太原"号驱逐舰。

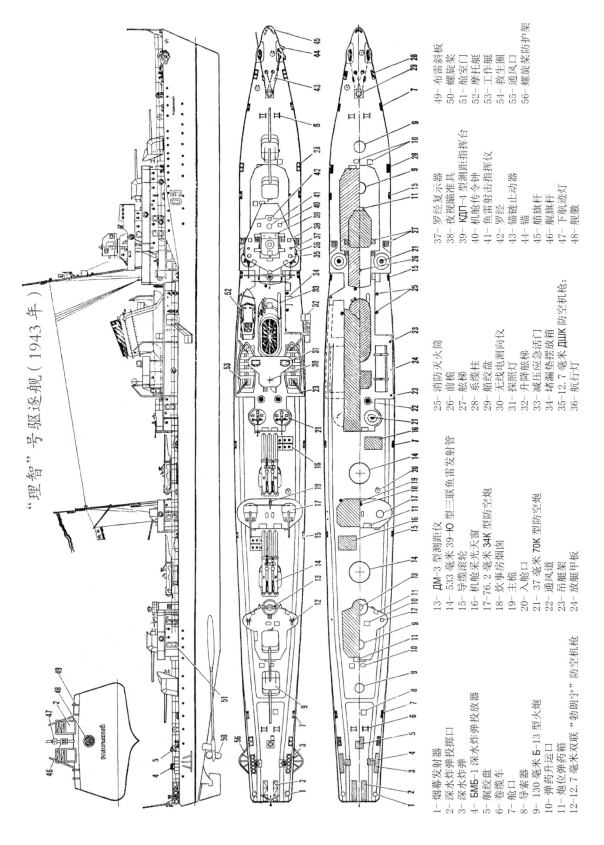

"理智"号驱逐舰（1943年）

1- 烟幕发射器
2- 深水炸弹投掷口
3- 深水炸弹
4- БМБ-1 深水炸弹发放器
5- 舵绞盘
6- 卷缆车
7- 舱口器
8- 号索器
9- 130 毫米 Б-13 型火炮
10- 弹药升运口
11- 炮位弹药箱
12-12.7 毫米双联 "勃朗宁" 防空机枪

13- ДМ-3 型测距仪
14- 533 毫米 39-Ю 型三联鱼雷发射管
15- 导缆滚轮
16- 机舱采光天窗
17-76.2 毫米 34K 型防空炮
18- 炊事房烟囱
19- 主桅
20- 入舱口
21- 37 毫米 70K 型防空炮
22- 通风道
23- 吊艇架
24- 放艇甲板

25- 消防灭火筒
26- 前桅
27- 舷梯
28- 系缆柱
29- 舵绞盘
30- 无线电测向仪
31- 探照灯
32- 升降舷梯
33- 减压应急活门
34- 堵漏垫摆放箱
35-12.7 毫米 ДШК 防空机枪:
36- 航行灯

37- 罗经复示器
38- 夜视瞄准具
39- КДП-4 型测距指挥台
40- 机舱传令钟
41- 鱼雷射击指挥仪
42- 罗经
43- 锚链止动器
44- 锚
45- 舰旗杆
46- 舰旗杆
47- 下航逆灯
48- 舰徽

49- 布雷斜板
50- 螺旋桨
51- 舱室门
52- 摩托艇
53- 工作艇
54- 救生圈
55- 通风口
56- 螺旋桨防护架

7 型驱逐舰

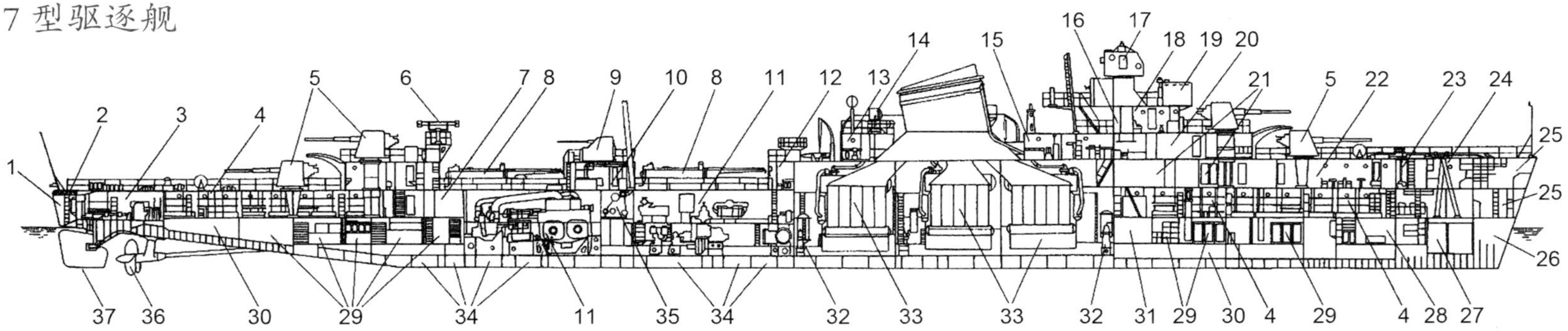

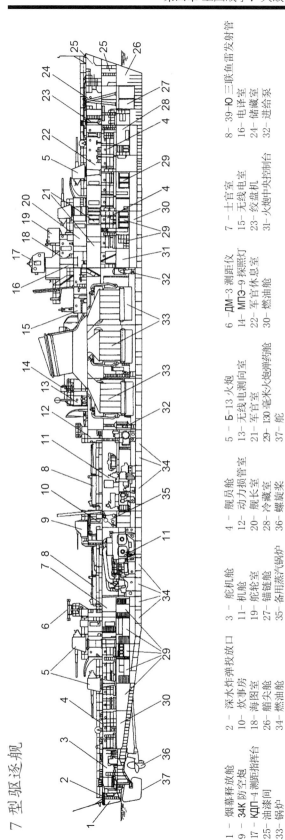

1 － 烟幕释放舱
2 － 深水炸弹投放口
3 － 舵机舱
4 － 舰员舱
5 － Б-13 火炮
6 －ДМ-3 测距仪
7 － 士官室
8－ 39-Ю 三联鱼雷发射管
9 － 34К 防空炮
10－ 炊事房
11－ 机舱
12－ 动力损管室
13－ 无线电测向室
14－ МПЭ-9 探照灯
15－ 无线电室
16－ 电译室
17 － КДП-4 测距指挥台
18－ 海图室
19－ 舵轮室
20－ 舰长室
21－ 军官室
22－ 军官休息室
23－ 绞盘机
24－ 储藏室
25－ 油漆间
26－ 艏尖舱
27－ 锚链舱
28－ 冷藏室
29－ 130 毫米火炮弹药舱
30－ 燃油舱
31－ 火炮中央控制台
32－ 进给泵
33－ 锅炉
34－ 燃油舱
35－ 备用蒸汽锅炉
36－ 螺旋桨
37－ 舵

武器配置改进情况

1941 年（轰雷、威严、洪亮、歼击）：+2×37 毫米 70K 防空炮

1942 年（勤勉、守护、机敏、剧烈、打击、凛冽、果敢、勤恳、理智、热心、暴怒）：−2×45 毫米 21K 防空炮；+3×37 毫米 70K 防空炮，2×12.7 毫米双联“勃朗宁”防空机枪，2×БМБ-1 深水炸弹投掷器

1942 年（朝气、迅速、活泼、无瑕、无情、警惕、威胁）：−2×45 毫米 21K 防空炮；+3×37 毫米 70K 防空炮，2×БМБ-1 深水炸弹投掷器

1942 年（轰雷、威严、洪亮、歼击）：−2×45 毫米 21K 防空炮；+2×37 毫米 70K 防空炮，2×12.7 毫米双联“勃朗宁”防空机枪，2×БМБ-1 深水炸弹投掷器

1943 年（理智、暴怒、活泼、朝气）：+4×37 毫米 70K 防空炮，2×12.7 毫米双联“勃朗宁”防空机枪

1943 年（威胁）：+1×76.2 毫米 34K 防空炮，1×37 毫米 70K 防空炮，1×12.7 毫米双联“勃朗宁”防空机枪，1×20 毫米“厄利孔”机炮

1944 年（威胁）：−1×20 毫米“厄利孔”机炮；+2×37 毫米 70K 防空炮

1945 年（勤勉、机敏、淘气、打击、凛冽、果敢、勤恳、热心、剧烈、稀少）：+2×37 毫米 70K 防空炮，2×12.7 毫米 ДШК 防空机枪

1949～1957 年（轰雷、勤勉、打击、机敏、凛冽、热心、果敢、威严、勤恳、剧烈、洪亮、理智）：−4×37 毫米 70K 防空炮，1×Б-1 深水炸弹投放器，1×М-1 深水炸弹投放器；+4×37 毫米 В-11 双联防空炮，2×БМБ-1 深水炸弹投掷器

"前哨"级（Сторожевой）驱逐舰

在愤怒级的建造与试航过程中，海军官兵曾经多次向中央设计局反映该级驱逐舰在高速航行中存在舰体摇晃的现象，而机舱部位也经常伴随着强烈的振动，严重时甚至造成过推进器桨叶断裂的情况。设计局方面虽然针对这个问题适当地对动力机械装置布局做了调整，但却治标不治本，问题始终没能彻底解决。但伊比利亚半岛的一次战事却意外地触及了苏联高层的神经：1937年5月13日，正参加西班牙内战的英国皇家海军H级"猎手"号（HMS Hunter）驱逐舰在阿尔梅里亚附近海域执行巡逻警戒任务时不幸触到由西班牙国民军两艘鱼雷快艇"方阵"号（Falange）和"拥皇者"号（Requeté）所布设的水雷，威力不算巨大的爆炸却造成了"猎手"号前部锅炉舱被全部炸毁；由于动力全失，"猎手"号不得不被"亥伯龙神"号（HMS Hyperion）拖回港口并几经周转，接受了长达三个多月的彻底维修。原本和布尔什维克党人毫无相干的

一件小事却着实让他们心悸不已："猎人"号不仅没有分舱布置锅炉舱与机舱，而它的动力布置方式也与7型工程的"愤怒"级驱逐舰一模一样——布置安装主机的机舱后置安装3台锅炉的锅炉舱！这就意味着，这样的动力布局在实战中一旦遇到对方的打击，就很容易对"愤怒"级驱逐舰造成一击致命的伤害。

1937年8月，在莫斯科召开的苏联劳动与国防委员大会上这件事情被摆上了议题，作为委员会主席的斯大林对此也非常关注。由于分舱制的动力布局系统在当时一般只用在大型舰只上，所以对这种布局是否有必要重组修改存在意见迥然的对立两方。但倾向于改进的斯大林决定了意见的走势；对于"大舰队计划"始终抱守幻念的斯大林坚持认为，对于原本实力仍就不算雄厚的苏联海军来说，任何一艘作战舰只都是海军有力的武器，仅仅是因为一颗水雷或是鱼雷就能摧毁整艘军舰的情况是绝对不该发生的。在斯大林的有效提议下，委员

会最终决定改进的驱逐舰必须采用隔舱交替布置式动力设计，同时暂停7型工程全部剩余舰只的建造。

改进设计由第1中央船舶制造设计局工程师列别捷夫（Н. А. Лебедев）一手主管，"日丹诺夫"船厂工程师雅科博（О. Ф. Якоб）负责修改7型工程的原设计，重点在于加强船体结构和重新布置动力位置，改进工程编号7У（У代表字母Улучшений，意为"改进"）。但时值大清洗运动正在苏联国内如火如荼地蔓延，故此处在风口浪尖的一班设计过7型工程的骨干成员，包括设计局总负责人布热津斯基、机械制造主管斯比兰斯基、总机械工程师里姆斯基-科萨科夫和特拉金赫别尔格在内的数人都因设计工作严重失职的罪名而被发往劳改营加以改造。雅科博的修改方案基本保留了"愤怒"级的外形特征，但重新设计成传统的双烟囱外形布局。由于担心原先"愤怒"级使用的ГТЗА-24型轮机无法满足高层领导所预期的动力功率，加之哈尔科夫涡轮机厂无法在短时间内造出足够数量的配套轮机，设计者索性提出换用英国"大都市维克斯"（Metropolitan-Vickers）和"帕森斯"两家公司生产的汽轮机和锅炉作为改进设计的动力首选。这一提议很快得到同意并在1936年底经对外贸易人民委员会负责向英方采购。十五个月后两家英国公司制造的轮机及辅助设备先后运抵苏联港口，按照计划黑海地区船厂全部安装使用"帕森斯"公司的设备，而剩余的由"大都市维克斯"公司生产的轮机设备则全部交"日丹诺夫"船厂。由于额外增加了一座锅炉和一定数量的辅助机械设施，改进后的载油量反而还有所下降。在武器装备方面，"前哨"级更加侧重于防

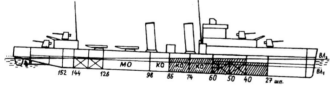

（上）"猎手"号受损示意图；（下）坐沉于阿尔梅里亚附近海域的英军"猎手"号驱逐舰。

▼ 英国皇家海军"猎手"号驱逐舰，属于H级。它的教训使得苏联人不得不重新考虑驱逐舰的安全问题。

空能力，不仅增加了数门高炮和高射机枪，同时将76.2毫米高炮安置在舰部鱼雷发射管甲板室上方的两侧以便提供更大的射界。

1938年8月底改进型工程的设计方案被最终批准，最初决定将7型工程中的全部驱逐舰进行改建，但国防工业副人民委员捷沃希扬认为全部改造不仅工程规模大、耗时广，经济费用的支出和周转也不容小觑；在他的一再建议下，委员会决议仅将十八艘刚开工没多久的7型工程舰只按新设计图纸进行重新建造，其中"日丹诺夫"船厂负责十艘、"奥尔忠尼启则"船厂完成三艘、"61公社社员船厂"建造五艘，而远东地区船厂考虑到运输不便和改造设施不够完善等原因则依旧按照7型工程进行建造。这批船只的

首舰"前哨"号于1941年4月率先交付海军服役，最终先后有十三艘加入波罗的海舰队，另外五艘则进入黑海舰队。

7У型工程的改进预算为1200万卢布，但最终苏联人却为这型驱逐舰花费了2380万卢布的费用，不过苏军水兵盼来的可并不是一型性能稳定的作战舰只：虽然舰体结构的抗击强度得到了很大程度的提高，但"前哨"级的舰体重心却显得更高，导致舰体在恶劣天气下仍旧不时出现摇晃的现象，另外原本强调的动力提升也没让士兵们觉得航速提高得有多快，实际上早在"惧怕"号进行试航工作时，苏联人就已经发现了这点。当时该舰在使用ГТЗА-24轮机进行临时航速测试时可以达到39.6节的最大航速，而换

用了英国进口设备的其余舰只所能达到的最大航速只有37.1节。另外苏联人发现进口的锅炉似乎比"愤怒"级的国产设备更加耗油，导致"前哨"级的续航能力远比"愤怒"级要差得多。而且这批舰船虽然已安装了"机械人"型（Робот）节流自动调节装置，但因为实际效果并不理想，最后舰只得由专人进行人工调节。更让苏联人挠头不已的是，内部构造更加完善的英式机械设备虽然选用质量极高的合金材料加以制造，但却对苏联海域的作战环境显得水土不服，导致在开战的第一年时间里就有一大批设备不同程度地出现了设备折损和功率下降的情况——接二连三的问题让苏联水兵失望不已，以至于他们始终自嘲地认为7У型工程中的字母У代表着俄文Ухудшенный（更差劲）或Утлый（不牢靠）。这样的揶揄并非以偏概全，因为在随后开始的卫国战争中，"前哨"级的防空火力即便得以一定程度的增强也仍旧无法有效地抵御德军轰炸机的不间断攻击，而它们也很快成了德军斯图卡战斗机和飞行员乐于拿捏的"软柿子"。与"愤怒"级同病相怜的这十八艘"前哨"级驱逐舰至战争结束时最终仅有八艘得以幸免。

7型工程和7У型工程动力布局简图

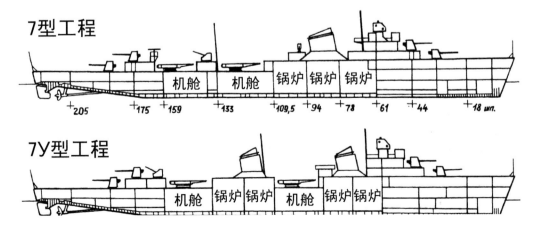

7型工程

机舱　机舱　锅炉　锅炉　锅炉

+205　+175　+159　+133　+109,5　+94　+78　+61　+44　+18 шп.

7У型工程

机舱　锅炉　锅炉　机舱　锅炉　锅炉

▲ 舯部 70K 防空炮和 21K 防空炮

▲ ДШК 防空机枪

▲ 1-H 三联鱼雷发射管

▲ 舯部特写

▲ БМБ-1 深水炸弹投放器

▲ 舯部特写

俄文舰名	译名	建造编号	建造船厂	开工日期	改建日期	下水日期	服役日期	隶属舰队
Сторожевой	前哨	517	日丹诺夫	1936.08.26	1938.01.31	1938.10.02	1940.10.06	波罗的海舰队
Стойкий	坚忍	518	日丹诺夫	1936.08.26	1938.03.31	1938.12.26	1940.10.18	波罗的海舰队
Страшный	惧怕	519	日丹诺夫	1936.08.26	1938.03.31	1939.04.08	1941.06.22	波罗的海舰队
Сильный	有力	520	日丹诺夫	1936.10.26	1938.01.31	1938.11.01	1940.10.31	波罗的海舰队
Смелый	大胆	521	日丹诺夫	1936.10.26	1938.01.31	1939.04.30	1941.05.31	波罗的海舰队
Строгий	严峻	523	日丹诺夫	1936.10.26	1938.10.26	1939.12.31	1941.09.22	波罗的海舰队
Скорый	快速	524	日丹诺夫	1936.11.29	1938.10.23	1939.07.24	1941.07.18	波罗的海舰队
Свирепый	凶猛	525	日丹诺夫	1936.11.29	1938.12.30	1939.08.28	1941.06.22	波罗的海舰队
Статный	端庄	526	日丹诺夫	1936.11.29	1938.12.26	1939.11.24	1941.07.09	波罗的海舰队
Стройный	整齐	527	日丹诺夫	1936.10.26	1938.12.29	1940.04.29	1941.09.22	波罗的海舰队
Славный	光荣	293	奥尔忠尼启则	1936.08.31	1939.01.31	1939.09.19	1941.05.31	波罗的海舰队
Суровый	严酷	297	奥尔忠尼启则	1936.10.27	1939.02.01	1939.08.05	1941.05.31	波罗的海舰队
Сердитый	暴躁	298	奥尔忠尼启则	1936.10.27	1938.10.15	1939.04.21	1940.10.15	波罗的海舰队
Совершенный	完善	1073	61 公社社员 / 远东	1936.08.23	1936.09.17	1939.02.25	1941.09.03	黑海舰队
Свободный	自由	1074	61 公社社员 / 远东	1936.08.23	1936.08.23	1939.02.25	1942.01.08	黑海舰队
Способный	才能	1076	61 公社社员	1936.07.07	1939.03.07	1939.09.30	1941.06.24	黑海舰队
Смышленый	乖巧	1077	61 公社社员	1936.10.15	1938.06.27	1939.08.26	1940.11.10	黑海舰队
Сообразительный	灵敏	1078	61 公社社员	1936.10.15	1939.03.03	1939.08.26	1941.06.24	黑海舰队

基本技术性能	
基本尺寸	舰长 112.5 米，舰宽 10.2 米，吃水 3.62 米
排水量	标准 1690 吨 / 满载 2250 吨
最大航速	36.8 节
巡航能力	1400 海里 / 19 节
动力配置	2 台 2 轴 "帕森斯" 齿轮汽轮机（或 "大都市维克斯" 型），4 座 54000 马力 "帕森斯" 锅炉（或 "大都市维克斯" 型）
电力设备	2 台 ПГ-3 涡轮发电机（200 千瓦），2 台 ПН-400 柴油发电机（96 千瓦）
最大载油量	495 吨
武器配置	4×130 毫米 Б-13 火炮，2×76.2 毫米 34K 防空炮，3×45 毫米 21K 防空炮，2×533 毫米 1-H 三联鱼雷发射管，4×12.7 毫米 ДШК 防空机枪，1×Б-1 深水炸弹投放器，1×М-1 深水炸弹投放器，60 颗 КБ-3 型水雷（或 65 颗 1926 型）
辅助配置	"米纳" 火炮 / 鱼雷射击指挥仪，"联合" 高炮射击指挥仪，"大角星" 水声站，КДП-4 测距指挥台，ДМ-3 测距仪
导航设备	1× "航向 -1" 电罗经，3×127 毫米磁罗经，1× "弧度 -K" 无线测向仪，1×ГО-3 测程仪，1×ЭМС-2 测深仪
通讯设备	暴风 -M 发报器，"暴雪" 接收器，"突击" 超高频双向收发器
人员编制	192 名舰员 +15 名军官

"前哨" 级关键肋位图

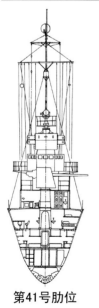

第41号肋位

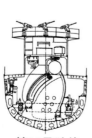

第82号肋位

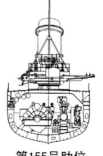

第155号肋位

第175号肋位

▲ 正在列宁格勒船舶钢缆厂码头阵地提供火力支援的"凶猛"号，照片摄于1943年。

"凶猛"号

卫国战争爆发后的第二天加入了波罗的海舰队，随后便参加了苏军撤出里加的行动并负责为"红色十月"号战列舰提供掩护，7月18日参与了对维楚岛上德军阵地的炮击行动；之后撤回喀琅施塔得继续投入战斗。10月初在空袭中被德军轰炸机炸伤；除在1943年2月期间为在克拉斯诺伯斯克地区推进的苏军提供炮火支援之外，直到1944年年初的两年多时间内，该舰的主要活动范围都集中在列宁格勒附近海域负责拦截德机或为地面部队提供炮火压制。1月底，该舰为苏军攻击夺取克拉斯诺谢斯克阵地的行动提供了火力支持，不过这也是这艘战舰在整个二战中的最后一次大型作战行动。1947年7月该舰在东德罗斯托克"海王星"船舶修理厂进行了重大改建直至1951年1月工作结束。1958年1月28日退出海军作战序列并遭除籍。

"暴躁"号

苏德战争开始后主要在里加湾和伊尔别海峡执行防御性布雷任务，7月6日在一场遭遇战中阻击了德军的MRS-11号补给舰。7月19日在攻击德军的运送船队后被德军四架Ju-88轰炸机严重炸伤，由于动力全损全船人员不得不弃舰撤离。部分残骸在1949年曾被打捞起来。

"快速"号

1941年8月28日在从塔林撤离时在尤明达海角附近触雷沉没。

▲ "凶猛"号艇部特写，照片摄于1943年。注意增加的那门34K防空炮。

▲ 战争结束后不久拍摄下的"光荣"号，注意舰部仍旧保留有一门 34K 防空炮。

"有力"号

服役不久后就成功地为"基洛夫"号巡洋舰撤离提供了掩护。7月在伊尔别海峡执行警戒任务时遭遇遇军舰队并在交战中被击伤但却最终奇迹般的得以撤离，为此舰上三名官兵卡尔波夫（В. Карпов）、亚历山大洛夫（В. Александров）和沃罗任科（И. Уложенко）都被授予红旗勋章。9月初在撤至喀琅施塔得的途中被德军轰炸机再度炸伤，之后曾经历过数次大修。1944年1月底参与了苏军攻击夺取克拉斯诺谢斯克阵地的行动；6月在维堡战役中被卡累利阿沿岸的芬兰军炮火击中而退出战斗；"有力"号被迫进行再次大修直到二战结束。1948年11月开始进行重大改建直至1954年结束。1959年2月20日从海军退役并很快被用作目标舰 ЦЛ-43。1960年1月21日退出海军作战序列并遭除籍。

"惧怕"号

1941年7月16日在帕克里角附近遭遇德军轰炸机群空袭而严重受损。被拖回港口后接受了长达半年的修理工作；之后除了参加了苏军在维堡的攻击行动之外，该舰基本停泊在列宁格勒港口内负责防空和布雷任务。1947年8月开始接受长达六年的改建工作。1958年4月18日解除武装并成为训练舰 УТС-83。1960年1月12日退出海军作战序列并遭除籍。

"光荣"号

曾和"凶猛"号参与了苏军撤出里加的行动并负责为"红色十月"号战列舰提供掩护。11月3日他在汉科半岛撤离苏联驻军的行动中被 МО-112 号炮艇认为是芬兰海军的鱼雷舰而误伤。12月中旬在负责运送了数千名苏军士兵撤离之后，开始在列宁格勒接受大修。之后该舰一直在列宁格勒和喀琅施塔得的港口内防御德军的空袭。1944年先后参加了在克拉斯诺谢斯克和维堡的苏军进攻。1947年8月开始接受改建工作并直到1955年才全部完成。1960年2月6日从海军退役后改建为目标舰 ЦЛ-44；1961年6月改为靶舰 СМ-20。1964年3月4日退出海军作战序列并遭除籍。

"大胆"号

1941年7月27日"大胆"号在伊尔别海峡被德军的 S-54 鱼雷艇严重击伤（一说是触雷受损）。后由于无法拖回而被 ТКА-73 号鱼雷艇击沉。

"乖巧"号

苏德战争爆发后的第三天就参加了对康斯坦察港口的报复性攻击行动不过并不算成功。8月至11月间先后参加了保卫敖德萨和塞瓦斯托波尔的战役。1942年3月5日在刻赤海峡附近误入水雷阵触雷受损，虽然苏军派出了"哈尔科夫"号和"塔什干"号驱逐领舰和数艘扫雷艇进行援救，但两天后该舰还是由于天气恶劣而沉没。

"完善"号

1941年9月底在塞瓦斯托波尔外海进行试航时触雷，后被拖回船厂进行修理。11月12日修理厂又遭到德军飞机轰炸而完全倾覆。1942年4月在被打捞过程中时再次受到德军炮击而被最终击沉在港口内。1945年10月该舰被打捞起来并被解体。

▲ 高速航行中的"有力"号，照片摄于1942年。注意此时舰部 34K 防空炮尚未安装。

▲ 刚进入黑海舰队服役的"乖巧"号，照片摄于 1940 年。

▲ 被德军击沉在塞瓦斯托波尔海军造船厂内的"完善"号，照片摄于 1942 年。

"才能"号

二战爆发初期主要负责运输兵员的任务。12 月 26 日参加了苏军的刻赤－费奥多西亚登陆战役；1943 年 1 月 8 日在完成了对德军沿岸阵地的炮击之后的返航途中遭遇触雷意外，整个舰艏被严重炸毁，共计 106 名官兵在爆炸中阵亡。在完成大修之后的 4 月初，该舰又被德军战机严重炸伤，86 人伤亡。10 月 6 日在费奥多西亚湾附近被德军 Ju-87 炸沉。

"灵敏"号

在加入黑海舰队的第二天就参加了攻击康斯坦察罗马尼亚海军基地的行动。8 至 10 月先后护送了数十艘运输舰（共计 4000 余人）抵达苏军前线阵地；12 月 26 日参加刻赤－费奥多西亚登陆战役并掩护了"库尔斯克"号（Курск）、"法布里丘斯"号（Фабрициус）和"赤卫"号（Красногвардеец）运输舰完成了运兵登陆的任务。1942 年 1 月参加了苏军在苏达克的登陆行动。6 月 27 日在新罗西斯克附近海域完成搭救"塔什干"号驱逐领舰的突围行动；12 月 1 日参与了炮击蛇岛的任务。1943 年 3 月 2 日被授予近卫舰艇称号。之后主要负责运输兵员和提供火力掩护等任务。1945 年 2 月初负责为雅尔塔会议提供海面安全巡逻。两周后开始接受大修并直到 1947 年 8 月才最终完成。整个二战期间该舰号完成了近 2000 次攻击，摧毁了 10 余个德军阵地和 30 余量坦克车辆并击落了 5 架轰炸机。作为"前哨"级驱逐舰中最为成功而幸运的一艘，该舰在二战期间竟无一名官兵在作战中阵亡（仅 1942 年 11 月的一起意外锅炉爆炸造成五名官兵殉职）。1956 年 3 月 20 日从海军退役，后根据 62A 工程改建成救难净化船 СДК-11；1963 年 9 月改为目标舰 ЦЛ-3。1966 年 3 月 19 日退出海军作战序列并遭除籍。曾有部分老兵提出将该舰改装作为海军博物馆的展列品，但这个提议并未得以通过。

停靠在塞瓦斯托波尔港内的"灵敏"号,照片摄于1941年开战前战前不久。

▲ 返回波季港等待大修的"才能"号（左），整个舰艉部分已被整个炸去。（右）舰艉重新准备终接的"才能"号。

▲ "灵敏"号舯部特写，注意二号烟囱两侧增设的两门70K防空炮，照片摄于1942年。

▲ 停靠在塞瓦斯托波尔港内的"灵敏"号，照片摄于1944年末。

▲ 停靠在涅瓦河边的"前哨"号，照片摄于 1945 年。注意舰艇处已临时增加一门 Б-2ЛМ 双联火炮。

▼ 停靠在塞瓦斯托波尔港内的黑海舰队驱逐舰群，由右至左依次是"灵敏"号、"火力"号（30 型首舰，下文将有介绍）和"朝气"号。照片摄于 1945 年。

"端庄"号

1941 年 8 月 18 日在月亮峡湾执行火力支援工作时不慎触雷，舰艇部分因彻底炸毁而坐沉，舰长尼古拉·阿列克谢耶夫（Н. Н. Алексеев）少校当场殉职；苏方后派出舰船进行抢救，后因天气恶劣，该舰仍在四天后沉没。

"前哨"号

1941 年 6 月 27 日凌晨在伊尔别海峡遭到德军第三鱼雷艇支队 S-31 号和 S-59 号鱼雷艇的攻击，后整个舰艇被炸毁，包括舰长伊万·罗马金（И. Ф. Ломакин）少校在内的 85 名舰员阵亡。该舰之后拖往列宁格勒港口进行修理，经过两年大改装后才重新服役，苏联人将停止建造的 30 型驱逐舰"组织"号整个舰艇部分装焊于该舰上。此后一直停泊在列宁格勒港口内负责防空任务并为苏军的地面进攻提供有限的火力支持。1956 年 2 月被降级为训练舰；1958 年 3 月 11 日退出海军作战序列并遭除籍。

▲▼ 停靠于涅瓦河畔的"德罗兹德海军中将"号，照片摄于1959年，此时该舰已接受了最后一次改进。注意前桅已加装"暗礁-1"和"三角旗-2"等雷达设备，同时原先舰桥34K防空炮已被B-11双联防空炮所取代。

▼ 停泊在南湾地区霍洛季夫尼克地区的"自由"号，照片摄于1942年4月。

"坚忍"号

1941年9月起参加了列宁格勒的防御战。11月至12月期间参加了苏军从汉科半岛撤离的护送行动。12月9日该舰撤回列宁格勒港口后开始接受大修工作。1942年4月3日被授予近卫舰艇称号。1943年2月更名为"德罗兹德海军中将"号（Вице-адмирал Дрозд）以纪念1月29日在德军对喀琅施塔得空袭中不幸阵亡的瓦连京·德罗兹德海军中将。1951年11月起接受了长达五年的改建工作。1960年2月6日从海军退役并被改建为目标舰ЦЛ-54。一年后该舰在塔兰角附近遭遇风暴沉没。

"严峻"号

和"整齐"号的经历颇为类似，它于1941年8月底在并未完全完工的情况下进入波罗的海舰队服役。整个二战期间一直停靠在列宁格勒港口边作为浮动炮台使用。1956年3月根据32A工程开始改建为救难净化船СДК-13；1963年9月改建为靶舰СМ-16。1964年6月26日退出海军作战序列并遭除籍。

"严酷"号

1941年7月下旬参加了对纳尔瓦湾口沿岸德军阵地的炮击行动。11月14日在尤明达海角附近触雷沉没。

"自由"号

1942年3月初驶抵费奥多西亚湾对德军沿岸阵地实施了突击性的攻击行动；5月27日在为"伏罗希洛夫"号巡洋舰提供护航时成功击落了德军两架He-111轰炸机。6月10日在为"阿布哈兹"号（Абхазия）运输舰的护航任务中遭遇德军Ju-88机群围攻而被击沉在塞瓦斯托波尔附近海域。1953年该舰残骸从海底被捞起并在附近的海岸边建起了一座纪念碑。

"整齐"号

1941年9月下旬由于战事匆忙和德军攻击而匆匆进入波罗的海舰队服役，不过这艘舰并未建造完毕。整个二战期间"严峻"号一直停靠在列宁格勒港口边作为浮动炮台使用。战后接受全面大修并于1956年3月根据32A工程开始改建为救难净化船СДК-10；1963年8月27日成为目标舰ЦЛ-2。1965年8月27日退出海军作战序列并遭除籍。

▲ 停靠在列宁格勒涅瓦河边的"整齐"号，照片摄于1944年1月。

1943年的"灵敏"号

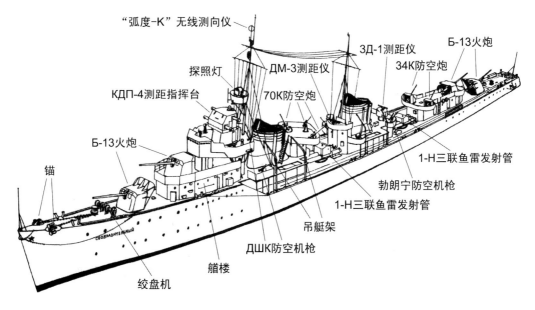

"弧度-K"无线测向仪
探照灯
КДП-4测距指挥台
ДМ-3测距仪
70K防空炮
Б-13火炮
锚
绞盘机
艉楼
ДШК防空机枪
吊艇架
1-H三联鱼雷发射管
勃朗宁防空机枪
1-H三联鱼雷发射管
3Д-1测距仪
34K防空炮
Б-13火炮

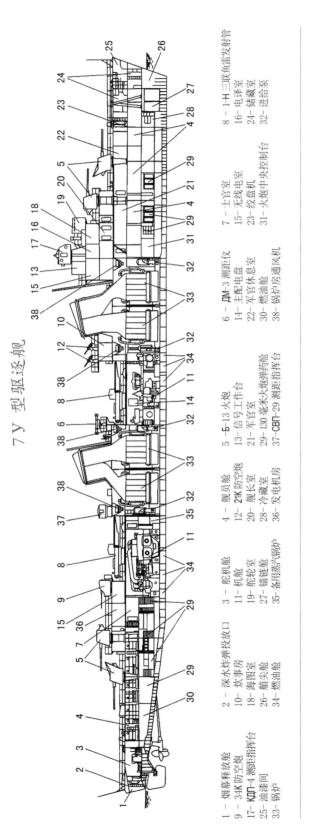

7У 型驱逐舰

1 – 烟幕释放舱
2 – 深水炸弹投放口
3 – 舵机舱
4 – 舰员舱
5 – Б-13 火炮
6 – ДМ-3 测距仪
7 – 士官室
8 – 1-Н 三联鱼雷发射管

9 – 34K 防空炮
10 – 炊事室
11 – 机舱
12 – 21K 防空炮
13 – 信号工作台
14 – 主配电盘
15 – 无线电室
16 – 电译室

17 – КДП-4 测距指挥台
18 – 海事图室
19 – 舵轮室
20 – 舵轮室
21 – 军官室
22 – 军官休息室
23 – 绞缆室
24 – 储藏室

25 – 油漆间
26 – 锚尖舱
27 – 锚链舱
28 – 冷藏室
29 – 130 毫米火炮弹药舱
30 – 燃油舱
31 – 火炮中央控制台
32 – 进给泵

33 – 锅炉
34 – 备用蒸汽锅炉
35 – 备用蒸汽锅炉
36 – 发电机房
37 – СВП-29 测距指挥台
38 – 锅炉房通风机

武器配置改进情况

1941 年（前哨，距污，光荣，严酷，才能）：+2×37 毫米 70K 防空炮
1942 年（前哨，坚忍，光荣，才能，自由）：-3×45 毫米 21K 防空炮；+2×37 毫米 70K 防空炮
1942 年（灵敏，凶猛）：-2×45 毫米 21K 防空炮；+2×37 毫米 70K 防空炮
1942 年（填冲）：-1×45 毫米 21K 防空炮；+2×37 毫米 70K 防空炮
1942 年（前哨，光荣）：-1×12.7 毫米 ДШК 防空机枪；+1×76.2 毫米 34K 防空炮，2×20 毫米 "厄利孔" 机炮，1×12.7 毫米 "马克沁" 防空机枪
1942 年（填冲，凶猛）：+1×76.2 毫米 34K 防空火炮，4×20 毫米 "厄利孔" 机炮，2×37 毫米 70K 防空炮
1943 年（前哨）：-2×130 毫米 Б-13 火炮；+1×130 毫米 Б-2ПМ 火炮，2×БМБ-1 深水炸弹投放器
1943 年（除整齐，严酷）：+5×37 毫米 70K 防空炮，2×12.7 毫米双联 "助朋宁" 防空机枪
1943 年（灵敏）：-1×45 毫米 21K 防空炮；+2×37 毫米 70K 防空炮，2×12.7 毫米双联 "助朋宁" 防空机枪
1943 年（才能）：+3×37 毫米 70K 防空炮，2×12.7 毫米双联 "助朋宁" 防空机枪
1943 年（坚忍，光荣）：-2×20 毫米 "厄利孔" 机炮，1×12.7 毫米双联 "马克沁" 机枪，+2×37 毫米 70K 防空炮
1943 年（填冲）：-4×20 毫米 "厄利孔" 机炮，1×20 毫米双联 "助朋宁" 机炮，+2×37 毫米 70K 防空炮
1943 年（凶猛）：-2×45 毫米 21K 防空炮；+2×37 毫米 70K 防空炮，1×12.7 毫米 ДШК 防空机枪
1943 年（前哨）：+1×76.2 毫米 34K 防空炮，1×37 毫米 70K 防空炮，2×37 毫米 "助朋宁" 防空机枪，1×12.7 毫米 ДШК 防空机枪，1×12.7 毫米 双联 B-11 双联防空炮
1945 年（前哨）：-2×130 毫米 Б-13 火炮；+1×130 毫米 Б-2ПМ 火炮
1946 年（灵敏）：-2×12.7 毫米双联 "助朋宁"
1947～1957 年（填冲，有力，光荣，严酷，凶猛，德罗兹德海军中将，灵敏）：-3×76.2 毫米 34K 防空炮，4×37 毫米 70K 防空炮；+4×37 毫米 B-11 双联防空炮（除前哨）

附：32A 型救援船

到了 50 年代中期，随着核弹武器技术的日趋成熟，传统的海洋作战策略也开始发生根本变化。苏联海军一方面加紧各类作战舰艇的研究力度，一方面又着手考虑一旦核战争爆发所应准备的情况。苏联人很快就发觉，尽管很多舰艇在预防核战争在设计初期就已做出了相应调整和预防，但苏联舰队里却根本没有一型能在核条件下完成辅助工作的舰只；在他们看来这将是十分危险的，因此即便自己的舰艇能从一场核打击中凯旋而归，核爆所产生的各种有害型放射型物质也将大大损害舰员的健康。考虑到重新建造一艘军用救援舰只成本颇高，故此苏联人最终打算将二战期间的 7 型和 7У 型驱逐舰加以改造，改进设计编号 32A，改进工作由第 57 中央设计局组织完成。根据苏联海军随后为该工程制定的设计目的要求，32A 型工程应该具备在核放射性或生化混合污染海域独立实施救助的辅助舰只，可以拖拽受损舰只返回港口并对遭到生、化、核污染的舰船实施有效的降解、中和或去污救助，亦能对受伤舰员进行简单的医疗救助。

1956 年 3 月，原 7У 型功勋驱逐舰"灵敏"号开始在塞瓦斯托波尔港内的"奥尔忠尼启则"船厂开始接受改进工作。按照批准的设计方案，舰桥尺寸得以加宽，并用树脂防弹挡风板进行全密封安装，通风换气口采用三层过滤装置并由专门的测试仪监视舰内环境是否超标。原舰的鱼雷发射管被全部移除，仅有的火力武器只有两座装有 АМ3-57-2 自动瞄准具的 57 毫米 ЗИФ-31БС 双联防空炮和两具 ЦОК-2 链式水雷自卫具。因其对作战要求不高，苏联人仅为该舰配备一座"缆绳-М"（Линь-М）对海搜索雷达和"基准线"（Створ）导航雷达。由于该舰属于新型舰种，苏联人还特地为该型舰取名为 Спасательно-Дезактивационный Корабль，意为"救难净化船"。

1958 年 8 月 17 日，"灵敏"号在塞瓦斯托波尔外海域通过了国家验收工作；9 月 30 日，该舰作为 32A 型工程的首舰开始正式交付服役；在"灵敏"号进行改装的同时，符拉迪沃斯托克的"远东"船厂和列宁格勒的"日丹诺夫"船厂也先后完成了"机敏"号、"严峻"号和"整齐"号的改进工作。该型舰的舷名起初打算以"救难净化船"的俄文缩写 СДК 作为开头，后决定称之为 СС（即 Спасательные Суда，"救援船"的俄文缩写）。不过由于苏联和西方国家之间并没如预料般爆发一场核战争，这批救援船更多的时间只是充当拖引船使用，自始至终也就没有任何施展屠龙之技的机会。在短短不足八年时间后，苏联人便决定停止 32A 型工程的改造工作，而先天不足的 32A 型工程也作为苏联冷战初期思维的早产儿被遗弃在苏联人长远的建船历史之中。至于这四艘舰的最终命运也是令人唏嘘不已：从 1963 年开始，已经完成的四艘驱逐舰开始陆续改装为目标舰；但在短短不足两年后，这四艘驱逐舰便开始从海军除籍。苏联人原计划将这三艘船再次改造成一艘二级作战舰艇，但由于 32A 型工程的内部改动程度很大，这一想法不得不放弃。最后这三艘舰陆续被送往因克曼港内再生金属回收加工销售总局下属的拆解泊坞开始彻底解体。值得一提的是，曾在"灵敏"号驱逐舰上服役过的诸多老兵于 1965 年 5 月苏联纪念卫国战争胜利二十周年之际向当时的海军总司令戈尔什科夫联名呈交了一份请愿书，希望保留这艘二战期间的功勋战舰，但这个要求被戈尔什科夫以养护费用过高为由而最终驳回。

基本技术性能	
基本尺寸	舰长 113.3 米，舰宽 10.2 米，吃水 4.32 米
排水量	标准 2060 吨 / 满载 2610 吨
最大航速	34.8 节
巡航能力	2200 海里 / 20 节
动力配置	2 台 2 轴"帕森斯"齿轮汽轮机，4 座 54000 马力"帕森斯"锅炉
电力设备	2 台 ТД-100 涡轮发电机（200 千瓦），2 台 ДГ-75 柴油发电机（150 千瓦）
最大载油量	475 吨
武器配置	2×57 毫米 ЗИФ-31БС 双联防空炮，2×БМБ-2 深水炸弹投掷器，2×ЦОК-2 链式水雷自卫具
舰载设备	1×КДУ-13 辐射剂量仪，1×АСОВ-1 有害颗粒浓度警示器，1×КХП 化学处理站，6×ФВУ 综合净化仪、20×Л-250 型排水抽流泵，6×ДПК 净水装置，11×КДК 金属颗粒吸附装置，6×СПС-12 大型救生筏，6×СП-10 充气救生筏
雷达设备	1×"缆绳-М"对海搜索雷达，1×"基准线"导航雷达，1×"塔米尔河-5Н"声呐
辅助配置	АМ3-57-2 自动瞄准具，"镍镉合金"敌我识别仪
导航设备	1×"航向-3"电罗经，3×127 毫米磁罗经，1×РПН-50-1 无线测向仪，1×ЛГ-50 测程仪，1×НЭЛ-5 测深仪
通讯设备	"暴风-М"发报器，"暴雪"接收器，"突击"超高频双向收发器
人员编制	129 名舰员 +10 名军官

▲ "机敏"号，摄于 1959 年。

▲ "灵敏"号，摄于 1958 年。

▲ "整齐"号。摄于 1960 年。

"熟练"级（Опытный）驱逐舰

由于受到《凡尔赛条约》限制，德国人建造的作战舰只被严格地框定在一个极低的范围之内，而德国人也不得不另辟蹊径，着手从机械动力上加以二次改进以弥补作战吨位上的严重不足；而他们设计的"瓦格纳"型（Wagner）高压重油专烧锅炉给当时的苏联专家布热津斯基，这位于 1930 年作为苏德技术交流人员前往德国实习两年的特种船舶制造设计局设计师留下了深刻的印象。1934 年已成为第 1 中央船舶制造设计局技术总管的布热津斯基根据海军整体作战思路大胆地提出一个设计思路，也就是为驱逐舰专门安装类似"瓦格纳"型锅炉以便为舰只提供更为强劲的动力。布热津斯基原本考虑从德国引进该型锅炉，但他很快就想到了完美的替代者，因为此时苏联机械锅炉设计权威拉姆辛（Л. К. Рамзин）设计完成的"拉姆辛"式盘管直流锅炉已经进入了试生产阶段；作为直流锅炉的发明者，拉姆辛设计的这种新型锅炉足够产生 75 个大气压的工作压力，而 7 型工程舰只锅炉所能产生的压力仅是前者的三分之一。

布热津斯基很快于 1934 年 5 月完成了战术技术需求书的编制工作。根据他的初步设计，该型驱逐舰将整体沿用"愤怒"级驱逐舰的 7 型工程，排水量达到 1405 吨，航速达到惊人的 44 节，即使在经济航速下亦能保证 2200 海里的续航能力，同时布热津斯基还颇具意识地采用双烟囱和交替安置锅炉与汽轮机的机械布局。新型动力装置较低的耗油量和载油量使得该舰的排水量远远低于作为样板的"愤怒"级驱逐舰，于是布热津斯基通过权衡之后决定为该舰配备三门 76.2 毫米 34K 防空炮，两门 45 毫米 21K 防空炮、两门 12.7 毫米防空机枪和两具 533 毫米三联装鱼雷发射管。不过海军参谋部对该舰提出的要求则更高：他们希望在保证这些火力的同时提高该舰的续航能力。供求双方在这一论点上始终无法达成妥协，直到 12 月底劳动与国防委员会根据联共（布）中央政治局委员会的协调意见下达第 203 号决议才得以平息；这份决议实际上就是凭借其高高在上的指挥权力将双方的观点进行了整合。随后布热津斯基根据原方案进行了修改。由于高层支持将续航能力加以提高，原先设计的载油量被提高到了 400 吨，续航能力也由此增加了近 1000 海里，但这样一来舰载武器的配置就必须进行调整。布热津斯基决定减少一座舰艏主炮，但为保证火力他将其余的三门则全部调为舰载武器科学研究所（АНИМИ）正在设计的 Б-2ЛМ 双联火炮，三门 76.2 毫米防空炮也被全部撤去，取而代之的是 45 毫米 21K 防空炮。1935 年 1 月底该设计通过了预审工作，三个月后设计方案最终通过并被正式编为 45 型工程，由于设计工作带有明显的尝试型意味，该

工程仅考虑建造一艘，其舰以苏联早期著名领导人奥尔忠尼启则之名被命名为"谢尔戈·奥尔忠尼启则"号（Серго Орджоникидзе），总耗资近 2000 万卢布。

1935 年 6 月"奥尔忠尼启则"号开始在"日丹诺夫"船厂进行建造。"奥尔忠尼启则"号尽可能地保留了"愤怒"级的外形和布局，但为了增加结构强度而采取了全焊接拼缝工作。另外由于减少了一门舰艏主炮的缘故，原先的二次炮台延伸平台建筑也被取消，而艏舰桥也由此显得比较低矮。由于是交替安置锅炉与汽轮机的机械布局，该舰的烟囱数量也增加一座，而两具四联装鱼雷发射管也安排在其前后。12 月 8 日"奥尔忠尼启则"号就进入了试航阶段，这比原计划的开始试航日期提前了足足一年时间，但随后的问题就接踵而至：由于焊接工艺水平并不先进，船体在 1936 年 5 月的进度检查中发现存在严重的结构变形情况，船厂方面不得不对部分焊缝进行重新修补；由于在设计 7 型工程时出现的重大纰漏，正在美国进行考察工作的布热津斯基于 1937 年被火速召回国内并在第二天遭到批捕；他的离去让原本就困难重重的建造工作更为雪上加霜，实际建造中所出现的种种设计问题让接替布热津斯基的设计人员头疼不已。1938 年 1 月国防工业人民委员会和海军人民委员会组成的特别监督组在建造情况进行实地落实之后要求船厂必须在 4 月底完成该舰的整体建造工作，不过这个要求最终也是一纸空文：苏联人虽然设计出了产生足够压力的锅炉，但他们的调节装置却无法稳定均匀地控制压力输配，故此他们转而向德国购买锅炉自动控制装置。但德国由于忙于军备生产而无暇顾及为

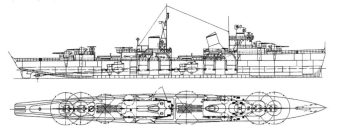

布热津斯基设计的 1410 吨级"谢尔戈·奥尔忠尼启则"号草图

外国提供机械装置，而备选方案中由中央锅炉透平研究所设计的国产控制装置也因 230 号工厂的工期延误而无法按时交付安装，以至于在 1939 年 12 月至 1940 年 8 月间的系泊试验该舰都采取了极为繁杂落后的人工操控调节；另外 Б-2ЛМ 双联火炮的设计工作也非预计那般顺利，苏联人只好决定仍使用 130 毫米单管火炮作为主炮选择；而原先希望配备的"伽利略"型火炮指挥仪和测距指挥台同样由于意方的供货中断而不得不改用 КДП-4 型测距指挥台。

到 1940 年 9 月 25 日所有设备安装已毕的"奥尔忠尼启则"号开始后续试航工作，也就在同一天，这艘命运多舛的驱逐舰也被更名为"熟练"号（Опытный 一词在俄语里亦有"试验"之意）；与其他更名舰艇有所不同的是，由于奥尔忠尼启则和斯大林闹翻并最终自杀身亡，该舰之所以要换一个名字更多地只是出于政治因素的考虑。但试航工作在 11 月底由于水面结冰而被迫停止；直到 1941 年开春已经耗时近五年的"熟练"号却仍未任何完工的迹象，所耗人力和物力远远超出预算指标，船厂工人甚至根据该舰的建造编号嘲讽地称其为"五百大洋"（Золотая Пятисотка）。

人民委员会再也按捺不住了，他们要求设计修改工作在 1941 年 5 月前必须完成，第二年 8 月中旬前船厂完成试航并交付海军使用。海军人民委员会为此任命海军少将工程师迪米特里耶夫（К. Г. Дмитриев）组成专项处理小组负责解决，其他成员还包括已被任命为"熟练"号舰长的沙尼科夫（Д. П. Шаников）中校和第 45 中央科学研究所的设计师古宾（М. А. Губин）与机械工程师诺金 В. В. Ногин，但随着苏德战争爆发，建造改进工作也变得愈发困难起来。7 月底"熟练"号重新开始试航工作，但实际功率却只有 40000 余马力，最大航速也只有 25 节。但为抵御德军的不断攻势，波罗的海舰队仍将该舰编入并将其作为浮动炮台提供远程火力支援。10 月初该舰在德军的一次空袭行动中遭到重创并不得不前往卡诺涅尔斯克修船厂（Канонерский Судоремонтный Завод）接受长达九个月的修理工作。1942 年 8 月"熟练"号重返战场并配合了列宁格勒方面军第 67 集团军和沃尔霍夫方面军在涅瓦河前线的进攻行动。随后该舰被临时编入海军中校伊万诺夫（М. Г. Иванов）指挥的涅瓦河沿岸攻击舰队，与驱逐舰"严峻"号、"整齐"号，炮舰"谢斯特罗列茨克"号（Сестрорецк）、"结

雅河"号（Зея）和"奥卡河"号（Ока）一起为苏联地面部队提供持续的火力支援；至该年年末，"熟练"号共完成了十一次炮击任务，摧毁了德军五座火炮阵地和一定数量的掩体工事。随着 1943 年夏末苏军开始逐步发起反攻，"熟练"号的炮火支援工作也变得不再重要，该舰于是开始了后续建造和改进工作，不过除了为该舰增加三门 70K 防空炮之外，改进工作的重点只是为该舰配齐诸如罗经、无线侧向仪之类的一些基本辅助设备。虽然该舰始终是波罗的海舰队的在编作战舰只，但至战争结束却再没参与过一次大型作战行动。1945 年 6 月 20 日该舰退役并解除武装，随后被送往日丹诺夫船厂接受试验和修复工作，1949 年便从海军除籍；六年后已逐渐起锈的该舰开始了最终解体。不过该舰并不能算是一艘绝对失败的舰船，相反该舰可以认为是苏联为后来自行设计舰艇所积累的一笔宝贵财富。作为苏联时代第一艘完全依靠自身实力完成建造的驱逐舰，历史完全可以容忍该舰在建造过程中所出现的种种缺陷和不足，至少说"熟练"号的动力机械设计为后续的 41 型工程以及再后来的 56 型工程提供了很多值得借鉴参考的地方。

俄文舰名	译名	建造编号	建造船厂	开工日期	下水日期	服役日期	隶属舰队
Опытный	熟练	500	日丹诺夫	1935.06.26	1935.12.08	1941.09.11	波罗的海舰队
基本技术性能							
基本尺寸	舰长 113.5 米，舰宽 10.2 米，吃水 3.98 米						
排水量	标准 1430 吨 / 满载 1700 吨（1943 年改进后：标准 1570 吨 / 满载 2020 吨）						
最大航速	42.2 节						
巡航能力	3200 海里 / 18 节（1943 年改进后：1370 海里 / 18 节）						
动力配置	2 台 2 轴 ГТЗА 减速齿轮汽轮机，4 座 70000 马力"拉姆辛"锅炉						
电力设备	1 台 СТВ-144 涡轮发电机（100 千瓦），1 台 ПСТ-30/14 涡轮发电机（50 千瓦），2 台 ПН-400 柴油发电机（96 千瓦）						
最大载油量	370 吨						
武器配置	3×130 毫米 Б-13 火炮，5×45 毫米 21K 防空炮，2×533 毫米 7-Н 四联鱼雷发射管，2×12.7 毫米 ДК-32 机枪，1×Б-1 深水炸弹投射器，1×М-1 深水炸弹投射器，60 颗 КБ-3 型水雷						
辅助配置	"米纳"火炮 / 鱼雷射击指挥仪，"大角星"水声站，КДП-4 测距指挥台，ДМ-3 测距仪，ДМ-1.5 测距仪						
导航设备	1×"航向 -2"电罗经，3×127 毫米磁罗经，1×"弧度 -К"无线测向仪，1×ГО-3 测程仪，1×ЭМС-2 测深仪						
人员编制	247 名舰员 +15 名军官						

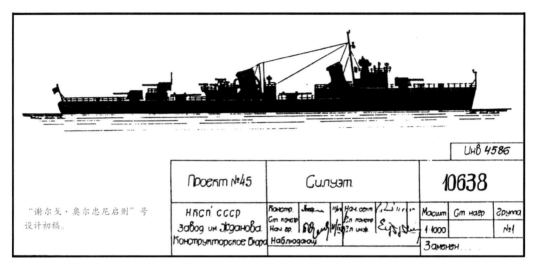

"谢尔戈·奥尔忠尼启则"号
设计初稿。

▲ 在涅瓦林区公园沿岸阻击德军进攻的"熟练"号，这是该舰在卫国战争期间留下的为数不多的几张照片。

▲ 停靠在涅瓦河边的"熟练"号，照片摄于 1945 年 5 月。一个月后该舰便从海军退役，草草结束了其短暂的服役生涯。

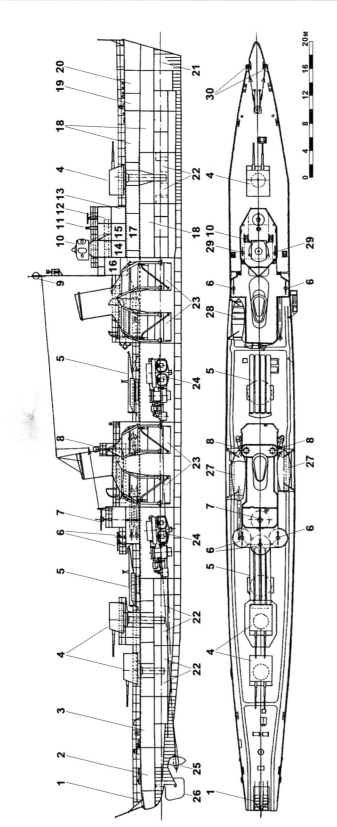

45 型驱逐舰

1－深水炸弹投放口　　2－舵机舱　　3－士官室　　4－Б-13 火炮　　5－7-Н 四联鱼雷发射管　　6－21K 防空炮　　7－ДМ-1.5 测距仪　　8－45 厘米口径探照灯
9－"弧度-K" 无线测向仪　　10－КДП-4 测距指挥台　　11－磁罗经　　12－舵轮室　　13－军官室　　14－无线电室　　15－舰长室　　16－队列办公室
17－军官休息室　　18－锚链舱　　19－甲板器材储存舱　　20－甲板器材储存舱　　21－艏尖舱　　22-130 毫米火炮弹药舱　　23－"拉姆辛"型锅炉　　24-ГТЗА 减速齿轮汽轮机
25－螺旋桨　　26－舵　　27－八桨救生艇　　28－八桨救生船　　29-ДК-32 机枪　　30－锚

武器配置改进情况
11943 年：-1×45 毫米 21K 防空炮；+3×37 毫米 70K 防空炮，2×12.7 毫米 ДК-32 机枪，1×12.7 毫米双联 "勃朗宁"防空机枪，1×Б-1 深水炸弹投掷器，1×М-1 深水炸弹投掷器

"塔什干"级（Ташкент）驱逐领舰

在建造"列宁格勒"级和"明斯克"级驱逐领舰的过程中，苏联技术人员深深地体会到了自身技术水平和建造能力的欠缺与不足。于是苏联人开始向国外派出技术考察团以谋求在海外订造驱逐舰的可能性。早在1932年当时还在任海军第四技术管理局主管的希弗科夫在对意大利亚德里亚联合（Cantieri Riuniti dell'Adriatico）、安萨尔多和奥德罗 - 德尔尼 - 奥兰多船厂等三家船厂的实地考察中就已流露出展开合作的意向；但在与法国方面的初步接触之后苏联人似乎更倾向于后者的造船计划，于是重工业人民委员会与海军管理局在1934年与地中海锻建造船厂接触商讨合作事宜。法国人表示愿意按照"空想"级（Fantasque）驱逐舰为原型为苏联建造同型驱逐舰，不过后续的谈判工作很快就因价格分歧过大而陷入僵局。最后苏方决定放弃并转而求助于意大利人的帮助。

意大利人表现出了比法国人更为主动的建造意向，但亚德里亚联合造船厂和安萨尔多船厂的造价却再度让苏联方面觉得无法接受，最终只有奥兰多船厂表示愿意让步和协商为苏方完成造船计划。1935年9月奥兰多公司派出首席工程师路易吉·奥兰多（Luigi Orlando）前往列宁格勒与船舶建造局签署合同，同意为苏联建造一型意方称之为"高速侦察舰"（Esploratore）的新型战舰；协议中苏联方面同意最终的武器配装工作由本方自行完成但意方有义务为日后苏联船厂按照该舰生产同型舰只提供一切数据、图纸和技术帮助。双方完成协议签订后该造船计划最终被编为20И工程，И代表俄文 Импортный，意为"进口型"（有资料认为是 Итальянский，意为"意大利产"），该舰也被正式命名为"塔什干"号。与其他苏联大型军舰均沿用国内大型城市名所不同的是，"塔什干"号的得名初衷并非源于乌兹别克斯坦加盟共和国的首府，而是为了纪念1918年9月5日在解放伏尔加河中游地区所进行的战斗中被白军击沉的伏尔加河区舰队同名炮船才加以冠名。

9月11日劳动与国防委员会批准了建造"塔什干"号的决议，奥兰多公司随即开始了舰船的设计工作。由于先前第1中央船舶制造设计局在编制的战术技术需求书中为该舰的技术指标框定了一个近乎苛刻的要求，这让意大利人在前期设计工作中遇上了不小的难度。根据苏联人的要求，该舰必须在6小时的试航中不得低于平均42.5节航速，在20节航速下保证5000海里的续航能力，正常排水量保证不低于3216吨，轮机功率不低于100000马力，载油量不低于1200吨等等。苏方十分重视设计进展工作，为此特派船舶工业管理局的卡萨齐耶（А. С. Кассациер）和海军军械局的博姆泽（М. П. Бомзе）两位专家前往意大利负责监督设计工作。1936年2月初奥兰多船厂最终完成的该舰的全部设计工作并交由苏联专家审核；经过一些细节上的改进后双方最终签字画押允许建造工作正式开始。

1937年1月11日"塔什干"号在位于利沃诺的奥兰多船厂开始建造。苏联人曾计划按照意方提供的图纸为波罗的海舰队再建造两艘同型驱逐舰，甚至为首舰取名"巴库"号，但因图纸二次绘制产生相互矛盾，海军国防副人民委员加列尔（Л. М. Галлер）就此质疑后续生产的舰只能否达到原先的技术指标；加之墨索里尼政府对苏联对于西班牙内战的对立态度深感不满，故此奥兰多厂在苏联设立办事处的请求也被意大利外务部门屡次驳回。于是充分沿袭了意式舰船设计理念的"塔什干"号也就成了该级工程的唯一一艘：舰体扁长并依旧沿用苏联人较亲睐的短艏楼设计，艉艉部略呈流线弧型设计，整个舰身安设232根肋骨，共划分出15个隔舱，舰舰桥被独树一帜地设计成了弧抛面外形；为体现该舰适应

◀ 开工建造"塔什干"号时奥兰多船厂内建造工段台一瞥，文字意为"奥兰多船厂为苏联政府建造的侦察舰。1937年1月11日"。

▲ 法国"空想"级驱逐舰，在当时是较为先进的一级驱逐舰。苏联人本来试图与法国人合作，以"空想"级为蓝本设计"塔什干"级。

恶劣天气下的作战能力，意大利人特地设计了封闭式的舰桥上层驾驶室和部分走廊，以让舰员免忍受日晒风吹之苦，但这种设计也造成了作战观察视角受阻的弊端。当然意大利人根深蒂固的地中海作战舰船思路和其自身不算先进的焊铆技术也让舰体结构强度不足的问题始终存在。在动力选择方面，由于主要竞争死敌安萨尔多船厂已将意大利国内的主要舰用汽轮机垄断，奥兰多公司决定用英国人的"帕森斯"系列汽轮机配搭"亚罗"型锅炉作为主动力。为提高作战情况下的生存能力，该舰采取分舱交替布置锅炉舱与机舱的布局形式。该舰的辅

助作战配备则统一配置伽利略公司的射击指挥仪，包括安装在舰舰桥上配合使用的双光学测距指挥台和安置在艉部的另外一座三米测距仪。只是意大利人似乎忘记应加强测距仪的防摇措施，以至于在日后战事密集的黑海战场上该舰官兵时常抱怨测量精度存有明显的偏差。按照协议规定苏方将自行完成武器安装工作，于是奥兰多公司只是按照方案预设了武器布设点，但对于苏联强调安装的三门双联130毫米火炮炮位，船厂方面均增加钢材强化结构并相应采用二次复焊工艺加固。

1937年12月28日该舰的

整体建造全部结束并正式下水。意大利人先前曾保守地向苏联人表示他们只保证该舰在3126吨排水量的前提下满足设计最大航速要求，由于出入不算严重，苏联人也并未表示反对；但1938年3月下旬开始的航速测试工作中，排水量达到3422吨的"塔什干"号在12小时的全速试航中平均最大航速竟达到43.53节，主机功率也保持在126000马力左右，其各项指标均超过了苏方要求；按照合同要求如果测试数据超过指标要求，船厂方面可额外得到造船总费用的5%作为奖金，但苏联代表随后发现试航过程中意大利人并未严格控制汽轮

钢板铺底

下水前最终调试

龙骨拼缝焊接

船体下水

上甲板部分建造

安装舰桥

准备安装舰舵

舰部设备舾装

▲ 在利古里亚海附近海域完成试航后的"塔什干"号，照片摄于 1938 年。注意包括舰桥上 OG-3M 双光学测距指挥台在内的很多意制设备均已安装完毕。

机节流配比油压，故此这笔赏金也最终成了空头支票。随后的舾装工作由于奥兰多公司繁忙的承揽工作也变得缓慢下来，直到 1939 年 4 月 18 日船厂方面才举行"塔什干"号的交接仪式；第二天苏联代表在交接完成书上落笔签字，"塔什干"号正式载着苏联船员和意大利船员驶往苏联。原计划"塔什干"号将

交付波罗的海舰队服役，但因西班牙内战已经爆发，出入地中海与大西洋之间的直布罗陀海峡被与苏联政府对立的弗朗哥政府控制，"塔什干"号无奈之下只好改变航线转往敖德萨加入黑海舰队。为避免不必要的外交麻烦和各国间谍，该舰在出航前特地被伪装成客船，而苏联船员也被要求在船停靠任一港口

时都不得在甲板上活动。

5 月 6 日"塔什干"号最终驶抵敖德萨接受一系列复验工作，随后该舰驶往尼古拉耶夫开始后续武器组装工作。由于设计的 Б-2ЛМ 双联火炮尚未完成最终制造工作，苏联人只好选用同样口径的 Б-13 火炮作为该舰的临时主炮。其他主要对舰武器还包括三座均具备 80 度射

▲ "塔什干"号舰桥特写，照片摄于 1939 年底。注意舰桥处安装的仍是 Б-13 火炮。

角范围的 533 毫米三联装鱼雷发射管。由于舰上布局比较复杂，苏联人考虑安装的六门 45 毫米 21K 防空炮均被安置上意大利人事先预设好的二号烟囱周围的上层悬伸楼桥上。这种防空火力极为不均的布设形式也成了"塔什干"号日后在应对德军不间断空袭时显得有些力不从心的一个主要原因。1939 年 10 月 22 日该舰正式交付黑海舰队服役。由于意大利人为该舰涂上的是意大利海军传统的天蓝色保护色，而苏联海军舰只普遍采用暗灰色作为涂装色，这艘独一无二的大型驱逐舰也被很多黑海当地居民昵称为"蓝色巡洋舰"。

1941 年 2 月"塔什干"号开始接受第一次改进，即将主炮换成早就设计好的Б-2ЛМ 双联火炮。另外性能不算出色的 21K 防空炮也被 70K 防空炮所取代。苏德战争开始后"塔什干"号就马不停蹄地从尼古拉耶夫驶往萨瓦斯托波尔支援那里的苏联守军。8 月 29 日"塔什干"号与"红色乌克兰"号巡洋舰、"乖巧"号、"伏龙芝"号和"邵武勉"号三艘驱逐舰以及七艘鱼雷

艇和一艘扫雷舰组成的特遣舰队护送着"阿布哈兹"号运输舰和"莫斯科"号（Москва）油船驶抵敖德萨。鹤立鸡群的"塔什干"号很快引起了德军飞机的注意，就在抵达敖德萨的次日下午，该舰就在对新多费诺夫卡沿岸德军 152 毫米火炮阵地的炮击中遭到三架 Ju-88 轰炸机的突袭，虽然"塔什干"号击伤了其中的一架，但德机投下的一颗 250 公斤炸弹仍就在舰艉部右舷附近爆炸，爆炸导致 4 号和 5 号舱室完全进水，动力丧失近 10%；9 月 1 日，该舰撤至塞瓦斯托波尔的海军造船厂（Севморзавод）接受了长达两个月的修理工作。为预防德军日渐增多的空袭，苏联人特地还从尚未完工的"火力"号驱逐舰上拆下一门 76.2 毫米 39K 防空炮安于该舰艉部。11 月 25 日重返战场的"塔什干"号率领驱逐舰"灵敏"号和"才能"号成功护送"阿纳斯塔斯·米高扬"号（Анастас Микоян）破冰船以及"图阿普谢"号（Туапсе）、"萨哈林"号（Сахалин）和"瓦尔拉姆·阿瓦涅索夫"号（Варлаам Аванесов）三艘油船撤离黑海地区前往远东。

1942 年 6 月 27 日下午"塔什干"号搭载着 2300 余名伤员、难民和已部分受损的珍贵全景油画《塞瓦斯托波尔保卫战 1854～1855》从塞瓦斯托波尔撤离；这艘十分显眼的战舰不久就被德军轰炸机盯上并对其展开了长达 6 小时的轮番轰炸，共计 86 架次的德军轰炸机共向"塔什干"号投下了 336 颗各型炸弹，但仅有两颗对该舰造成了直接伤害：一颗在舰艏左舷处爆炸，另一颗更为致命地击中舯部右舷导致该舰大量进水并造成了锅炉舱严重受损。即便如此该舰还是在赶来支援的大批苏军舰只的保护下成功地撤至新罗西斯克港口。

7 月 1 日高加索方面军总司令布琼尼亲自来到新罗西斯克探望该舰官兵，在为全舰官兵举行了动员讲话之后，他亲自宣布"塔什干"号舰长瓦西里·叶罗申科（В. Н. Ерошенко）和政委格里戈里·科诺瓦洛夫（Г. А. Коновалов）各获得一枚列宁勋章并许诺向该舰申请近卫舰艇称号。然而就在第二天接近正午时分，停泊在新罗西斯克港内准备接受修理的"塔什干"号却遭到

▲ 停泊在尼古拉耶夫港口内的"塔什干"号，此时舰载武器装备已经基本安装完毕。

德军第七十六轰炸机联队第一大队30余架 Ju-88 的集中攻击，同时第一百轰炸机联队第一大队的 He-111 机群配合攻击港口内的其余舰只。"塔什干"号这次再也无计可施，在勉强撑过德机的第一轮轰炸后，两颗 250 公斤炸弹命中舰楼和机舱附近，另两颗炸弹则在"塔什干"号舰部旧伤附近处爆炸。三分钟后该舰就缓慢地坐沉在港口内，舰上共有 76 人阵亡，77 人负伤。

"塔什干"号沉没之后苏军随即展开了打捞工作，他们原计划修复该舰并使之成为一艘浮动炮台，

但由于德军空袭十分密集故此打捞工作被无限期搁置。最终该舰艉部的 76.2 毫米防空炮被先期拆下并重新安装回"火力"号驱逐舰；而等到该舰整体打捞上岸已是 1944 年 8 月底的事了。由于破坏程度严重，苏联人最终放弃修复工作，在将该舰除籍之后，船体也随即拖往尼古拉耶夫接受解体工作。

作为二战期间最为著名的一艘苏联驱逐舰，"塔什干"号在短短一年左右的作战服役时间内仍旧取得了不俗的成绩。按照舰长叶罗申科战后所出版的回忆录中记载，

该舰共完成 27000 海里的航程，为至少 17 艘运输船成功护航，转移了 19.3 万余名军民，运送物资 2538 吨，击毁了 1 座机场和 6 个炮兵阵地，击落击伤 13 架飞机并击沉 1 艘鱼雷艇。不过作为适应外海作战能力的大型舰只，"塔什干"号由于战争局势所迫而委屈用于人员物资运输和炮火支援等辅助工作也是相当可惜的；但从积极意义上来说，该舰也为苏联后续驱逐舰的设计建造工作提供了一个完美的样板。

特别介绍

Б-2ЛМ 双联火炮

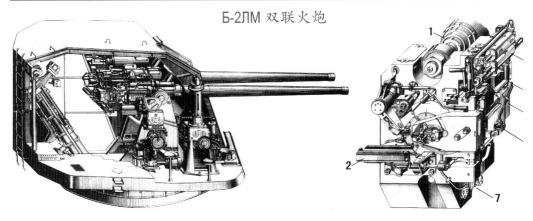

1- 螺旋制动闸	2- 压弹臂	3- 气压联动阀柄
4- 闩柄	5- 摇架曲柄	6- 高压送气阀
7- 吹洗阀		

炮口直径：130 毫米　　仰角范围：-5° ～ 45°
净重：48230 公斤　　供弹速度：12 发 / 分钟
射速：870 米 / 秒　　最大射程：25590 米

在 Б-13 火炮设计基本完成之后，舰载武器科学研究所于 1934 年 12 月便随即开始着手以该型火炮为基础设计火力更大的新型双管火炮，设计编号 Б-2ЛМ。在制定了基本技术要求之后，新型火炮的前期设计研究工作交由列宁格勒的"斯大林"金属制造厂完成。1936 年 4 月舰载武器科学研究所以厂方设计人员的研究结果正式制定了战术技术需求书；1938 年 10 月设计工作全部完成，在经过

第 1050 特种技术局的修改之后，该火炮的设计方案于 1939 年 2 月获得正式批准。由于这种火炮最终决定装备于苏联新型研制的"塔什干"号驱逐领舰上，为加快制造进度，Б-2ЛМ 火炮最终由"斯大林"金属制造厂和"布尔什维克"制造厂分工完成。但即便如此，火炮的生产进度还是无法跟上"塔什干"号的建造速度。1940 年 7 月，Б-2ЛМ 火炮开始进行厂方内部试验工作，由于试验中发现了火

炮还存有很多缺陷，试验工作直到 1941 年 5 月才全部结束；两个月后，"塔什干"号在塞瓦斯托波尔湾完成了火炮舰载试验工作。随着德军逐渐攻入苏联腹地，苏联人不得不将制造设备和人员转移至苏联中部地区并在那里的"尤尔加"（Юрга）工厂和"斯捷尔利塔马克"机械制造厂（Стерлитамакский Машиностроительный Завод）才得以继续制造。

俄文舰名	译名	建造船厂	开工日期	下水日期	服役日期	隶属舰队
Ташкент	塔什干	奥德罗－德尔尼－奥兰多	1937.01.11	1937.12.28	1939.10.22	黑海舰队
基本技术性能						
基本尺寸	舰长 139.7 米，舰宽 13.7 米，吃水 4.2 米					
排水量	标准 2840 吨 / 满载 4160 吨					
最大航速	42.7 节					
巡航能力	5030 海里 / 20 节					
动力配置	2 台 2 轴 "帕森斯" 汽轮机，4 座 110000 马力 "亚罗" 锅炉					
电力设备	2 台 "帕森斯" 涡轮发电机（240 千瓦），2 台 "帕森斯" 柴油发电机（75 千瓦），1 台 ПН-2 柴油发电机（30 千瓦）					
最大载油量	1200 吨					
武器配置	3×130 毫米 Б-13 火炮，6×45 毫米 21К 防空炮，3×533 毫米 39-Ю 三联鱼雷发射管，6×12.7 毫米 ДШК 防空机枪，1×Б-1 深水炸弹投放器，1×М-1 深水炸弹投放器，84 颗 M3 型水雷（或 76 颗 КБ-3 型）					
辅助配置	"伽利略" 火炮 / 鱼雷射击指挥仪，OG-3M 双光学测距指挥台，"大角星" 水声站，OG-3 测距仪，ДМ-1.5 测距仪					
导航设备	2× "航向 -2" 电罗经，2×127 毫米磁罗经，1× "弧度 -К" 无线电测向仪，1×ГО-3 测程仪，1×ЭМС-2 测深仪					
通讯设备	"暴风 -M" 发报器，"暴雪" 接收器，"突击" 超高频双向收发器					
人员编制	235 名舰员 +15 名军官					

▲ 在塞瓦斯托波尔港内接受完修理工作后的 "塔什干" 号，照片摄于 1941 年 10 月。

▲ "塔什干"号艇部70K防空炮位长瓦伊申科尔（M.T. Вайншенкер）及其严阵以待的战友，远处清晰可见OG-3 测距仪。

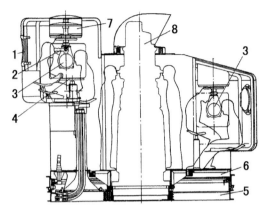

▲ OG-3M 双光学测距指挥台。图中 1- 观察孔；2- 瞄准手水平照准器；3- 三米测距仪；4- 瞄准手水平转向盘；5- 减震底座；6- 转动平台。

▼ 帮助平民从塞瓦斯托波尔撤离至新罗西斯克的"塔什干"号。

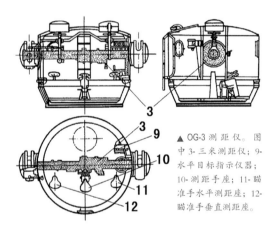

▲ OG-3 测距仪。图中 3- 三米测距仪；9- 水平目标指示仪器；10- 测距手座；11- 瞄准手水平测距；12- 瞄准手垂直测距座。

"塔什干"号关键肋位图

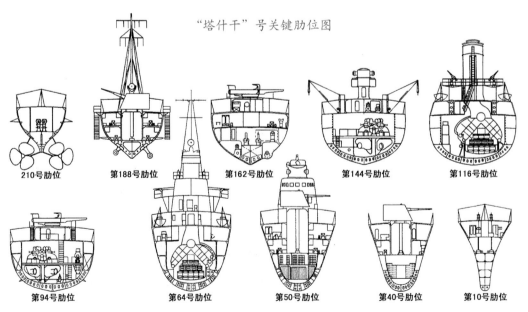

210号肋位　　第188号肋位　　第162号肋位　　第144号肋位　　第116号肋位

第94号肋位　　第64号肋位　　第50号肋位　　第40号肋位　　第10号肋位

▲ 前来支援"塔什干"号的"灵敏"号驱逐舰,照片摄于1942年。　▲ "塔什干"号舯部70K防空炮特写。

▼ 停靠在波季港内的"塔什干"号,近处则是准备驶离港口的Щ-212号潜艇。

▲ 准备撤离塞瓦斯托波尔的"塔什干"号。

▼ 接近新罗西斯克港的"塔什干"号，此时该舰已被德军战机炸伤。

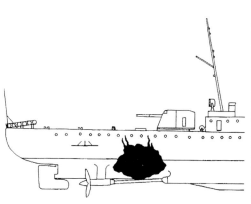

▲ "塔什干"号在8月30日被德军炸伤的部位示意图。

▲ 在塞瓦斯托波尔港内接受修理的"塔什干"号，照片摄于1941年9月。

▲ 在"塔什干"号对该舰官兵进行动员讲话的高加索方面军总司令布琼尼。

1942年6～7月间"塔什干"号的受损示意图

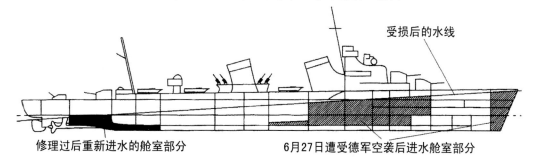

修理过后重新进水的舱室部分

受损后的水线

6月27日遭受德军空袭后进水舱室部分

7 月 2 日被德军击沉的"塔什干"号受损示意图

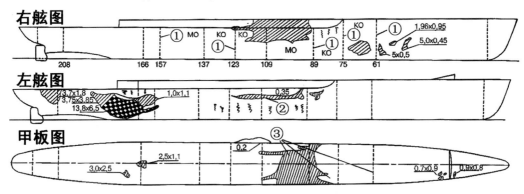

① - 受损舱室　② - 结合断裂处　③ - 甲板等上层建筑损伤部位

▲ 准备整体打捞起吊的"塔什干"号。

▲ 正为打捞"塔什干"号而架设浮筒的苏联工作人员。

▲ 整体打捞上岸的"塔什干"号。此时艏部舱室的进水已被抽去。

浮筒打捞示意图

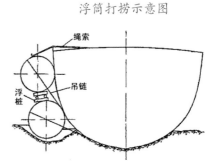

▲ 被拖船拖往尼古拉耶夫准备解体的"塔什干"号船体，照片摄于 1944 年。

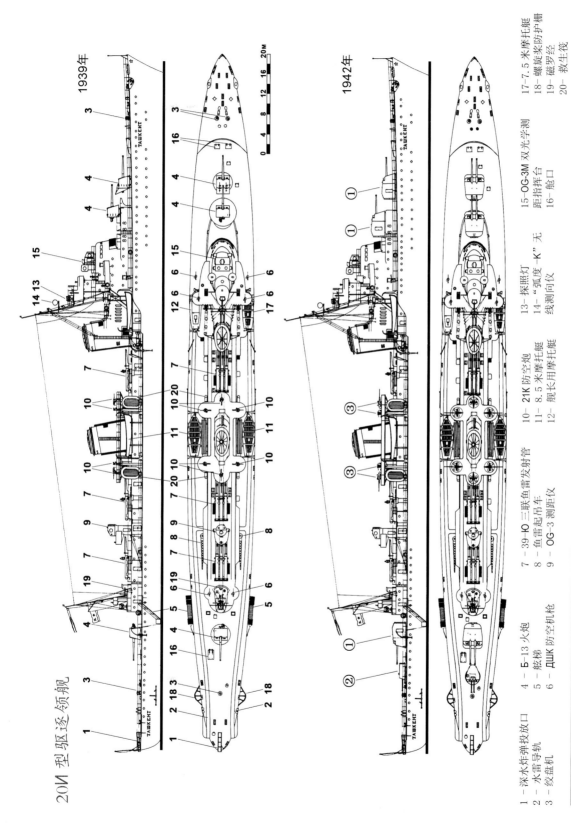

20И 型驱逐领舰

1939年

1942年

1 - 深水炸弹投放口　　4 - Б-13 火炮　　7 - 39-Ю 三联鱼雷发射管　　10 - 21K 防空炮　　13 - 探照灯　　15-OG-3M 双光学测　　17-7.5 米摩托艇
2 - 水雷导轨　　　　　5 - 舷梯　　　　　8 - 鱼雷起吊车　　　　　11 - 8.5 米摩托艇　　　距指挥台　　　18 - 螺旋桨防护栅
3 - 绞盘机　　　　　　6 - ДШК 防空机枪　9 - OG-3 测距仪　　　　　12 - 舰长用摩托艇　14 - "弧度-К" 无　16 - 舱口　　　19 - 磁罗经
　　　线测向仪　　　　　　　　　20 - 救生筏

武器配置改进情况
① +3×130 毫米 Б-2ЛМ 双联火炮　②-1×76.2 毫米 39K 双联防空炮　③ 6×37 毫米 70K 防空炮③

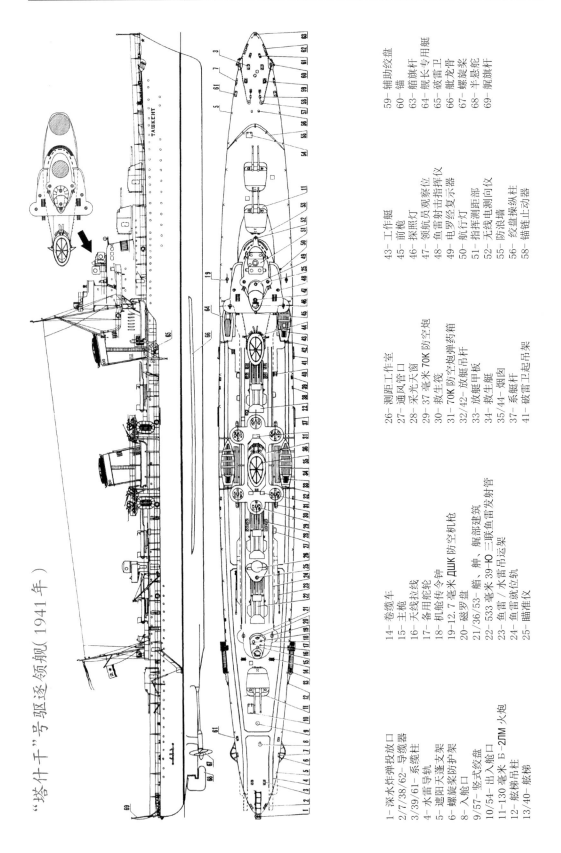

"塔什干"号驱逐领舰（1941年）

1- 深水炸弹投放口
2/7/38/62- 导缆器
3/39/61- 系缆柱
4- 水雷导辊
5- 遮阳天遮支架
6- 螺旋桨防护架
8- 入舱口
9/57- 竖式绞盘
10/54- 出入舱口
11-130 毫米 Б-2ЛМ 火炮
12- 舷梯吊柱
13/40- 舷梯

14- 卷缆车
15- 主桅
16- 天线拉线
17- 备用舵轮
18- 机舱传令钟
19-12.7 毫米 ДШК 防空机枪
20- 磁罗盘
21/36/53- 舳、舷、艉建筑
22-533 毫米 39-Ю 三联鱼雷发射管
23- 鱼雷 / 水雷吊运架
24- 鱼雷就位轨
25- 瞄准仪

26- 测距工作室
27- 通风管口
28- 采光天窗
29-37 毫米 70K 防空炮
30- 救生筏
31- 70K 防空炮弹药箱
32/42- 放艇吊杆
33- 指挥部
34- 救生艇
35/44- 烟囱
37- 系艇杆
41- 破雷卫起吊架

43- 工作艇
45- 前舷
46- 探照灯
47- 领航员观察位
48- 鱼雷射击指挥仪
49- 电罗经复示器
50- 航行灯
51- 指挥测距部
52- 无线电测向仪
55- 防浪墙
56- 绞盘操纵柱
58- 锚链止动器

59- 辅助绞盘
60- 锚
63- 艏旗杆
64- 舰长专用艇
65- 破雷卫
66- 舰龙骨
67- 螺旋桨
68- 半悬舵
69- 艉旗杆

"基辅"级（Киев）驱逐领舰

1936 年 6 月国防人民委员会就根据"大舰队"思想制定出一套完整的建造计划以"建造一支能够在海上对抗一切资本主义势力及其同党的海军舰队"。除去"列宁格勒"级、"明斯克"级和待开工的"塔什干"级之外，苏联应至少再拥有十一艘性能更为出色的驱逐领舰。一年后国防工业人民委员会和国防人民委员会根据西班牙内战以及远东局势将重新修订的建造计划和分析报告呈交国防人民委员伏罗希洛夫并由他本人在 1937 年 8 月的苏联劳动与国防委员大会上正式提出；在关于驱逐领舰的建造工作上，伏罗希洛夫着重指出：希望以正在建造的"塔什干"级为基础全面优化日后驱逐舰的性能，并希望舰只使用 130 毫米双联炮塔，并配备使用高炮射击指挥仪的 76.2 毫米双联防空炮和一定数量各式口径高炮，续航能力超过 4000 海里，舰体结构强度也要适当增强使之在恶劣环境下亦能具备作战能力。这一构想得到了斯大林及其同僚的认可并授意亟早完成工程的改进设计；随后该设计工作被编为 48 型工程，初步计划建造二十艘。

由于受到斯大林和委员会的直接重视，48 型工程的战术技术需求很快就由海军管理局完成并于 12 月 13 日直接获得海军司令员兼军事委员会委员维克托洛夫的批准。根据技术需求，该舰标准排水量将不小于 1950 吨，最大航速不得低于 43 节，续航能力不少于 4000 海里，装备三门 130 毫米双联火炮、两门 76.2 毫米和四门 37 毫米防空炮，两座三联装 533 毫米鱼雷发射管以及一定数量的 12.7 毫米防空机枪和 7.62 毫米通用机枪。考虑到"大清洗"运动从 1937 年 7 月起逐步蔓延到海军内部并导致一批技

术专家纷纷被批捕入狱，设计工作于是由"马蒂"船厂所属设计部门主管库宾斯基（Я. И. Купенский）整体负责，总设计工作由船厂设计师雷巴尔科（В. А. Рыбалко）完成。设计工作很大程度地借鉴了"塔什干"级的设计，主要区别在于新设计对于 1 至 90 号肋骨的整体结构均进行了再次加固并依需求增加由德国"莱茵金属"公司提供技术支持而建造的 76.2 毫米 39K 双联防空炮。初期设计很快就获得海军人民委员会和国防工业人民委员会的批准。1938 年 7 月，48 型工程的初期设计方案应斯大林要求而交由其本人亲自审阅。在听取了海军副人民委员伊萨科夫（И. С. Исаков）的意见之后，斯大林决定采纳他的建议并将方案退回船厂进行修改。这份初期设计实际上并未完全达到战术技术需求

所希望的适航能力，因此船厂方面根据伊萨科夫的想法对设计进行了修改：由于原计划中的标准排水量甚至比"列宁格勒"级的 2030 吨还要低，故此设计人员将这一数值提高到了 2230 吨，同时为增大续航能力，他们不得不考虑用减少弹药载量并取消备用鱼雷发射管、45 毫米高炮、7.62 毫米防空机枪、1.5 米测距仪和部分辅助机械设施。虽然修改后该舰在定倾中心高度等很多技术指标达到了需求要求，但在 20 节经济航速下 2500 海里的续航能力仍旧与需求计划相去甚远。不过这套改进仍被国防工业人民委员会采纳并由人民委员卡冈诺维奇（М. М. Каганович）和当时代理海军人民委员的斯米尔诺夫 - 斯维特洛夫斯基交由人民委员会主席莫洛托夫批示。

1939 年 3 月，海军科学技术委

▲ 正被拖拽离开尼古拉耶夫港区的"埃里温"号舰体，照片摄于 1941 年。

▲ 在马蒂船厂开工建造的"基辅"号。

员会在对该舰设计进行了分析评估后指出设计工作存有严重问题，主动力汽轮机也需进行改进。虽然"马蒂"船厂随即根据指出的问题进行了修改，但国防委员会似乎更亲睐于第45中央科学研究所配合参与的设计改进。9月下旬改进方案再次呈交造船人民委员会和海军人民委员会审批；10月底斯大林召见了海军人民委员会和造船工业人民委员会的领导人员并着重听取了与会的48型工程设计师雷巴尔科、30型工程尤诺维多夫和汽轮机设计项目负责人舒别科-舒宾（Л. А. Шубейко-Шубин）各自设计方案的具体情况。唯恐一言出错而性命不保的三位设计人员尽可能地顺着斯大林的思路毕恭毕敬地回答了这位苏维埃最高领导人所提出的每一个问题；随后库兹涅佐夫和造船工业副人民委员诺先科（И.

И. Носенко）先后介绍了舰队配置打算和建造准备情况。斯大林在会后口头批准了设计工作同意进入建造阶段；两个月后48型工程终于获得苏联人民委员会的正式批准。

按照建造计划，48型工程考虑建造10艘，分别由"马蒂"船厂、"日丹诺夫"船厂和"莫托洛夫斯克"船厂负责完成，除了提前开始在"马蒂"厂建造的"基辅"号之外，另外四艘的建造工作也相继开始。该型驱逐领舰的设计标准排水量被提高到2350吨，最大航速达到了42.5节，而4100海里的续航能力也比计划略有提高，当然这是第45中央科学研究所折衷地将经济航速从20节降至15.2节才勉强达到的。动力设计仍采取交替安置轮机组和锅炉的布局，设计输出功率达到81000马力。在武器配置上原先考虑的45毫

米防空炮被撤去，但将三联装的鱼雷发射管全部调为五联装以强调对舰攻击能力。在辅助设备布置上，该型舰则更多地借鉴了"明斯克"型的设计，包括换用配合"米纳-2"火炮指挥仪及其配合使用的КДП-2-4测距指挥台，一套配备СВП-29型瞄准具的"联合"（Союз）高炮射击指挥仪以及装备ПМР-21倾角仪和ТАС-1自动发射装置的鱼雷射击指挥仪，另外还考虑为该级舰配备仍在试验阶段的"北极星"型(Полярис)水声站。

然而在1940年10月，苏联人民委员会和联共中央执行委员会突然下令，除在"马蒂"工厂建造进度最快的两艘之外，48型工程的其余八艘驱逐舰全部取消建造。苏联最高决策层之所以要做出这样的决定很大程度上受到了几乎同时期开始驱逐领舰设计的35型工程和47型

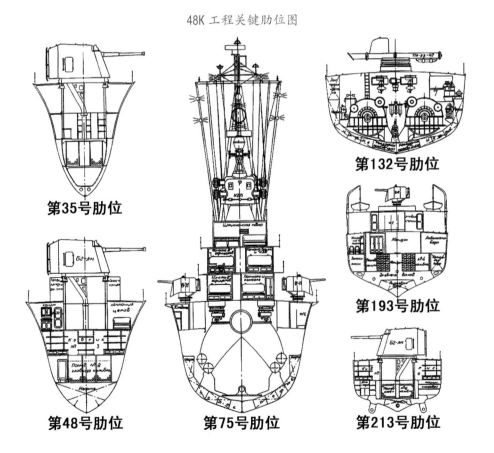

48K 工程关键肋位图

第35号肋位

第132号肋位

第193号肋位

第48号肋位

第75号肋位

第213号肋位

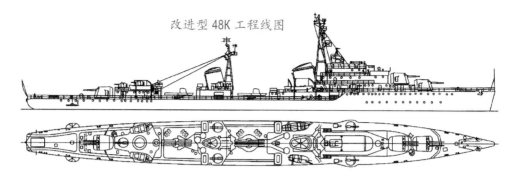

改进型 48K 工程线图

工程的很大影响。按照计划，35 型和 47 型工程设计的续航能力将达到 6000 海里，如此令人咋舌的续航能力甚至将其归为驱逐领舰的范畴都有些勉为其难，更别说让同时开工的 48 型工程显得更加相形见拙；于是这两型更对高层胃口的战舰就成了随后苏联建造计划的重点。但是随着德国入侵苏联，这两型方案最终胎死腹中，而 48 型工程的建造情况也是岌岌可危：在德军最终占领尼古拉耶夫之前，"基辅"号和"埃里温"号这两艘尚未完工的战舰被分别拖往塞瓦斯托波尔和刻赤，但随着德军的逐步推进，两艘船体又被分别拖往波季和叶伊斯克。1942 年 1 月

这对难兄难弟被拖往黑海东岸的巴统港再度聚首，不过直到二战结束前建造工作却始终未得以开始。

1944 年 1 月鉴于东线局势有所好转，48 型工程被重新考虑建造事宜；1945 年 9 月这两艘船被重新拖回尼古拉耶夫等待建造指令。和 30 型工程一样，通过三年的实战经验，48 型工程开始交由第 17 中央设计局（ЦКБ-17，即原来的第 1 中央船舶制造设计局）进行修改，包括改用一门 85 毫米 92K 防空炮和五门 37 毫米 B-11 双联防空炮并增加了两座 БМБ-1 深水炸弹投掷器，另外还配备了一定数量的电子辅助设备。方案得到了造船工业人民委员诺先科的

批准并被编为 48K 工程，设计工作也重新交由"马蒂"船厂设计部门主管茹拉（М. И. Жулай）组织完成。1948 年设计工作最终完成并分别获得海军总司令尤马舍夫和造船工业部副部长契里金（Б. Г. Чиликин）的批准。但随着"快速"级驱逐舰于 1948 年开始陆续进入建造，48 型工程也变得毫无意义。1949 年 1 月 48 型工程的建造舰只被划分为驱逐舰，四年后分别被转至里海区舰队作为反舰导弹的试验舰只使用："基辅"号于 1962 年被潜射导弹击沉；"埃里温"号则在 1957 年 8 月 30 日的一次导弹试验中被苏联研制的首型反舰导弹击沉，被打捞上岸后随即解体。

俄文舰名	译名	建造编号	建造船厂	开工日期	下水日期	服役日期	备注
Киев	基辅	357	马蒂	1939.09.29	1940.12.11	—	只完成整体进度的 48.9%
Ереван	埃里温	358	马蒂	1939.12.30	1941.06.30	—	只完成整体进度的 25.4%
Петрозаводск	彼得罗扎沃茨克	359	马蒂	—	—	—	建造取消
Очаков	奥恰科夫	360	马蒂	—	—	—	建造取消
Перекоп	皮列柯普	361	马蒂	—	—	—	建造取消
Сталинабад	斯大林纳巴德	542	日丹诺夫	1939.12.27	—	—	解体
Ашхабад	阿什哈巴德	545	日丹诺夫	1940	—	—	1940.10.19 宣布停工并解体
Алма-Ата	阿拉木图	546	日丹诺夫	1940	—	—	1940.10.19 宣布停工并解体
Архангельск	阿尔汉格尔斯克	—	莫洛托夫斯克	—	—	—	未获得建造编号即被取消
Мурманск	摩尔曼斯克	—	莫洛托夫斯克	—	—	—	未获得建造编号即被取消
基本技术性能							
基本尺寸	舰长 127.8 米，舰宽 11.7 米，吃水 4.2 米						
排水量	标准 2350 吨 / 满载 3045 吨						
最大航速	42.1 节						
巡航能力	2500 海里 / 20 节						
动力配置	2 台 2 轴齿轮汽轮机，4 座 90000 马力锅炉						
电力设备	3 台 ТД-7 涡轮发电机（450 千瓦），2 台 ДГ-75 柴油发电机（150 千瓦），1 台 СДГ-25 伺服发电机（25 千瓦）						
最大载油量	750 吨						
武器配置	3×130 毫米 Б-2ЛМ 双联火炮，1×76.2 毫米 39K 双联防空炮，2×533 毫米 2-Н 五联鱼雷发射管，4×12.7 毫米 ДШКМ-2Б 双联防空机枪，1×Б-1 深水炸弹放射器，1×М-1 深水炸弹投掷器，86 颗 М3 型水雷						
辅助配置	"米纳-2"火炮 / 鱼雷射击指挥仪，"联合"高炮射击指挥仪，"北极星"水声站，КДП-2-4 测距指挥台，ДМ-3 测距仪，3Д-2 测距仪						
导航设备	1×"航向-2"电罗经，4×127 毫米磁罗经，1×"弧度-К"无线测向仪，1×"高斯-50/Гаусс-50"测程仪，1×ЭМС-2 测深仪						
通讯设备	"暴风-М"发报器，"暴雪"接收器，"突击"超高频双向收发器						
人员编制	248 名舰员 +16 名军官						

"炽热"级（Жгучий）护航驱逐舰

就在意大利宣布投降后的第二周，苏联政府向盟军方面提出分配意大利海军舰船的问题，丘吉尔随后向莫斯科方面表示说："我们在原则上认同苏联政府拥有得到意大利舰船的权利，然而我们的海军必须在未来的日子里加强对抗日本海军的力度，因此我们需要诸如'利托里奥'号战列舰这样的一批作战舰只来维持战争的最后一个阶段。"1943年10月29日，丘吉尔向身在苏联的英国外务大臣安东尼·艾登（Anthony Eden）发去电报称，"只要美国人点头，那你就去告诉莫洛托夫，我们原则上允许苏联政府获得部分的意大利舰船，当然了他们的要求也不能太过分……"有关意大利舰船归属的问题后来在德黑兰会议上也被苏方数次提出，不过莫洛托夫的数次委婉提议均被英国人以"尚未完成分配权"为由而拒绝，与会的美方代表也是闪烁其辞，不愿过多地涉及此事。

斯大林倒并不在意英美获得意大利人大型战舰的目的，但他坚持希望必须将驱逐舰等一批中、小型战舰分给苏联使用，因为苏联舰队的驱逐舰伤亡很是惨重，而他们也急需大批驱逐舰和护航舰来完成商船队的护卫工作。当丘吉尔向苏方再次表示正和罗斯福商讨分配事宜的时候，斯大林于1944年1月29日明确表示说，"这不能再拖了，在这件事上我们的目标是一致的，那就是尽早击败德国……，我希望这些舰船越早抵达苏联港口越好，

最好在2月份之前……，然而当初你在德黑兰所许诺的8艘驱逐舰和4艘潜艇却还没出现，如果我们不能得到意大利人这批战舰的话，那么用相同数量多英美驱逐舰和潜艇来替代也不失为一个折中的办法。"

在双方的一番交涉之后，英国人终于答应向苏联海军租借驱逐舰，租期限为五年。经丘吉尔本人亲自批准，英国人将三年前通过美英《驱逐舰换基地协议》获得的老式四烟囱驱逐舰"城"级（Town）中的九艘转交由苏联人使用，包括该级驱逐舰中第二组四艘"坎贝尔敦"级（Campeltown）、第三组四艘"巴思"级（Bath）以及第四组一艘"贝尔蒙特"级（Belmont）。这批与苏联人自行完成的"诺维克"级几乎同时代建造的驱逐舰其平均舰龄早已超过了二十年。

但俄国人自然不会知道这些，以海军少将哈拉莫夫（Н. М. Харламов）为首的苏联代表团在2月中旬抵达苏格兰的罗塞斯港，并与英海军北方分区指挥威尔布拉姆·福特（Wilbraham Ford）少将展开后续谈判。一周之后，哈拉莫夫向莫斯科发去了一份措辞沮丧的电报，在这份交由库兹涅佐夫查阅的电报中，哈拉莫夫表示说，英国人转手给苏方的舰船"根本没有一艘能开出港口"。海军人民委员随后将这个消息转达给斯大林，但后者只是对库兹涅佐夫表示说，"原本就不该指望他们能把先进的舰船交给我们，剩下的事还是我们自己解

决吧。"

库兹涅佐夫随后就组织人手安排接收工作，他一方面从波罗的海舰队、黑海舰队和北方舰队抽调了70余名海军人员前往格拉斯哥接受英方的技术指导和机械维修，这其中就包括了日后参与30бис型驱逐舰建造工作的海军中校工程师科兹罗夫（П. И. Козлов）和北方舰队经验最为丰富的航海长捷谢尔斯基（А. Б. Тейшерский）大尉；与此同时，一支15人接收小组在经斯大林的亲自批准后也很快组建成立，组长为海军中将列夫琴科（Г. И. Левченко），两名副手为参谋长福金（В. А. Фокин）上校和政委扎列姆博（Н. П. Зарембо）。另外被任命为这支未来驱逐舰支队总指挥官的海军上校阿布拉莫夫（И. Е. Абрамов）届时将作为港口负责人统一安排舰只到港后的一切后续工作。

1944年3月中旬起，这批老式驱逐舰开始正式参加北方舰队的护航工作。老实来说，这批舰船的动力性能的确难堪优秀，但由于英国人曾利用它们为英国近海海域进行巡逻和护航工作，故此这九艘装备了相当规模反潜武器的老舰在改换门庭之后再作冯妇，并在狼群环伺的北冰洋上发挥了巨大的作用。直至欧洲战事结束前，这批驱逐舰共为不下30支苏联以及盟军商船队提供了有效的护航工作．

不过这批在二战后期做出重要贡献的老式驱逐舰在战后却迅速成了不折不扣的鸡肋：1949年2月初，苏方决定归还这批租借期限将至的驱逐舰并开始陆续安排后续的交还工作，除去被德军击沉的"积极"号之外，剩余的八艘驱逐舰先后被归还英国政府；在短暂封存一段时间之后，这些驱逐舰很快便被海军方面承包给私营公司安排解体。

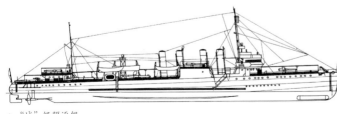

▲ "城"级驱逐舰。

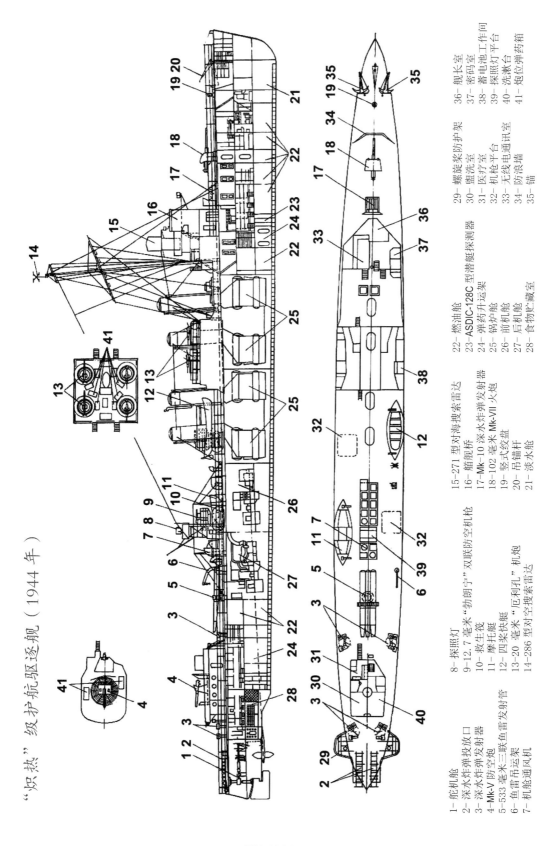

"炽热"级护航驱逐舰（1944年）

1- 舵机舱
2- 深水炸弹投放口
3- 深水炸弹发射器
4- Mk-V 防空炮
5- 533 毫米三联装鱼雷发射管
6- 鱼雷吊运机
7- 机舱通风机

8- 探照灯
9- 12.7 毫米 "勃朗宁" 双联防空机枪
10- 救生筏
11- 摩托艇
12- 四桨快艇
13- 20 毫米 "厄利孔" 机炮
14- 286 型对空搜索雷达

15- 271 型对海搜索雷达
16- 舰桥
17- Mk-10 深水炸弹发射器
18- 102 毫米 Mk-VII 火炮
19- 竖式绞盘
20- 吊锚杆
21- 淡水舱

22- 燃油舱
23- ASDIC-128C 型潜艇探测器
24- 弹药升运舱
25- 锅炉舱
26- 前机舱
27- 后机舱
28- 食物贮藏室

29- 螺旋桨防护架
30- 盥洗室
31- 医疗室
32- 机枪平台
33- 无线电通讯室
34- 防浪墙
35- 锚

36- 舰长室
37- 密码室
38- 蓄电池工作间
39- 探照灯平台
40- 洗漱台
41- 炮位弹药箱

"炽热"级火力布置图

140 *30*
140 *30*

├E 102毫米火炮　　● 76.2毫米防空炮　　✛ 20毫米机炮　　✦ 12.7毫米双联防空机枪

"积极"号

1944 年 7 月 16 日在纽卡斯尔完成正式交付工作，海军少校潘捷列蒙·冈察尔（П. М. Гончар）被任命为该舰首任舰长；12 月 13 日海军大尉康斯坦丁·科拉夫琴科（К. А. Кравченко）成为该舰的新任舰长。在 1944 年里参与护航的商船队有：ИБ-25（9.5-9.6）、БД-8（9.20-9.30）、ДБ-6（10.2-10.6）、ДБ-8（10.14-10.24）、АБ-15（11.17-11.23）、БК-38（11.24-11.26）、КБ-34（10.20-11.2）、БК-40（12.2-12.3）、ПИ-2（12.4）、JW-62（12.6-12.8）、КБ-37（12.28-12.30）。 在 1945 年里参与护航的商船队有：

БК-41（1.3-1.5）、1 月 16 日开始为 КБ-1 提供护航，当日被 U-293 号潜艇击沉。

"无理"号

1944 年 7 月 16 日在纽卡斯尔完成正式交付工作，海军少校安东里·安德烈耶夫（А. И. Андреев）被任命为该舰首任舰长。8 月 23 日在行动中共同击沉了德军 U-344 号潜艇（一说仅被严重炸伤）。9 月 19 日海军少校鲍里斯·马克西莫夫（Б. Н. Максимов）被任命为新任舰长。在 1944 年里参与护航的商船队有：ВБ-31（9.10-9.11）、БД-7（9.14-9.19）、JW-60（9.23-9.24）、（9.26-9.28）、

КБ-27（9.30-10.2）、БЮ-6（10.3-10.8）、ДБ-9（10.16-10.26）、АБ-15（11.19-11.22）、ЮБ-5（11.25-12.1）、JW-62（12.6-12.8）、ИК-21（12.17-12.18）、КП-21（12.20-12.21）、КБ-37（12.28-12.29）。在 1945 年里参与护航的商船队有：БК-41（1.3-1.5）、JW-63（1.7-1.9）、ИК-1（1.11-1.12）、КБ-1（1.16-1.18）、БК-1（1.19-1.20）、КП-3（2.25）、ПК-4（2.26）、ПК-5（2.28）、КП-4（3.13）、ПК-6（3.14）、RA-65（3.23-3.24）、КП-7（4.21）、ПК-9（4.22）、JW-66（4.25-4.26）、RA-66（4.30）。

▲ 已经加入苏联海军的"无理"号。

"英勇"号

1944 年 7 月 16 日在纽卡斯尔完成正式交付工作，海军少校格奥尔基·戈德列夫斯基(Г. Ф. Годлевский)被任命为该舰首任舰长。1944 年 10 月 6 日海军大尉奥林皮·鲁达科夫(О. И. Рудаков)成为该舰新任舰长。在 1944 年参与护航的商船队有：8 и 9 октября 护航队 КБ-30（10.8-10.9）；ДБ-6（10.12-10.15）、ДБ-8（10.21-10.24）、БК-34（11.2-11.6）、БК-35（11.15）、АБ-15（11.19-11.22）、БК-37（11.25-11.26）、JW-62（12.6-12.8）、КП-19（12.12）、ПК-21（12.13）。在 1945 年里参与护航的商船队有：JW-63（1.7-1.9）、БИ-1（1.9-1.10）、ИК-1（1.11-1.12）、КБ-1（1.16-1.18）、БК-1（1.19-1.20）。

► 已经加入苏联海军的"英勇"号驱逐舰。

► 加入苏联海军之后的"和睦"号驱逐舰。

"值得"号

1944 年 7 月 16 日在纽卡斯尔完成正式交付工作，海军少校叶夫盖尼·科兹洛夫(Е. А. Козлов)被任命为该舰首任舰长；10 月 20 日海军大尉列奥尼德·楚尔科夫(Л. Д. Чулков)成为该舰的新任舰长；11 月 30 日海军少校尼古拉·尼科尔斯基(Н. И. Никольский)成为该舰的第三任舰长。1945 年 1 月 28 日海军少校尼古拉·冈察尔(Н. Ф. Гончар)成为该舰舰长。1944 年参与护航的商船队有：БД-6（8.31-9.6）、ВД-1（9.23-9.24）、ДБ-6（10.3-10.15）、RA-61（10.30-11.1）、БН-5（11.5-11.10）、НБ-6（11.15-11.17）、ЮБ-5（11.20-12.1，期间参与了搜寻因暴风而沉没的扫雷艇Т-109 和 "布琼尼/Будённый"号商船船员的行动）、КБ-36（12.15-12.16）、ИК-21（12.17-12.18）、КП-21（12.20-12.21）、ПК-23（12.22）、КБ-37（12.27-12.28）。1945 年参与护航的商船队有：БК-41（1.3-1.5）、JW-63（1.7-1.9）、БИ-1（1.9-1.10）、КБ-1（1.16-1.18）、БК-1（1.19-1.20）、КТ-1（4.14）、КП-7（4.21）、

ПК-9（4.22）、JW-66（4.25-4.26）。

"和睦"号

1944 年 7 月 16 日在纽卡斯尔完成正式交付工作，海军少校亚历山大·帕斯图霍夫(А. Е. Пастухов)被任命为该舰首任舰长；10 月 1 日海军少校格奥尔基·奥伊采夫(Г. Г. Ойцев)成为该舰的新任舰长。10 月 14 日该舰驶抵摩尔曼斯克港后随即开始接受全面大修。12 月 8 日海军少校尼古拉·马尔蒂年科(Н. Ф. Мартыненко)成为该舰的第三任舰长。1945 年 4 月 4 日开始为КП-5 船队提供护航，第二天又完成了ПК-7 船队的护航工作。随后该舰还为КП-6（4.8）和ПК-8（4.11）提供了护航。

"炎热"号

1944 年 7 月 16 日在纽卡斯尔完成正式交付工作，海军中校米哈伊尔·奥萨契(М. Д. Осадчий)被任命为该舰首任舰长；10 月 25 日海军大尉瓦西里·别斯帕罗夫(В. Г.

Беспалов)成为该舰的新任舰长。在 1944 年参与护航的商船队有：БД-7（9.14-9.19）、JW-60（9.23-9.25）、RA-60（9.26-9.28）、КБ-27（9.30-10.2）、БЮ-6（10.3-10.8）、ДБ-6（10.11-10.13）、ИК-18（10.17-10.18）、ПК-1（10.20-10.21）随后开始接受大修工作。在 1945 年参与护航的商船队有：JW-66（1.25-1.26）、RA-66（4.30）。

"炽热"号

1944 年 7 月 16 日在纽卡斯尔完成正式交付工作，海军中校尤里·珀尔斯基(Ю. А. Польский)被任命为该舰首任舰长；9 月 15 日海军大尉格里格利·切尔诺巴伊(Г. К. Чернобай)成为该舰的新任舰长。8 月 23 日在行动中共同击沉了德军 U-344 号潜艇（一说仅被严重炸伤）。在 1944 年参与护航的商船队有：ИБ-25（9.5-9.6）、JW-60（9.23-9.25）、RA-60（9.26-9.28）、КБ-27（9.30-10.2）、БЮ-6（10.3-10.8）、ДБ-6（10.11-10.15）、RA-61（10.30-11.1）、АБ-15（11.19-

11.22）、БК-37（11.24–11.26）、КП-19（12.12）、ПК-21（12.13）。

"严厉"号

1944 年 7 月 16 日在纽卡斯尔完成正式交付工作，海军少校亚历山大·谢尔巴科夫（А. К. Щербаков）被任命为该舰首任舰长；1945 年 2 月 9 日海军少校费多尔·卡尔平科（Ф. И. Карпенко）成为该舰新任舰长。在 1944 年参与护航的商船队有：БД-6（8.31–9.6）、ВД-1（9.23–9.24）、ДБ-6（10.3–10.15）、RA-61（10.30–11.1）、БН-5（11.5）、КБ-33（11.22–11.23）、ЮБ-5（11.24–11.25）、ЮБ-7（11.28–11.29）、ЮБ-8（11.29–12.4）、ИБ-30（12.6–12.7）、БИ-28（12.8–12.9）。在 1945 年里共参与护航的商船队有：КБ-1（1.16–1.17）、БК-2（2.7–2.8）、JW-64（2.12–2.13）、RA-64（2.17）、КП-3（2.25）、ПК-4（2.26）、ПК-5（2.28）、КП-4（3.13）、ПК-6（3.14）、RA-65（3.23–3.24）、КП-7（4.21）、ПК-9（4.22）、

▲ 正在海上巡逻的"不衰"号。

JW-66（4.25–4.26）、RA-66（4.30）。

"不衰"号

1944 年 7 月 16 日在纽卡斯尔完成正式交付工作，海军少校尼古拉·里雅博琴科（Н. Д. Рябченко）被任命为该舰首任舰长；12 月 22 日海军少校阿列克谢·舒米洛夫（А. И. Шумилов）成为该舰新任舰长；1945 年 3 月 1 日海军大尉阿列克谢·布洛尼契金（А. П. Проничкин）成为该舰的第三任舰长。在 1944 年参与护航的商船有：ПК-1（10.20–10.21）、КП-2（10.23）、КП-3（10.25–10.26）、ПК-5（10.26–10.27）、КБ-31（10.27–

10.29）、БК-34（10.2–10.6）、ИК-20（11.11–11.12）、АБ-15（11.21–11.23）、БК-38（11.24–11.26）、ПИ-2（12.3–12.4）、JW-62（12.6–12.8）、КП-19（12.12）、ПК-21（12.13）。在 1945 年里参与护航的商船队有：БК-41（1.4–1.5）、JW-63（1.7–1.9）、ИК-1（1.9–1.10）、КБ-1（1.16–1.19）、БК-1（1.19–1.20）、КП-2（2.2）、БК-2（2.7–2.8）、JW-6（2.12–2.13）、ИК-2（2.15–2.16）、RA-64（2.17）、КП-3（2.25）、ПК-4（2.26）、ПК-5（2.28）、КП-4（3.13）、ПК-6（3.14）、RA-65（3.23–3.24）。

俄文舰名	译名	原英军舰名	原美军舰名	建造船厂	移交日期	返还日期
Деятельный	积极	丘吉尔（Churchill）	赫恩顿（Herndon）	纽波特·纽斯	1944.03.09	被击沉
Дерзкий	无理	切尔西（Chelsea）	克劳宁希尔德（Crowninshield）	巴思钢铁	1944.03.09	1949.06.23
Доблестный	英勇	罗兹堡（Rotsburg）	富特（Foote）	福尔河	1944.03.09	1949.02.07
Достойный	值得	圣奥尔本斯（St Aldans）	托马斯（Thomas）	纽波特·纽斯	1944.03.09	1949.02.28
Дружный	和睦	林肯（Lincoln）	亚纳尔（Yarnall）	克兰普	1944.03.09	1952.08.23
Жаркий	炎热	布莱顿（Brigton）	考维尔（Cowell）	福尔河	1944.03.09	1949.02.28
Жгучий	炽热	利明顿（Leamington）	特威格斯（Twiggs）	纽约造船	1944.03.09	1950
Жёсткий	严厉	乔治敦（Georgetown）	马多克斯（Maddox）	福尔河	1944.03.09	1949.02.04
Живучий	不衰	里奇蒙德（Richmond）	费尔法克斯（Fairfax）	梅尔岛	1944.03.09	1949.06.23
基本技术性能						
基本尺寸	舰长 95.6 米，舰宽 9.42 米，吃水 3.62 米					
排水量	标准 1185 吨 / 满载 1550 吨					
最大航速	27 节					
巡航能力	1900 海里 / 15 节					
动力配置	2 台 2 轴"帕森斯"汽轮机，4 座 26200 马力"诺曼"锅炉					
电力设备	2 台"大都市维克斯"涡轮发电机（100 千瓦），1 台"大都市维克斯"柴油发电机（25 千瓦）					
最大载油量	450 吨					
武器配置	1×102 毫米 Mk-VII 火炮，1×76.2 毫米 Mk-V 防空炮，1×533 毫米三联鱼雷发射管，4×20 毫米"厄利孔"机炮，2×12.7 毫米"勃朗宁"双联防空机枪，2×Mk-4 深水炸弹投放器，2×Mk-7 深水炸弹投放器，2×Mk-10 反潜炸弹投放器					
辅助配置	271 型对海搜索雷达，286 型对空搜索雷达，ASDIC-128C 型舰艇探测器					
导航设备	1×"斯皮里 –V"电罗经，1×127 毫米磁罗经，1×FM-7 无线测向仪，1×PB-40 测程仪，1×ЭМС-2 测深仪					
通讯设备	"暴风 –M"发报器，"暴雪"接收器，"突击"超高频双向收发器					
人员编制	130 名舰员 +11 名军官					

▲ 执行护航任务的"炎热"号。

▲ 正在为Mk-10"刺猬"反潜发射器填装弹药的"不衰"号官兵。英国支援苏联的这批老式驱逐舰虽然难以胜任火力打击的重任，但在护航和反潜工作中却发挥了极大的作用。

▲ 执行护航任务的"炎热"号，照片摄于1944年。

苏联获得的轴心国驱逐舰（Трофейные Миноносцы Из Оси）

德 国

早在 1945 年 2 月举行的雅尔塔会议上，作为东道主的苏联便已向英美盟国正式提出自己战后希望得到的战争赔偿条目；不过由于苏联和西方国家之间存在的巨大分歧，这桩买卖也就一直拖到了半年之后的波茨坦会议才再次得以正式讨论。由于三巨头之间均认为自己国家的武装力量对于抵抗纳粹德国付出了极大的代价，故此三方均未作出任何让步姿态；最终三方决定均分德国海军的剩余舰艇和辅助舰只，而这一点也被列入了随后签署的《波茨坦协定》中并正式生效（后法国作为第四国家也得到了部分德军舰艇作为赔偿）。

尽管协议中明确地表示英、美、苏将均分德国海军的舰只，但由于德国主要军港威廉港和基尔港均被盟军把持，而德国舰艇也更倾向于向盟军投降，故此苏联人更多地只是从舰只数量上均分得到了德国人的舰只；除去 10 艘潜艇之外，苏联人得到的水面作战舰艇的作战实力实在屈指可数：一艘轻巡洋舰"纽伦堡"号（Nürnberg）、五艘驱逐舰、五艘鱼雷艇以及数十艘小型辅助舰只。

1945 年 11 月，这批舰船在基尔港由英军正式转交给苏联，五艘驱逐舰陆续在 1946 年 2 月得以重新命名并交付波罗的海舰队服役。这五艘驱逐舰中包括一艘改进型 1936A 型"纳尔维克"级（Narvik）驱逐舰、一艘 1936 型驱逐舰、两艘 1934A 型驱逐舰和一艘"埃尔宾"级（Elbing）鱼雷舰（其吨位和武备相当于护航驱逐舰）。不过除开深入研究德国舰载电子设备和为日后苏联人设计的"快速"级驱逐舰提供一些具体的实物对比之外，这 5 艘驱逐舰在苏联海军并没发挥更多的用处。在碌碌无为地度过了十年光阴之后，这批德制驱逐舰纷纷宣告退役。

俄文舰名	译名	原德军舰名	译名	建造船厂	入编日期	退役日期	隶属舰队
Проворный	灵巧	Z-33	–	德希马克	1946.01.02	1955.04.22	波罗的海舰队
基本技术性能（入编时）							
基本尺寸	舰长 127 米，舰宽 12 米，吃水 3.92 米						
排水量	标准 2660 吨 / 满载 3690 吨						
最大航速	36 节						
续航能力	2950 海里 / 19 节						
动力配置	2 台 2 轴 70000 马力"德希马克"减速齿轮汽轮机，6 座"瓦格纳"型锅炉						
最大载油量	825 吨						
武器配置	1 × 149 毫米 Tbts-KC/36T 双联火炮，3 × 149 毫米 Tbts-KC/36 火炮，6 × 37 毫米 M/42 双联防空炮，2 × 37 毫米 M/43 防空炮，1 × 20 毫米 C/38 四联防空炮，2 × 20 毫米 C/38 双联防空炮，2 × 20 毫米 C/38 防空炮，2 × 533 毫米四联鱼雷发射管，4 座深水炸弹投放器，60 颗水雷						
雷达设备	FuMo-21 对海搜索雷达，FuMo-63 对海搜索雷达，FuMB-3 雷达探测仪，FuMB-4 雷达探测仪，S 型水声站						
人员编制	315 名舰员 +17 名军官						

Z-33 线图

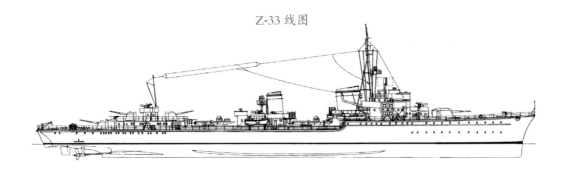

"灵巧"号

1946 年 1 月 17 日驶抵利耶帕亚加入波罗的海舰队，苏方将其划归为"驱逐领舰"；1949 年 1 月 12 日重新归为"驱逐舰"。1954 年 11 月 30 日改装成为防空训练舰。1958 年 3 月在列宁格勒拆除舰上装备并于 4 月 3 日成为浮动营房 ПК3-149。由于在 1960 年的一场意外火灾中被严重烧毁并坐沉于港内，该舰在 1961 年 10 月 27 日除籍。

▲ 抵达利耶帕亚港的 Z-33 号驱逐舰。

▲ 停泊在涅瓦河上的"灵巧"号，照片摄于 1954 年。

俄文舰名	译名	原德军舰名	译名	建造船厂	入编日期	退役日期	隶属舰队
Прочный	坚固	Z20 Karl Galster	卡尔·加尔斯特	德希马克	1946.01.02	1954.04.22	波罗的海舰队
基本技术性能（入编时）							
基本尺寸	舰长 125.1 米，舰宽 11.75 米，吃水 4.5 米						
排水量	标准 2410 吨 / 满载 3410 吨						
最大航速	38.5 节						
续航能力	2200 海里 / 20 节						
动力配置	2 台 2 轴 70000 马力"德希马克"减速齿轮汽轮机，6 座"瓦格纳"型锅炉						
最大载油量	740 吨						
武器配置	5×128 毫米 SK-C/34 火炮，2×37 毫米 M/42 双联防空炮，2×37 毫米 M/43 防空炮，1×20 毫米 C/38 四联防空炮，2×20 毫米 C/38 双联防空炮，1×20 毫米 C/38 防空炮，2×533 毫米四联鱼雷发射管，4 座深水炸弹投放器，60 颗水雷						
雷达设备	FuMo-24/25 对海搜索雷达，FuMo-63 对海搜索雷达，FuMB-3 雷达探测仪，FuMB-4 雷达探测仪，S 型水声站						
人员编制	306 名舰员 +15 名军官						

Z-20 线图

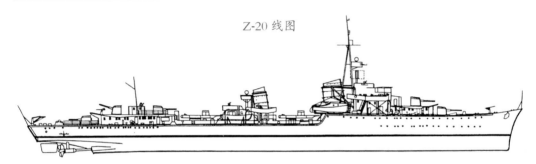

▲ 停靠在利耶帕亚港内的"坚固"号（左）和"迅捷"号，照片摄于 1946 年 2 月。

俄文舰名	译名	原德军舰名	译名	建造船厂	入编日期	退役日期	隶属舰队
Прыткий	迅捷	Z14 Friedrich Ihn	弗里德里希·伊恩	博隆福斯	1946.01.02	1948.11.16	波罗的海舰队
Пылкий	热烈	Z15 Erich Steinbrinck	埃里希·施泰布林克	博隆福斯	1946.01.02	1948.11.16	波罗的海舰队
基本技术性能（入编时）							
基本尺寸	舰长 121 米，舰宽 11.3 米，吃水 4.23 米						
排水量	标准 2240 吨 / 满载 3160 吨						
最大航速	38.2 节						
续航能力	1820 海里 / 19 节						
动力配置	2 台 2 轴 70000 马力"日耳曼尼亚"减速齿轮汽轮机，6 座"本森"型锅炉						
最大载油量	715 吨						
武器配置	5×128 毫米 SK-C/34 火炮（"热烈"号为 4 门），2×37 毫米 C/30 双联防空炮（仅"迅捷"号），7×37 毫米 M/42，双联防空炮（仅"热烈"号），7×20 毫米 C/38 防空炮（仅"迅捷"号），3×20 毫米 C/38 双联防空炮（仅"热烈"号），1×20 毫米 C/38 四联防空炮，2×533 毫米四联鱼雷发射管，4 座深水炸弹投放器，60 颗水雷						
雷达设备	FuMo-24/25 对海搜索雷达，FuMo-63 对海搜索雷达，FuMB-3 雷达探测仪，FuMB-4 雷达探测仪，S 型水声站						
人员编制	302 名舰员 +14 名军官						

Z-15 线图

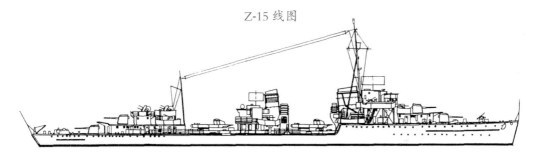

"坚固"号

1946 年 2 月 13 日驶抵利耶帕亚加入波罗的海舰队。1955 年 11 月 28 日改装为浮动营房 ПКЗ-99。1956 年 6 月 25 日除籍。

"迅捷"号

驶抵利耶帕亚港后始终处于维修调试阶段。1948 年 11 月 16 日退役并进入封存状态；1952 年 3 月 22 日除籍并遭解体。

"热烈"号

1948 年 11 月 16 日退役并进入封存状态；后于 1949 年 5 月改装为浮动营房 ПКЗ-2（喀琅施塔得海军基地专用）；后于 1955 年 12 月 24 日移交至列宁格勒海军基地。1958 年 2 月 12 日除籍。

"榜样"号

直至 1946 年 2 月 13 日更名之前该舰始终暂编为 T-33 号。1954 年 12 月改装为浮动营房 ПКЗ-63。1956 年 11 月 9 日除籍。

▼ 被美军扣押在威廉港内的"埃里希·施泰布林克"号

俄文舰名	译名	原德军舰名	译名	建造船厂	入编日期	退役日期	隶属舰队
Примерный	榜样	T-33	–	希肖	1945.11.05	1954.11.30	波罗的海舰队

基本技术性能（入编时）	
基本尺寸	舰长 102.5 米，舰宽 10 米，吃水 2.66 米
排水量	标准 1290 吨 / 满载 1750 吨
最大航速	32.5 节
续航能力	4400 海里 / 19 节
动力配置	2 台 2 轴 29000 马力"瓦格纳"减速齿轮汽轮机，4 座"瓦格纳"型锅炉
最大载油量	375 吨
武器配置	4×105 毫米 SK-C/32 火炮，2×37 毫米 M/42 双联防空炮，1×20 毫米 C/38 四联防空炮，5×20 毫米 C/38 防空炮，2×533 毫米三联鱼雷发射管，2 座深水炸弹投放器，50 颗水雷
雷达设备	FuMo-21 对海搜索雷达，FuMo-63 对海搜索雷达，FuMB-4 雷达探测仪，S 型水声站
人员编制	196 名舰员 +10 名军官

T-33 线图

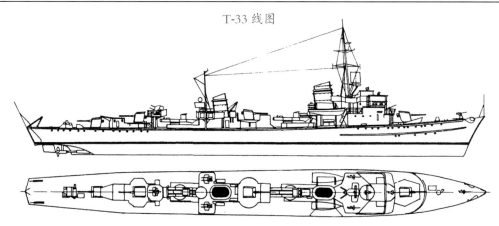

日 本

随着太平洋战事的结束，同盟国方面决定将日本海陆空三军装备就地销毁，而日本海军残存的大型作战舰只和潜艇，除去少部分被美国作为原子弹试爆的靶舰之外，大多数被拆解报废。对于剩下的上百艘驱逐舰、巡防舰等辅助舰只，盟军将其一切舰载设备拆除后，指派日本海军官兵将残余海外驻日部队和眷属运回国内。

尽管苏联直到太平洋战事的最末尾才最终宣布对日作战，但这丝毫没有影响到他们在战后瓜分日本海军战舰的数量。由于在波茨坦会议上对于德国海军舰艇的分配问题已有先例，苏方在二战全面结束后就

心安理得地对美方提出，作为盟国方面的主要参战国，苏联有权获得均分的日本海军剩余舰艇作为赔偿；美国总统杜鲁门对于苏联人的表态感到震惊而又无奈，当时他曾对他的私人秘书用"掠夺"来形容苏联人的这一做法，在他看来，苏联人短短十余天的对日作战时间却能换得如此丰厚的回报实在有些过分。

1947 年初，盟军总部作出决定，将这些还堪用的 142 艘舰船交给中、美、英、苏四家均分，作为日本战败后对同盟国象征性的赔偿，为了公平起见，四国代表将通过抽签来决定签位顺序和舰只数量。最终苏联和中国国民政府抽得

好签并各自获得了三十四艘舰艇，其中苏联获得十八艘海防舰，十艘辅助小舰以及六艘驱逐舰，包括一艘"晓"型驱逐舰、一艘"秋月"型驱逐舰和四艘"松"型护航驱逐舰（其实苏联人获得的日方舰船远不止这些，在攻入中国东北的行动中，苏军还俘获了大批由日本建造的伪满江防舰队的小型舰）。

这批舰只于 1947 年 7 月初分三批驶抵符拉迪沃斯托克港并被统一分入太平洋舰队，然而由于舰只损毁情况严重，苏联人颇费周折地对部分舰只进行了修理，不过这批舰只依旧无法得以重任，他们很快就被再次改装为辅助用舰直至除籍。

俄文舰名	译名	原日军舰名	日文译名	建造船厂	入编日期	退役日期	隶属舰队
Верный	真实	響（ひびき）	响	舞鹤	1947.07.05	1948.07.05	太平洋舰队
基本技术性能（入编时）							
基本尺寸	舰长 118.4 米，舰宽 10.4 米，吃水 3.3 米						
排水量	标准 2080 吨 / 满载 2560 吨						
最大航速	34.5 节						
续航能力	5000 海里 / 14 节						
动力配置	2 台 2 轴 50000 马力"艦本"减速齿轮汽轮机，3 座"艦本"型锅炉						
最大载油量	475 吨						
武器配置	2×127 毫米"三年式"双联火炮，1×25 毫米"九六式"双联防空炮，4×25 毫米"九六式"三联防空炮，14×25 毫米"九六式"防空炮，3×610 毫米"一二年式"三联鱼雷发射管，2 座"九四式"深水炸弹投放器，18 颗水雷						
雷达设备	13 号对空搜索雷达，22 号对海搜索雷达						
人员编制	206 名舰员 +13 名军官						

"真实"号线图

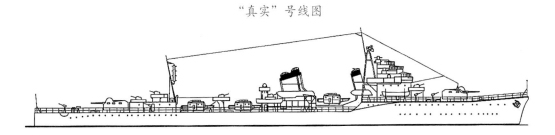

"真实"号

1947 年 7 月 5 日在大凑港移交给苏方人员控制，后于 7 月 7 日驶抵符拉迪沃斯托克编入第五舰队。1948 年 7 月初退役后被改装为"十二月党人"号（Декабрист）训练舰。1953 年 2 月 20 日除籍，随后就在符拉迪沃斯托克接受解体。

俄文舰名	译名	原日军舰名	日文译名	建造船厂	入编日期	退役日期	隶属舰队
Внезапный	突然	春月（はるつき）	春月	佐世保	1947.7.7	1954.11.30	太平洋舰队
基本技术性能（入编时）							
基本尺寸	舰长 134.2 米，舰宽 11.6 米，吃水 4.15 米						
排水量	标准 2700 吨 / 满载 3700 吨						
最大航速	34.5 节						
续航能力	8300 海里 / 18 节						
动力配置	2 台 2 轴 52000 马力"艦本"减速齿轮汽轮机，3 座"艦本"型锅炉						
最大载油量	1080 吨						
武器配置	4×100 毫米"九八式"双联火炮，7×25 毫米"九六式"三联防空炮，30×25 毫米"九六式"防空炮，4×13.2 毫米"毘式"防空炮，1×610 毫米"九三式"四联鱼雷发射管，6 座"九四式"深水炸弹投放器，18 颗水雷						
雷达设备	13 号对空搜索雷达，21 号对海搜索雷达，22 号对海搜索雷达，"九三式"声纳						
人员编制	285 名舰员 +17 名军官						

"突然"号

1947 年 8 月 28 日驶抵符拉迪沃斯托克后被编入第五舰队,但该舰直至 1948 年 4 月 15 日都始终处于封存状态。1949 年 4 月 28

日该舰开始修复工作,6 月 17 日正式改装为训练舰"奥斯科尔河"号(Оскол)。1954 年 3 月 23 日再次接受修理但于 1955 年 3 月 12 日成为浮动营房 ПКЗ-65;6 月 2 日

再次改装为目标舰 ЦЛ-64。1965 年 9 月 18 日二次改装成为浮动营房 ПКЗ-37;1969 年 6 月 4 日除籍。

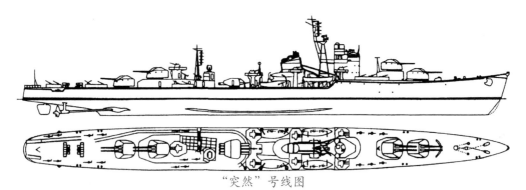

"突然"号线图

俄文舰名	译名	原日军舰名	日文译名	建造船厂	入编日期	退役日期	隶属舰队
Возрождённый	复苏	桐(きり)	桐	横须贺	1947.07.29	1949.03.16	太平洋舰队
Волевой	意志	榧(かや)	榧	舞鹤	1947.07.05	1959.08.01	太平洋舰队
Вольный	自在	椎(しい)	椎	舞鹤	1947.07.05	1959.11	太平洋舰队
Ветреный	轻率	初桜(はつざくら)	初樱	横须贺	1947.07.05	1959.02.19	太平洋舰队
基本技术性能(入编时)							
基本尺寸	舰长 100 米,舰宽 9.35 米,吃水 3.3 米						
排水量	标准 1260 吨 / 满载 1650 吨						
最大航速	27.8 节						
续航能力	8300 海里 / 18 节						
动力配置	2 台 2 轴 19000 马力"舰本"减速齿轮汽轮机,2 座"舰本"型锅炉						
最大载油量	370 吨						
武器配置	1×127 毫米"八九式"双联火炮,1×127 毫米"八九式"火炮,4×25 毫米"九六式"三联防空炮,17×25 毫米"九六式"防空炮,1×610 毫米"九二式"四联鱼雷发射管,6 座"九四式"深水炸弹投放器						
雷达设备	13 号对空搜索雷达,22 号对海搜索雷达,"九三式"声纳						
人员编制	201 名舰员 +10 名军官						

"复苏"号

1947 年 8 月驶抵符拉迪沃斯托克加入第五舰队。1949 年 6 月 19 日改装为目标舰 ЦЛ-25。从 1953 年开始在符拉迪沃斯托克第 90 船舶修理厂接受大修工作;1957 年 10 月 3 日再次改装为修理船 ПМ-65。1969 年 12 月 20 日除籍。

"意志"号

1947 年 7 月驶抵符拉迪沃斯

托克加入第五舰队。1949 年 2 月 14 日进入封存;6 月 17 日改装为目标舰 ЦЛ-23。1958 年 6 月 10 日再次改装成为浮动供暖船 ОТ-61。1959 年 9 月 2 日除籍。

"自在"号

1947 年 7 月 5 日驶抵符拉迪沃斯托克加入第五舰队。1949 年 3 月改装为目标舰 ЦЛ-24。1959 年 11 月退役,后除籍。

"轻率"号

1947 年 7 月 5 日驶抵符拉迪沃斯托克加入第五舰队;10 月 22 日更名为"表达"号(Выразительный)。1949 年 6 月 17 日改装为目标舰 ЦЛ-26;1959 年 2 月 19 日退役并除籍。

"松"型护航驱逐舰线图，1945年。

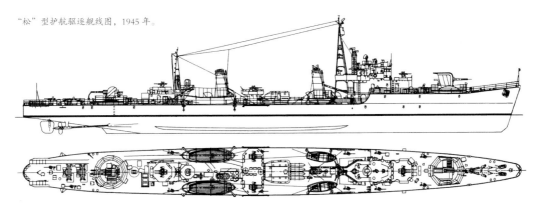

▲ 驶往符拉迪沃斯托克的"桐"号，照片摄于1947年。

▼ 拆除舰载装备后的"意志"号停泊在符拉迪沃斯托克港外，照片摄于1948年。

ЦЛ-24号，照片摄于1958年。

罗马尼亚

1913 年秋，罗马尼亚政府向意大利政府提出申请，希望后者为其建造四艘驱逐舰以及一艘潜艇；半年后意方正式回复罗马尼亚人，同意为其建造五艘作战舰艇的请求，而位于那不勒斯的"帕蒂森"船厂（Cantiere Pattison）成为建造罗马尼亚人历史上首批驱逐舰的指定船厂。罗马尼亚人为这四艘驱逐舰以建造顺序依次取名为"暴风"（Vijelia）、"涡流"（Vârtejul）、"暴雪"（Viscolul）和"风暴"（Viforul），而意方则根据自己命名规则将其取名为"雀鹰"（Sparviero）、"鸢鹰"（Nibbio）、"猎鹰"（Falco）和"老鹰"（Aquila）。

然而由于一战的爆发，该造舰计划受到了很大的影响，至一战结束后意方才开始后续建造工作；由于国内政局动荡，罗政府此时已无法凑足足够的资金用以支付全部四艘驱逐舰的建造费用，故此经双方协商一致后，"雀鹰"号和"鸢鹰"号由罗马尼亚政府购得，而另外两艘则由意大利人自行保留（后于 1937 年转卖给西班牙弗朗哥国民军）。1920 年 7 月 1 日，两艘驱逐舰驶抵康斯坦察港，随后两舰

以罗马尼亚人在一战末期取得两场重大战役胜利的地名被重新更名为"梅莱什第"号和"梅莱谢什第"号，同时作为两国签订协议的一部分，意方还派出了一组军事技术小组为罗马尼亚海军组建了第一支驱逐舰支队并由潘塔济·瓦齐莱（Pantazzi Vasile），这位在短短五年后即成为多瑙河区舰队司令的海军少校担任该支队的指挥官兼军事顾问。

随着罗国内形势的逐渐缓和，罗马尼亚人于 1926 年夏二次向意大利提出建造两艘驱逐舰的请求，双方最后于 11 月 13 在"帕蒂森"船厂内的主会议室完成了协议的签署工作。意大利人这次的建造进度飞快，两艘驱逐舰于 1928 年 12 月初便开始相继下水试航。1930 年 7 月底意、罗双方代表在完成了一切交接手续后，两艘驱逐舰驶离那不勒斯港并于一周后抵达康斯坦察港。作为当时罗马尼亚海军最为现代化的两艘军舰，这两艘驱逐舰随后以当时罗马尼亚国王和皇后的尊称命名为"玛丽亚女王"号和"斐迪南国王"号。1931 年 7 月，由意大利建造的四艘驱逐舰统一编入罗海军驱逐舰支队并由斯基密

特·维克特（Schmidt Victor）中校统一指挥。由于这四艘驱逐舰的舷侧分别涂装有红桃 A（"斐迪南国王"号）、黑桃 A（"玛丽亚女王"号）、梅花 A（"梅莱谢什第"号）和方块 A（"梅莱什第"号）的记号，这四艘驱逐舰也被罗马尼亚水兵戏称为"王牌舰队"。

随着二战的开始，这四艘驱逐舰作为罗海军的主力活跃在黑海的各个海域，根据德国和罗马尼亚达成的互助协议，这四艘驱逐舰主要承担保护罗马尼亚近海、克里米亚至博斯普鲁斯海峡一带商船队的任务，必要时也可对苏军沿岸目标实施火力压制。1944 年 4 ~ 5 月间参加了德、罗两军在克里米亚代号"60000"的撤退行动，往返护送了累计搭载两万余名士兵的各类船只返回康斯坦察港，但在行动中这批驱逐舰均被苏军火炮击伤；8 月 30 日，这四艘罗马尼亚海军的骄傲在康斯坦察港被苏联乌克兰第三方面军和黑海舰队的独立陆战旅所俘虏，苏联人随后接管了这批舰船并将这四艘驱逐舰重新更名为"机灵"号（原"梅莱什第"号）、"轻巧"号（原"梅莱谢什第"号）、"彪

俄文舰名	译名	原罗军舰名	罗文译名	建造船厂	入编日期	返还日期	隶属舰队
Ловкий	机灵	Mărăști	梅莱什第	帕蒂森	1944.09.14	1945.10.16	黑海舰队
Лёгкий	轻巧	Mărășești	梅莱谢什第	帕蒂森	1944.09.14	1945.10.16	黑海舰队
基本技术性能（俘获时）							
基本尺寸	舰长 94.4 米，舰宽 9.47 米，吃水 3.5 米						
排水量	标准 1410 吨 / 满载 1725 吨						
最大航速	34 节						
续航能力	1700 海里 / 15 节						
动力配置	2 台 2 轴 45000 马力"托西"汽轮机，5 座"索尼克罗夫特"型锅炉						
最大载油量	260 吨						
武器配置	2×120 毫米"阿姆斯特朗 1918/19"双联火炮，3×37 毫米 SK-C/30 双联防空炮，4×20 毫米 C/38 防空炮，2×13.2 毫米"布雷达"双联防空炮，2×457 毫米双联鱼雷发射管，2 座深水炸弹投放轨，1 座深水炸弹投放器，50 颗水雷						
辅助配置	"伽利略"火炮 / 鱼雷射击指挥仪，OG-3 测距指挥台，OG-1.5 测距仪						
人员编制	125 名舰员 +14 名军官						

悍"号（原"斐迪南国王"号）和"飞扬"号（原"玛丽亚女王"号）；9月14日昔日的这支"王牌舰队"被临时编入黑海舰队，但由于此时罗马尼亚已经倒戈至同盟国一方，故此罗马尼亚水兵实际上依旧控制着这批驱逐舰。

1945年10月12日，苏联政府和罗马尼亚社会主义共和国签署《战时收缴武器设备返还条令》，依照这份条令，苏联人将两艘老式的"机灵"号和"轻巧"号返还给罗马尼亚人，但保留另外两艘驱逐舰的使用权；这引起了部分罗马尼亚官员的不满并要求苏联尽早归还剩余两艘驱逐舰。由于随后苏联开始动工建造30бис型驱逐舰，苏联政府在1951年7月3日宣布剩余的"彪悍"号和"飞扬"号退出海军作战序列并还交于罗马尼亚政府。在经历了波折的服役生涯之后，这四艘驱逐舰于1961年4月从罗马尼亚海军相继退役。

俄文舰名	译名	原罗军舰名	罗文译名	建造船厂	入编日期	返还日期	隶属舰队
Летучий	飞扬	Regina Maria	玛丽亚女王	帕蒂森	1944.9.14	1951.7.15	黑海舰队
Лихой	彪悍	Regele Ferdinand	斐迪南国王	帕蒂森	1944.9.14	1951.7.15	黑海舰队
基本技术性能（俘获时）							
基本尺寸	舰长101.9米，舰宽9.6米，吃水3.51米						
排水量	标准1400吨/满载1850吨						
最大航速	37.2节						
续航能力	3000海里/15节						
动力配置	2台2轴52000马力"帕森斯"汽轮机，4座"索尼克罗夫特"型锅炉						
最大载油量	480吨						
武器配置	4×120毫米Mk-4火炮，2×40毫米"斯柯达"防空炮，1×37毫米SK-C/30双联防空炮，4×20毫米C/38防空炮，2×13.2毫米"布雷达"双联防空炮，2×533毫米三联鱼雷发射管，2座深水炸弹投放轨，2座深水炸弹投放器，50颗水雷						
辅助配置	"伽利略"火炮/鱼雷射击指挥仪，S型水声站，OG-3测距指挥台，OG-1.5测距仪						
人员编制	194名舰员+18名军官						

▲ "彪悍"号近照。

▲ 1947 年海军节上的 "彪悍" 号。

▲ 全速航行中的 "飞扬" 号。

保加利亚

为警惕奥斯曼帝国的吞并企图，保加利亚于 1903 年向法国"施耐德"公司（Schneider et Cie）提出代其建造三艘驱逐舰的要求；第二年 2 月，双方在法国船厂总部正式签署协议，由"施耐德"公司在沙隆的下属船厂建造三艘航速不低于 26 节的驱逐舰；保加利亚方面随后又于 1907 年追加了三艘同型驱逐舰的建造要求。至 1909 年 8 月，全部六艘驱逐舰均交付保海军服役，而被命名为"大胆"级（Дръзки）的这六艘驱逐舰也成了保海军历史上的首批驱逐舰。

这六艘驱逐舰随后便参加了第一次巴尔干战争，而"大胆"级也在随后的行动中为保加利亚海军赢得了一次最为重大的胜利：1912 年 11 月 7 日，在海军中尉多布列夫（Д. Л. Добрев）的率领下，四艘"大胆"级驱逐舰居然重创了奥斯曼海军"哈米迪耶"号（Hamidiye）装甲巡洋舰，自身则损失一艘。在随后的一战中，这批驱逐舰主要承担武装巡逻以及布雷任务，再无多少亮点，另有一艘因触雷沉没。二战开始之后这批年事已高的老舰已无法胜任当时的海战要求，遂在瓦尔纳湾附近海域从事巡逻、通信等辅助任务。1944 年 9 月这批驱逐舰被苏军在瓦尔纳港口悉数俘获；10 月 20 日被临时编入波罗的海舰队，由于舰龄已高且实在难堪一艘"驱逐舰"所能完成的任务，这批老舰最终只是作为苏联新兵掌握基本航海要领的训练舰使用。

1945 年 7 月 19 日，根据苏联和保加利亚之间达成的第 390 号协议，这四艘驱逐舰被归还给保加利亚海军。1954 年这批驱逐舰陆续从海军退役，随后当年发射鱼雷直接击中"哈米迪耶"号装甲巡洋舰的"大胆"号被瓦尔纳的保加利亚海军博物馆永久收藏。

▲ 解体中的"大胆"号，照片摄于 1956 年。

▲ 加入苏联海军后的"大胆"号。

俄文舰名	俄文译名	原保军舰名	保文译名	建造船厂	入编日期	返还日期	隶属舰队
Храбрый	勇敢	Храбри	勇猛	施耐德	1944.10.20	1945.07.22	波罗的海舰队
Дерзкий	大胆	Дръзки	大胆	施耐德	1944.10.20	1945.07.22	波罗的海舰队
Вычегда	维切格达河	Строги	严峻	施耐德	1944.10.20	1945.07.22	波罗的海舰队
Ингул	因古尔河	Смели	勇敢	施耐德	1944.10.20	1945.07.22	波罗的海舰队
基本技术性能（俘获时）							
基本尺寸	舰长 38 米，舰宽 4.4 米，吃水 2.6 米						
排水量	标准 100 吨 / 满载 155 吨						
最大航速	26.7 节						
续航能力	500 海里 / 14 节						
动力配置	三缸式直立往复蒸汽机 1 台 1 轴功率 1950 马力，2 座 "施耐德" 型锅炉						
载煤量	40 吨						
武器配置	2×37 毫米 SK–C/30 火炮，1×7.92 毫米 MG-34 防空机枪，1×457 毫米双联鱼雷发射管						
人员编制	26 名舰员 +4 名军官						

"大胆"级线图

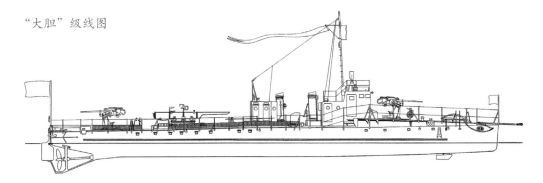

意大利

尽管苏联并未直接参与进攻意大利的行动，但作为同盟国一方的主要参战国，苏联人自然而然地也获得了瓜分意大利海军舰艇的权利。实际上早在苏联人和英国协商转让"城"级驱逐舰的时候，双方已就意大利舰船的归属进行了初步协商。当然这种事先沟通并不有效，因为英、美、法三国于 1946 年 12 月中旬撇开苏联先完成了有关交接意大利海军舰艇的基本事项，之后才邀请苏联代表共同协商划归意见。由于冷战硝烟日趋弥漫，苏联人派出海军少将卡尔普宁（В. П. Карпунин）作为苏方总代表前往意大利，同英、美、法三国代表进入深入协商，同时通文黑海舰队、北方舰队、里海区舰队和多瑙河区舰队，要求这四支舰队即刻做好接收新舰的准备工作。

1947 年 2 月 11 日四国代表开始了首次磋商工作，在经过了多达六十余次的大小会议之后，四国代表最终于 10 月 13 日达成一致，这其中苏联将获得意大利海军的"朱利奥·恺撒"号（Giulio Cesare）战列舰、"艾曼纽·菲利伯托奥斯塔公爵"号（Emanuele Filiberto Duca d'Aosto）巡洋舰，两艘"士兵"级（Soldati）驱逐舰和三艘"旋风"级（Ciclone）护航驱逐舰等在内的 45 艘各类舰艇——而这对于在二战中伤亡惨重的苏联海军来说绝对是一次有益的补充。

由于交接协议中明确要求意方必须在保证舰艇可用的情况下转交给四国海军，故此从 1947 年 11 月开始，上百艘意大利作战舰艇就分别在热那亚、瓦拉泽、利沃诺、那不勒斯、巴约和斯塔比亚海堡等六地的船厂内开始了返修工作。1949 年 1 月底，其中的五艘驱逐舰开始陆续驶抵敖德萨港移交苏联使用。不过相比起意大利的两艘大型战舰，这批在黑海舰队中服役的外来驱逐舰显然并不受到苏联人的重视，这些驱逐舰随后被统一编入第 78 训练舰支队，更多地只是充当例行军演中的敌方角色。1954 年 12 月底，这批看似已毫无作为的驱逐舰从海军退出作战序列，它们随后便被改装为训练舰，又再次接受改装，不是被当作浮靶击沉，就是成为毫无生机的浮动营房，黯然地结束了充满悲剧的服役生涯。

俄文舰名	译名	原意军舰名	意文译名	建造船厂	入编日期	退役日期	隶属舰队
Ловкий	机灵	Camicia Nera	黑衫军	利沃诺	1949.02.24	1954.11.30	黑海舰队
Лёгкий	轻巧	Fuciliere	燧枪手	安科纳	1950.03.13	1954.11.30	黑海舰队
基本技术性能（入编时）							
基本尺寸	舰长 106.7 米，舰宽 10.2 米，吃水 4.4 米						
排水量	标准 1830 吨 / 满载 2460 吨						
最大航速	35 节						
续航能力	2200 海里 / 20 节						
动力配置	2 台 2 轴 48000 马力"贝鲁佐"减速齿轮汽轮机，3 座"亚罗"型锅炉						
最大载油量	520 吨						
武器配置	2×120 毫米"安萨尔多 -1936"双联火炮，1×120 毫米"安萨尔多 -1940"火炮（仅"机灵"号），4×20 毫米"布雷达 -1935"双联防空炮，4×20 毫米"布雷达 -1940"防空炮，2×37 毫米"布雷达 -1939"防空炮（仅"轻巧"号），2×457 毫米三联鱼雷发射管，4 座深水炸弹投放器，48 颗水雷						
辅助配置	"伽利略"火炮 / 鱼雷射击指挥仪，OG-3 测距指挥台，OG-1.5 测距仪，EC.3 水声站（仅"轻巧"号）						
人员编制	165 名舰员 +17 名军官						

▲ 停靠在巴统港内的"机灵"号，照片摄于 1949 年。

▲ 驶抵敖德萨港的"轻巧"号，照片摄于 1950 年。

"机灵"号

该舰首任舰长为海军少校米洛什尼琴科（И. Мирошниченко）。1954年11月底退役后改装为目标舰 ЦЛ-58；1955年10月17日再次改装成为对空观察舰 КВН-11。1960年3月27日除籍。

"轻巧"号

该舰首任舰长为海军少校斯塔里岑（К.Старицын），值得一提的是该位舰长就是指挥"卡尔·李卜克内西"号驱逐舰于1945年击沉

U-286号潜艇的指挥官。1954年11月底退役后改装为目标舰 ЦЛ-57。1960年1月21日除籍。

"顺利"号

该舰首任舰长为海军少校希涅列夫（Т. Шинелев）。1954年11月底退役后改装为目标舰 ЦЛ-61；1959年8月28日被试验用 П-15 导弹击沉。

"凶暴"号

该舰首任舰长为海军少校纳列

托夫（С. Налетов）。1954年11月底退役后改装为目标舰 ЦЛ-60；1958年4月29日改装为浮动营房 ПКЗ-150。1959年12月4日除籍。

"飞翔"号

该舰首任舰长为海军少校费里彼切夫（И. Филипычев）。1954年11月底退役后改装为目标舰 ЦЛ-59；1959年8月28日被试验用 П-15 导弹击沉。

俄文舰名	译名	原意军舰名	意文译名	建造船厂	入编日期	退役日期	隶属舰队
Ладный	顺利	Animoso	勇敢	安萨尔多	1949.11.28	1954.11.30	黑海舰队
Лютый	凶暴	Ardimentoso	不惧	安萨尔多	1949.11.28	1954.11.30	黑海舰队
Лётный	飞翔	Fortunale	运气	亚德里亚联合	1949.11.28	1954.11.30	黑海舰队
基本技术性能（入编时）							
基本尺寸	舰长82.5米，舰宽9.9米，吃水3.77米						
排水量	标准1160吨 / 满载1805吨						
最大航速	26节						
续航能力	4000海里 / 14节						
动力配置	2台2轴16000马力"托西"汽轮机，2座"亚罗"型锅炉						
最大载油量	440吨						
武器配置	2×100毫米"奥托-1937"火炮（"顺利"号为3门），8×20毫米"伊索塔·弗拉斯基尼-1939"双联防空炮，4×20毫米"布雷达-1940"防空炮，2×457毫米双联鱼雷发射管，4座深水炸弹投放器，20颗水雷						
辅助配置	"伽利略"火炮/鱼雷射击指挥仪，OG-3测距指挥台，OG-1.5测距仪						
人员编制	167名舰员 +10名军官						

"顺利"号线图

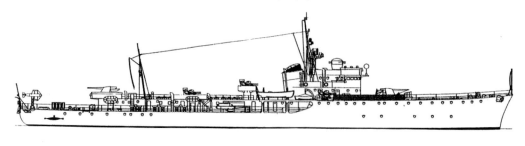

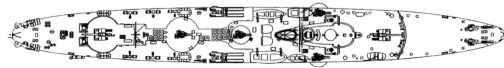

参考书目

Айзенберг Б. А•Костриченко В. В: Лидер Чёрного Моря, Харьков, 1998

Александров Ю. И•Апальков Ю. В: Боевые Корабли Мира На Рубеже XX-XXI Веков. Эскадренные Миноносцы, Санкт-Петербург, 2004

Афонин Н. Н: "Невки" Эскадренные Миноносцы Типа "Буйный" И Его Модификации, Леко, 2005

Апальков Ю. В: Боевые Корабли Русского Флота 8.1914г—10.1917г, Санкт-Петербург, 1996

Апальков Ю. В: Противолодочные Корабли, Санкт-Петербург, 2005

Апальков Ю. В: Российский Императорский Флот 1914—1917, Морская Коллекция, 1998

Апальков Ю. В: Эскадренные Миноносцы Проекта 56, Санкт-Петербург, 2005

Апальков Ю. В: Эсминцы Проектов 56, 57бис И Их Модификации, Москва, 2009

Апальков Ю. В: Ударные Корабли, Санкт-Петербург, 2003

Афонин Н. Н: Лидер "Ташкент", Гангут, 2008

Афонин Н. Н: Миноносцы "Сокол" И "Соколы", Гангут, 2009

Афонин Н. Н: Эскадренные Миноносцы Типа "Изяслав", Гангут, 2010

Афонин Н. Н: Эскадренные Миноносцы Типа "Касатка", Истфлот, 2005

Афонин Н. Н: Эскадренные Миноносцы Типов "Касатка" И "Инженер-Механик Зверев", Гангут, 2011

Афонин Н. Н•Балакин С. А: Внимательный И Другие. Порт-Артурские Миноносцы Зарубежной Постройки, Морская Коллекция, 2000

Афонин Н. Н•Балакин С. А: Миноносцы Типа "Сокол", Морская Коллекция, 2004

Балакин С. А: "Гремящий" И Другие. Эскадренные Миноносцы Проекта 7, Морская Коллекция, 1996

Балакин С. А: "Сообразительный" И Другие. Эскадренные Миноносцы Проекта 7У, Морская Коллекция, 1997

Балакин С. А: Легендарные "Семёрки". Эсминцы "Сталинской" Сернии, Эксмо, 2007

Башкіров Л. Г•Митюков Н. В•Andres Waldre•John Rodriges: Niszczyciele "Spartak" I "Awtroił", Okręty Wojenne, 2002 №.1-5

Бережной С. С: Корабли И Суда ВМФ СССР 1928—1945, Воениздат, 1988

Бережной С. С: Крейсера И Миноносцы, М. Воениздат, 2002

Бережной С. С: Советский ВМФ 1945—1995, Морская Коллекция, 1995

Бунеев И. И•Васильев Е. М: Морская Артиллерия Отечественного Военно-Морского Флота, Лель, 1995

Васильев А. М: СПКБ. 60 Лет Вместе С Флотом, История Корабля, 2006

Васильев П. А•Машенский С. Н: Корабль Как Птица, Сторожевые Корабли Проектов 1135, 1135М, 11353, 11352, Военная Книга, 2009

Верстюк А. Н•Гордеев С. Ю: Корабли Минных Дивизий От "Новика" До "Гогланда", Военная Книга, 2006

Доценко В. Д•Богатырёв И. Е: История Отечественного Судостроения, Судостроение, 1994

Заблоцкий В. П: Таинственные Корабли Адмирала Горшкова. Эскадренные Миноносцы Проекта 31, Морская Коллекция, 2010

Заблоцкий В. П: Универсальный Проект СКР, БПК, БРК, ЭМ И Фрегаты Проектов 61, 61М, 61МП, 61МЭ, Морская Коллекция, 2009

Заблоцкий В. П: Эскадренные Миноносцы Типа "Счасливый", Морская Кампания, 2012

Заблоцкий В. П•Костриченко В. В: Гончие Океанов. История Кораблей Проекта 61, Военная Книга, 2005

Заблоцкий В. П•Левицкий В. А: Первые "Новики" Черноморского Флота. Эсминцы Типа "Дерзкий", Морская Кампания, 2008

Заблоцкий В. П•Левицкий В. А: Эскадренные Миноносцы Типа "Фидониси", Морская Коллекция, 2013

Качур П. И: "Гончие Псы" Красного Флота. Лидеры Великой Отечественной, Эксмо, 2008

Качур П. И: Лидеры Типа "Ленинград", Морская Коллекция, 1998

Качур П. И•Морин А. Б: Лидеры Эскадренных Миноносцев ВМФ СССР, Остров, 2003

Костриченко В. В•Простокишин А. А: "Поющие Фрегаты". Большие Противолодочные Корабли Проекта 61, Морская Коллекция, 1999

Кузин В. П: Большие Ракетные Корабли Проекта 57-бис, Тайфун, 1994 №.4

Кузин В. П: Эскадренные Миноносцы Проекта 56, Судостроение, 1994 №.1

Кузин В. П•Никольский В. И: Военно-Морской Флот СССР 1945—1991, Историческое Морское Общество, 1996

Литинский Д. Ю: Суперэсмицы Советского Флота, Санкт-Петербург, 1998

Литинский Д. Ю: Эскадренный Миноносец "Опытный". Проект 45, Тайфун, 1997 №.2

Лихачев П. В: Эскадренные Миноносцы Типа "Новик" В ВМФ СССР, Истфлот, 2005

Лихачев П. В: Эскадренные Миноносцы Типа "Форель", Истфлот, 2004

Лубянов А. Н•Баншац Б. Ш: Лидер Эсминцев "Москва", Севастополь, 2006

Мальков Д. Г•Царьков А. Ю: Корабли Русско-Японской Войны. Российский Императорский Флот, Морская Коллекция, 2010

Мельников Р. М: Минные Крейсера России 1886-1917, Санкт-Петербург, 2005

Мельников Р. М: Первые Русские Миноносцы, Санкт-Петербург, 1997

Мельников Р. М: Эскадренные Миноносцы Класса "Доброволец", Морская Коллекция, 1999

Моисеев С. П: Список Кораблей Русского Парового И Броненосного Флота 1861—1917, М. Воениздат, 1948

Морин А. Б: Эскадренные Миноносцы Типа "Гневный", Гангут, 1994

Никольский В. И: Большие Противолодочные Корабли Пр.61, Судостроение, 1995

Никольский В. И•Литинский Д. Ю: Эскадренные Миноносцы Типа "Смелый", Историческое Морское Общество, 1994

Овсянников С. И•Спиридопуло В. И: Советский Суперэсминец Третьего Поколения, История Корабля 2005 №.1

Павлов А. С: БПК Типа Удалой, Якутск, 1997

Павлов А. С: Военные Корабли СССР И России 1945—1995, Сахаполиграфиздат, 1994

Павлов А. С: Эсминцы Первого Ранга, Якутск, 2000

Павлов А. С: Эсминцы Проекта 56, Якутск, 1999

Платонов А. В: Советские Миноносцы, Санкт-Петербург, 2003

Платонов А. В: Энциклопедия Советских Надводных Кораблей 1941—1945, Издательство Полигон, 2002

Селезнев И. Н: "Бдительный" И Другие, Сторожевые Корабли Проекта 1135, Морская Коллекция, 2001

Соколов А. Н: Расходный Материал Советского Флота. Миноносцы СССР И России, Москва, 2007

Степанов Ю. Г•Цветков И. Ф: Эскадренный Миноносец "Новик", Судостроение, 1981

Тарас А. Е: Корабли Российского Императорского Флота 1892—1917, Харвест, 2000

Усов. В. Ю: Эскадренный Миноносец "Новик", Гангут, 2001

Чернышев А. А: "Новики" Лучшие Эсминцы Российского Императорского Флота, Эксмо, 2007

Широкорад А. Б: Корабли И Катера ВМФ СССР 1939—45 гг, Харвест, 2002

Широкорад А. Б: Огненный Меч Российского Флота, Эксмо, 2004

Широкорад А. Б: Оружие Отечественного Флота 1945-2000, Харвест, 2001

Щедролосев В. В: Эскадренный Миноносец "Деятельный", Гангут, 2001

Grzegorz Bukała: DWA Wcielenia Niszczyciela "Storożewoj", Okręty Wojenne, 2002 №.2

Jerzy Mościński•Przemysław Wilczyński: Radziecki Niszczyciel Taszkient, Firma Wydawniczo-Handlowa, 2000

John Jordan: Soviet Warships 1945 to The Present, Arms & Armour, 1992

John Moore: The Soviet Navy Today, Stein & Day, 1976

Jürg Meister: Soviet Warships of The Second World War, MacDonald & Jane's, 1977

Norman Polmar: The Naval Institute Guide to The Soviet Navy, US Naval Institute Press, 1991

Robert Gardiner: Conway's All the World's Fighting Ships 1922—1946, Conway Maritime Press, 1980

Robert Gardiner: Conway's All the World's Fighting Ships 1947—1995, US Naval Institute Press, 1996

Robert Gardiner•Randal Gray: Conway's All The World's Fighting Ships 1906—1921, Conway Maritime Press, 1986

Robert Rochowicz: Niszczyciele Projektu 56K / A / AE, Nowa Technika Wojskowa, 1996 №.12

Steven Zaloga: Slava, Udaloy And Sovremenniy, Concord, 1992

后记

  自三年前执笔编写该题材伊始，我便深知介绍任何涉及苏俄舰艇的作品都远非信手拈来、水到渠成之事。在我看来，其驱逐舰的发展轮廓或许远不及传统意义上几个近代海军强国那般棱角分明；和其他国家建造发展大相径庭的是，当驱逐舰以一种舶来品于 19 世纪末从不列颠引入沙俄时，这种初出茅庐的新型舰种相比坚甲炮利的战列舰和巡洋舰似乎根本不足以让军事学家浪费更多的笔墨；随后在斯大林雄心勃勃地推出"大舰队"计划后，原本大有发展契机的驱逐舰却因苏德战争的爆发而沦为给地面部队提供各类支援的机动工具；自冷战迷雾逐渐笼罩全球开始，逐渐崭露头角的苏联舰艇却因与西方格格不入的迥异意识形态而变得神秘莫测，千奇百怪的命名代号更让人感到云里雾里；而待苏联解体以来，迫于经济疲软的俄罗斯又对后续驱逐舰的研发工作鲜有成就可言……可以说这个大国的驱逐舰，乃至整个海军舰船业的发展脉络就是一部伴随着国家政权体制更迭和历史变革的断代史，其内容充满了曲折、变数和未解——或许这也能解释缘何当其余各海军强国舰艇的介绍专著足以汗牛充栋之时，各类军事书刊在苏联解体二十余载之后仍少有宗谱性地完整介绍苏俄驱逐舰发展著作的一个重要原因。

  坦白而言，能够最终完成此书的动力很大程度上要归功于我自己内心中某种东欧情结的一再作祟，或者说这就是我完成此书的最大初衷。何等幸甚，海军史专家章骞和国内知名军事专家胡其道不吝笔墨，先后为此书操刀作序。章先生在此书初版之际就曾代我撰序，此次亦是欣然应允，为本书美言词句；胡老是国内军事爱好者所熟知的前辈级人物，十余年前所著的一系列苏俄驱逐舰系列文章让诸多军迷印象深刻，而拙作居然能入前辈慧眼也让我颇感欣喜；所谓乞浆得酒更何求，在此寥寥数语一并道谢，仅此聊表寸心。

  自感欣慰之处乃终将国内资料补阙拾遗，然俄文资料表达多有晦涩难解之处，常囫囵半片却又缘文生义；深感挂一漏万，实难做到纤悉无遗，面面俱到。林林总总的俄文资料虽说蔚为大观，但究其内容也不乏乌焉成马、鲁鱼帝虎之处，舛讹百出而自相矛盾者也是比比皆是，更有甚者其数据实有羌无故实之嫌。有道是自古校定书籍者自扬雄、刘向者方诩此职，而我既未观天下书之至，自无力妄下雌黄，苟言孰是谁非而不惭；故反复权衡推敲，举要删芜，刊除其空泛之处，终定稿付梓。自感外语词源实乃枯槁，大惑不解之处亦是纭纭，书中残留扣盘扪烛、蠡酌管窥之处不吝各位读者斧正斫斫，在此再三言谢。

陆 乐

2014 年 6 月于上海

指文® 武器系列 之 "世界舰船"

聚焦世界舰船百年发展，
记录搅动近代格局的海上风云！

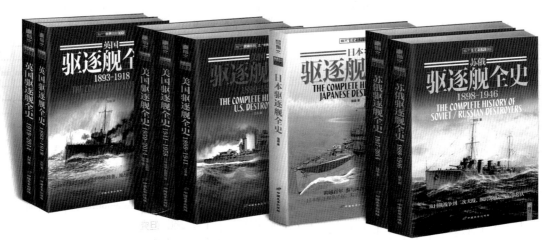

《英国驱逐舰全史》
（两册）

《美国驱逐舰全史》
（三册）

《日本驱逐舰全史》

《苏俄驱逐舰全史》
（两册）

《日本航空母舰全史》

《英国战列舰全史》
（三册）

《英国战列巡洋舰全史》

《巨人的对决——日德兰
海战中的主力舰》

号角 Clarion

Militaria Collection Publication
世界经典制服徽章艺术

苏联红旗勋章鉴赏

双龙宝星：第一枚中国勋章

德意志的骄傲：德国1939年版铁十字勋章鉴赏

工农代言者：图说前苏联及各加盟共和国最高苏维埃代表证章

前进，达瓦里希：苏联国家荣誉制度发展简史

红色普鲁士：民主德国国家人民军陆军制服徽章鉴赏

以伟人的名义：苏联列宁勋章鉴赏

法兰西柱石：法国荣誉军团和荣誉军团勋章全史

六角星的荣耀：英国二战之星系列奖章

友谊常青树：中华人民共和国领导人获得的外国勋章

复兴力量：联邦德国武装力量常服欣赏

冷战对决的象征：苏联国家荣誉制度发展简史

袖上风采：二战德国荣誉袖标

大漠孤星：蒙古人民共和国北极星勋章鉴赏

血路残阳：日本从军记章及相关勋奖小考

金鸡尊饰：第三帝国的大区荣誉证章

黑鹰旗下：第一次世界大战中的德国陆军服饰与徽章鉴赏（一）

耆宿殊勋：中华人民共和国领导人获得的外国勋章

热血褒奖：苏联红星勋章鉴赏

日落红场：苏联国家荣誉制度发展简史（完）

旗映半岛：朝鲜国旗勋章

拱卫联盟：苏联各加盟共和国勋章鉴赏

兴都库什山上的红色昙花：阿富汗民主共和国高级勋章

碧血白刃：德国陆军近距离作战勋饰鉴赏

黑鹰旗下：第一次世界大战中的德国陆军服饰与徽章鉴赏（二）

菊纹之祭：日本纪念章小考

嘉勇三军：德国陆军普通突击奖章鉴赏

神圣首勋：俄国第一圣徒安德烈勋章全史

汗铸金星：苏联劳动英雄和镰刀锤子金质奖章

烽火戎装：抗战中的国民革命军制服（陆军篇）

心向大海：民主德国人民海军制服徽章鉴赏

傀儡怪胎：伪满洲国勋章和纪念章小考

旗映马刀：蒙古人民共和国战斗红旗勋章鉴赏

碧海丹心：近代中国海军军服简史（一）

袖挟尊荣：第三帝国军事袖标鉴赏（上）

鹰颈珍宝：普鲁士王国功勋勋章

圣女荣辉：俄罗斯帝国圣叶卡捷琳娜勋章

碧海丹心：近代中国海军军服简史（二）

鼎革荣品：北洋袁世凯时期荣典制度探究

苍穹之船：德国飞艇及气球部队徽章

袖挟尊荣：第三帝国军事袖标鉴赏（中）

勋鉴英伦：英国嘉德勋章、蓟花勋章和圣帕特里克勋章